對本書的讚譽

「花 25 美元買這本最新版的《約耳趣談軟體》(*Joel On Software*),也許就是你今年最值得的一筆投資。」

— Greg Wilson,Dr. Debb's 月刊(www.ddj.com)

「如果你想認識當今最具影響力的開發者兼作家之一,這就是最好的機會。」

— Doug Kaye,IT 對話(IT conversations)製作人 Doug Kaye 對本書作者的訪談(www.itconversations.com)

「本書作者博學多聞、言談風趣,而且沒什麼狂熱的偏執立場。本書絕對是必讀之作。」

— Daniel Shefer,Slashdot 貢獻者(www.slashdot.com)

「三不五時總有一些書,會重新激起大家對某些主題的興趣。本書就是如此。本書飽含各種好內容,而且呈現的方式很有效率,絕對能激勵你做出一些行動,並對你的專案與職涯產生一些助益。」

— Jack Herrington,Code Generation 網路(www.codegeneration.net)

「無論是哪種程度的程式設計者,都可以從本書學到一些很棒的策略與做法。」

— James Edward Gray II,Gray Productions(www.grayproductions.net)

「本書作者想讓軟體世界變美好的真誠渴望,總讓我們不斷想回來多看看他說了些什麼。」

— Bruce Hadley(www.softwareceo.com)

約耳趣談軟體

Joel on Software

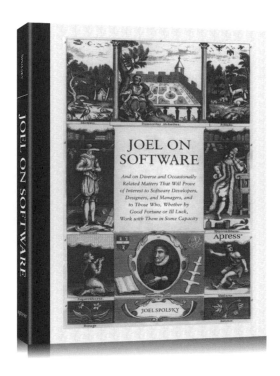

First published in English under the title
Joel on Software: And on Diverse and Occasionally Related Matters That Will Prove
of Interest to Software Developers, Designers, and Managers, and to Those Who,
Whether by Good Fortune or Ill Luck, Work with Them in Some Capacity
by Avram Joel Spolsky
Copyright © Joel Spolsky, 2004
This edition has been translated and published under licence from
APress Media, LLC, part of Springer Nature.

謹致我的父母——他們不但撫養我長大，
還讓我誤以為每個人長大之後都會寫書。

目錄

Part II　開發者的管理

Part III　約耳觀點：
隨興思考一些不那麼隨興的主題

Part IV 針對 .NET 有點多的評論

Part V 附錄

作者簡介

————

Joel Spolsky 可說是軟體業界的老骨頭了，他有個名叫 Joel on Software（即本書書名）的部落格（www.joelonsoftware.com），那是程式設計師們最喜歡的獨立網站之一。大家都知道他的網站經常講一些所謂的「反呆伯特宣言」，畢竟他設計開發過 Microsoft Excel 這種好幾百萬人在使用的軟體，也開發過像是 Juno 使用界面等等各式各樣的其他產品。他本身也是紐約市 Fog Creek 軟體公司的創辦人。

謝辭

我要感謝我的出版社、編輯和我的朋友 Gary Cornell，因為有他們才有這本書。Apress 出版社的工作人員總是很樂於助人又很親切。Apress 可說是少數願意把作者放在第一位的電腦圖書出版社，我很榮幸能在這個出版社出書。

我在撰寫本書之前，一直在經營一個網站，當初如果沒有 UserLand 軟體公司的 Dave Winer 給我一些靈感、還提供我免費的主機服務與各種宣傳，就不會有這個網站了。我還要感謝 Philip Greenspun，他教導了我，說我如果真的懂某些東西，就應該放上網路供人學習。還要謝謝 Noah Tratt，有一天他突然靈機一動跟我說，我應該把這些碎碎唸的東西寫下來，現在看來，真的要謝謝他的靈機一動。

我要感謝微軟 Excel 團隊的同事，在我職業生涯的初期，教會了我如何開發商業軟體。

這麼多年來，有數以百萬計的人造訪過我的網站，其中大概有 1 萬人花時間寫了一些很棒的 email 給我。這些鼓勵的來信，可以說是我這些年一直能寫下去的唯一理由，雖然篇幅有限無法一一列舉，但我真的非常感謝這些來信的指教。

簡介

你**從沒想過**會成為管理者吧。你就像我所認識的大部分軟體開發者一樣,只想安安靜靜坐下來寫程式,這樣的你肯定比較開心自在。但你確實是公司最好的開發者;**不幸**的是,公司原本的主管 Nigel,最近因為高空彈跳發生了意外、他的筆記型電腦好像也摔爛了,這時候身為公司明日之星的你獲得升遷,好像也是很自然的事。

所以你現在有了自己的辦公室(終於不用再與萬年實習生共用小隔間了);你開始要填寫半年一次的績效評估表(不能再爽歪歪整天盯著螢幕,任它繼續摧殘你的視力),而且你還要花時間應付那些傲嬌的程式設計師,還有一些只會吹牛皮的推銷員,以及一群創意四射的「UI 設計師」(應 Pete 要求,請叫他們「平面設計師」),搞定各種古怪的需求,比如怎麼讓「確定」、「取消」按鈕更加**閃閃動人**——我也很好奇,「閃閃動人」的 RGB 值究竟是多少呢?另外,你還要處理資深副總的一堆蠢問題——「我們幹嘛不用 Java 來取代 Oracle呢?聽說它整合得比較好啊。」(看來他對軟體所知的一切,全都是從達美航空飛機上的雜誌裡學來的!)

歡迎進入管理層!你猜怎麼樣?「軟體專案管理」與「程式設計」**根本就是兩種完全不同的工作**。如果你一直都在寫程式碼,接下來很可能會發現,人類比Intel CPU 難預測多了。

其實之前的主管 Nigel 也不擅長這方面的工作。「我可不想把所有時間全都花在毫無意義的會議上;我才不要成為那種管理者咧!」他略帶一絲逞強、虛張聲勢地說,「我認為我還是可以用 85% 左右的時間,來做程式設計的工作,至於**管理的工作**,只要一點點時間就足夠了。」

其實 Nigel **真正想說的是**,「我**根本不知道**如何管理專案,我只希望像過去一樣,繼續寫程式就對了,至於其他的事,船到橋頭自然直啦。」當然囉,哪有

這麼好的事？不過這也很難解釋，為什麼 Nigel 會在那個命中註定的日子，帶著 IBM ThinkPad 跑去高空彈跳。

不管怎麼說，Nigel 康復的速度確實驚人，而且他現在已經去和高空彈跳的夥伴，開了一家叫做 WhatTimeIsIt.com 的小公司，並擔任 CTO 首席技術長的工作，接下來他只有六個月時間，必須從無到有做出一套全新的系統——這次他總不能再假裝出意外了吧。

「管理軟體專案」並不是很多人都懂的一門藝術。學校裡並沒有「管理軟體專案」的相關學位，這個主題的相關書籍也不多。真正參與過成功軟體專案的人少之又少，他們大多賺了很多錢，早早就退休去養鱒魚，根本沒機會把積累的經驗傳承給下一代；另外還有很多人搞到最後精疲力盡，只想換個壓力小一點的工作，到市區幫那些小混混補習英文也算是一種解脫。

結果就是有許多軟體專案，以各種大剌剌的公開或不為人知的方式慘遭失敗，只因為整個團隊裡沒人知道，如何運作一個成功的軟體專案。有太多團隊甚至連產品都拿不出來，或是拖太久才推出產品，推出之後卻沒有人要。真正讓我感到憤怒的是，團隊裡的成員一點都不快樂，甚至痛恨工作的每一分鐘。生命實在太短暫，浪費時間去痛恨工作，這又是何苦呢！

幾年前，我在我的網站發表所謂的「約耳測試」，列出了運作良好的軟體團隊所具備的十二個特徵，其中包括像是「維護一個可用來追蹤問題的資料庫」、「讓求職者當場試寫程式碼」等（別擔心，我稍後就會詳細說明）。讓我很驚訝的是，許多人透過 email 跟我說，他們的團隊只能拿到這十二分裡的兩、三分。

兩、三分？！

這也太扯了吧——你能想像嗎？這就好像一群木匠想製作家具，卻連螺絲都沒聽過。他們只知道用釘子，卻又不會用鐵錘，只好拿著踢踏舞鞋，硬是把釘子釘進木頭中。

「管理軟體專案」所需的技能與技術，和「寫程式碼」完全不同；這根本是兩個不同的領域。寫程式碼之於管理工作，就好像腦部手術之於烤胡椒餅一樣，完全是兩碼子事。假設有一位才華出眾的腦外科醫生，因為時空連續體撕裂的神秘因素，被傳送到某個胡椒餅工廠；老實說，**就算他是**哈佛醫學院畢業生，

我們也沒理由期待，他能輕鬆製作出好吃的胡椒餅。但吊詭的是，大家卻好像都以為，頂級程式設計師並不需要太多調整，就能接手管理職的工作。

你和 Nigel 所面臨的局面，就好像前面所提到的腦外科醫生一樣，一直到接下管理工作才赫然發現——哦天呀！現在你要面對的不再是編譯器，而是一個**個活生生的人**。如果你覺得目前的 Java 編譯器問題很多、很難以掌握，那**你**肯定還沒遇過難搞的程式設計師；相較之下，Java 編譯器實在單純多了。如果與「管理一個很多人的團隊」相比，C++ 的難度根本就**微不足道**。

如果想要成功管理軟體專案，有**一些技術**其實還蠻好用的。這些最先進的技術，絕對可以超越「釘子」和「踢踏舞鞋」的程度。我們不但有鐵錘，還有螺絲起子，甚至還有雙斜面的複合滑動斜切鋸。本書的目標，就是盡可能向你介紹我所能想到的各種技術，從團隊主管如何估算時程，到軟體 CEO 如何制定競爭策略等等，希望可以盡量涵蓋到各個不同的層面。你將會學到：

- 如何聘僱、激勵最優秀的人才——這乃是成功的軟體專案、最關鍵的單一要素。

- 如何估算出真正可行的時程表，以及這件事一定要做的理由。

- 如何設計各種軟體功能，並寫出實際有用的規格，而不要做出那種寫完沒人要看、最後只能拿來當隔板的無用文件。

- 如何避開軟體開發常見的一些陷阱？如果程式設計師堅持要「拋開舊程式碼、全部砍掉重練」，為什麼他絕對是錯的？

- 如何組織團隊、激勵團隊？為什麼程式設計師需要一間能關門的辦公室？

- 在什麼情況下，即便你能從網路下載到足夠好的程式碼，你還是應該重寫自己的程式碼？

- 軟體專案啟動幾個月之後，為什麼總會越來越難以取得進展？

- 所謂的軟體策略，究竟是什麼意思？為什麼 BeOS 從第一天起就註定要失敗？

- ... 還有很多很多，族繁不及備載。

本書的看法是非常主觀的。要不是怕太囉嗦，我真想在每一句話開頭加上「我認為」這幾個字，因為書中的每一句話，確實都是我個人的意見。這些意見算不上完整，但或許是個好的開始吧。

你已經看過我的網站了，是吧……

本書大部分的內容，最初都是來自我在 *Joel on Software*（www.joelonsoftware.com）網站裡的一系列文章，過去幾年我一直在這個網站，寫下我個人的各種想法。我希望你手裡這本書，能比我的網站更具有**凝聚性**；我所謂的「**凝聚性**」，意思就是「可以讓你在浴缸裡放心閱讀，不必插電連上網路」啦。

我已經幫你把本書分成三個主要部分。第一部分是關於軟體開發的點點滴滴：如果你不希望製作出爛軟體，這些全都是你在團隊裡最應該做的事。第二部分的一系列文章，則是關於如何「管理」程式設計師和程式設計團隊。第三部分比較隨興，主要談的是如何建立一些大策略，讓軟體開發成為一種可持續發展的事業。你將會瞭解臃腫的軟體為何總是能勝出，並瞭解 Ben & Jerry's 的做法和 Amazon 有何不同，然後我還會嘗試說明，為什麼當你開始聽到團隊裡有人討論「軟體開發方法論」之類的話題時，實際上只是在暗示一個問題，那就是團隊中缺乏優秀的人才。

當然還有更多其他的內容，但你不妨自己埋頭深入，直接開始閱讀就對了。

I

程式設計實務的
點點滴滴

1
程式語言的選擇

2002 年 5 月 5 日，星期日

開發者在面對特定任務時，為何會選擇某一種程式語言，而不選擇另一種程式語言？

如果需要超快的速度，通常我會選擇最原始的 C 語言。

如果想在 Windows 執行，又希望發佈的檔案越小越好，通常我就會選擇 C++ 搭配靜態連結的 MFC。

如果希望可以同時在 Mac、Windows 和 Linux 執行某個 GUI 圖形化界面，Java 就是個常見的選擇。雖然這樣的 GUI 並不完美，但至少可以正常運作沒有問題。

如果想快速開發 GUI、做出真正流暢的使用者界面，我比較喜歡用 Visual Basic，不過我知道這勢必要付出一些代價，因為 Visual Basic 所發佈的檔案會比較大，而且只能在 Windows 裡使用。

如果一定要在任何 UNIX 機器上運行，而且速度不需要很快，Perl 這個指令行工具就是個不錯的選擇。

如果程式必須在瀏覽器中執行，JavaScript 恐怕就是唯一的選擇了。如果遇到 SQL 這類的資料儲存程序，你通常就必須選擇某一家特定廠商的 SQL 衍生語法，否則就只能回家吃自己了。

重點是什麼 ?

其實我個人**幾乎從不**根據「語法」來選擇程式語言。是的沒錯，我的確比較喜歡採用 {...}; 這種寫法的語言（例如 C / C++ / C# / Java）。對於什麼叫做「好」語法，我個人就有一大堆的意見。但我並不會只因為想用分號做為程式碼的結尾，就願意接受一個 20MB 的執行階段函式庫。

因此，我對於 .NET 的跨語言策略，實在感到有一點質疑。.Net 最原始的構想，就是讓每個人都可以選擇自己想用的程式語言（數量恐怕不計其數），最後再以相同的方式運作。

VB.NET 和 C#.NET 這兩種語言，除了細微的語法差異之外，其他的部分幾乎完全相同。其他語言若想成為 .NET 世界的一部分，至少就必須支援某一組核心功能和資料型別，否則肯定無法與其他語言順利配合。但如果我要開發的是一個 UNIX 指令行公用程式，用 .NET 該怎麼做呢？如果用 .NET 的話，我要如何開發出一個小於 16K 的 Windows 執行檔呢？

.NET 感覺上好像給了我們不同的選擇，但我們可以選擇的東西——語法，卻不是我們真正很在意的東西。

2

回頭看一些最基礎的東西

2001 年 12 月 11 日，星期二

我在我的網站上花了很多時間，談論一些激動人心的「大局觀」，例如像是 .NET 與 Java 的對壘、XML 的策略、如何鎖定客戶、各種競爭策略、軟體設計、軟體架構等等。某種程度來說，這些全都像是蛋糕其中的一層。最上面的頂層，就是軟體策略。往下一層是像 .NET 這樣的軟體架構，然後再往下一層則是個別的產品：例如像是 Java 這樣的軟體開發產品，或是像 Windows 這樣的平台。

接著往蛋糕的更下層看。DLL 動態連結函式庫？物件？函式？不不不！再往下看！往下到了某個程度，你就會看到各種程式語言所寫出來的一行一行程式碼。

但這樣還不夠。其實我今天想談的是 CPU。沒錯，就是有一堆 Byte 資料在上面跑來跑去的那顆矽晶片。請先假裝你自己還是一個程式設計菜鳥。拋開你在程式設計、軟體、管理方面長期積累起來的所有知識，先回到最底層的馮·紐曼（Von Neumann）基礎架構。暫時先把 J2EE 從你的腦海中抹去。心裡只要想著 *Byte*（位元組）就好。

為什麼要這樣呢？我認為一般人所犯下的一些最大的錯誤（即使是在最高階的架構下），多半是因為對於最底層的一些簡單的事物、理解太過於薄弱或不夠完整所致。你好不容易建造了一座絕妙的宮殿，但地基卻是一團糟。本來應該鋪上漂亮水泥板的地方，卻成了一堆瓦礫。你的宮殿看起來雖然還不錯，但偶爾你的浴缸卻會滑到浴室的另一頭，而你竟然不知道是什麼問題。

所以，現在請先深吸一口氣。接下來請和我一起用 C 語言來做個小練習。

你還記得字串在 C 語言裡的用法嗎？所有的字串都是由一連串的 Byte 和一個數值為 0 的 null 字元所組成 [1]。這樣的設計有兩個很明顯的含義：

1. 如果不用掃描的方式找出末端的 null 字元，就無法得知這個字串會在哪裡結束（也就是無法得知字串的長度）。

2. 字串裡不能包含任何的 0。所以 C 語言的字串形式，並不適合用來儲存那種有可能包含任意數值的二進位 blob 資料（例如 JPEG 圖片）。

為什麼 C 要採用這種方式來保存字串呢？這是因為 UNIX 和 C 語言都是在 PDP-7 這個微處理器上發明出來的，而這個微處理器採用的是一種叫做 ASCIZ 的字串型別。ASCIZ 的意思就是「用 0（Zero）來作為結尾的 ASCII 表示法」。

這是保存字串的唯一方式嗎？並不是。事實上，這可說是用來保存字串最糟糕的其中一種方式。如果你寫的是特別重要的程式、API、作業系統或物件類別函式庫，全都應該像躲瘟疫一樣、盡可能避免使用 ASCIZ 字串。但這又是為什麼呢？

我們一開始先來寫一段 strcat 的程式碼，這個函式會把某個字串連接到另一個字串的後面。

```
void strcat( char* dest, char* src )
{
   while (*dest) dest++;
   while (*dest++ = *src++);
}
```

我們可以稍微研究一下程式碼，看看這裡做了些什麼。首先，我們會掃描第一個字串，以找出它的 null 終止字元。找到之後，我們再掃描第二個字串，用一次複製一個字元的方式，把第二個字串複製到第一個字串後面。

1　更多關於字元字串的資訊，請參見 www-ee.eng.hawaii.edu/Courses/EE150/Book/chap7/subsection2.1.1.2.html。

這種字串處理與串接的做法，對於 Kernighan 和 Ritchie[2] 來說已經夠棒了，但其實它還是有點問題。我們就來看個例子好了。假設你想把「披頭四」四個人的名字，全都串接成一個長長的字串：

```c
char bigString[1000];      /* 我根本不知道該配置多少記憶體 ... */
bigString[0] = '\0';
strcat(bigString,"John, ");
strcat(bigString,"Paul, ");
strcat(bigString,"George, ");
strcat(bigString,"Joel ");
```

這樣就行了，對吧？沒錯。看起來既乾淨又漂亮。

這段程式碼的執行效能表現如何呢？這是速度最快的做法嗎？這種做法的擴展性好嗎？如果有一百萬個字串要串接起來，這還會是個很好的做法嗎？

並不是哦。這段程式碼使用了所謂的 **Shlemiel 油漆工（*Shlemiel the Painter's*）演算法**。Shlemiel 是誰呢？他其實是下面這個笑話裡的主角：

> Shlemiel 找了一份油漆馬路的工作，要在馬路中間畫上白色的分隔線。第一天，他帶著一罐油漆，完成了 300 碼道路油漆的工作。「還不錯嘛！」他的老闆說道，「你的速度蠻快的！」然後便付給他一個銅板。
>
> 第二天，Shlemiel 只完成了 150 碼。「嗯，雖然不如昨天那麼好，但你的速度還是算快。150 碼也蠻厲害的，」於是又給了他一個銅板。
>
> 到第三天，Shlemiel 只漆了 30 碼的路。「才 30 碼？！」他的老闆喊道，「這我不能接受！你第一天所做的份量，足足有今天的十倍呀！這到底是怎麼回事？」
>
> 「我也沒辦法呀，」Shlemiel 說，「每經過一天，油漆桶就離我越來越遠呀！」

---

2 Brian Kernighan 和 Dennis Ritchie 是《*The C Programming Language*》（C 程式設計語言，第二版，Prentice Hall，1988 年）這本經典著作的作者。

（想做加分題嗎？有興趣不妨算算這幾個數字是怎麼來的？[3]）這個蹩腳的冷笑話，恰好準確說明了剛才 strcat 所採用的做法。由於 strcat 的第一部分每次都必須掃描過整個 dest 字串，一次又一次找出那該死的 null 終止字元，因此這個函式其實很慢、很沒有效率，而且根本無法隨資料量變大而順利進行擴展。我們每天都在使用的程式，其中蠻多都有這個問題。許多檔案系統所採用的實作方式，其實並不適合把太多檔案放在同一個目錄下，因為同一個目錄如果放入好幾千個檔案，其性能就會開始急劇下降。你可以嘗試一下，開啟一個裡頭塞滿滿的 Windows 資源回收桶，再查看實際的效果——它有可能需要好幾個小時才能顯示出來；所耗費的時間與其中所包含的檔案數量，顯然並不是線性的關係。這其中肯定藏有 Shlemiel 油漆工演算法。每當你遇到某個東西，照說應該具有線性的性能，但實際上卻表現出 n 平方的性能，這時候你就可以嘗試找找有沒有 Shlemiel 這個油漆工隱身其中。他通常都躲在你的函式庫中。如果你看到一堆的 strcat，或發現 strcat 藏身於某個迴圈，你也許並不會馬上大喊「n 平方」，不過八九不離十，兇手大概就是他了。

我們該怎麼解決這個問題呢？有一些很聰明的 C 語言程式設計師，實作出他們自己的 mystrcat 如下：

```c
char* mystrcat( char* dest, char* src )
{
    while (*dest) dest++;
    while (*dest++ = *src++);
    return --dest;
}
```

這裡究竟做了什麼改變呢？我們只是運用很小的額外成本，送回了一個「**指針**」（pointer），指向最後那個全新的、更長的字串末尾處。如此一來，調用此函式的程式碼就足以判斷，不必再重新掃描字串，就能直接串接後面的字串了：

```c
char bigString[1000];     /* 我根本不知道要配置多少記憶體 ... */
char *p = bigString;
bigString[0] = '\0';
p = mystrcat(p,"John, ");
p = mystrcat(p,"Paul, ");
p = mystrcat(p,"George, ");
p = mystrcat(p,"Joel ");
```

---

3 相關的數學討論，請參見 discuss.fogcreek.com/techInterview/default.asp?cmd=show&ixPost=153。

如此一來，效能表現上當然就會變回線性而非 n 平方，因此當你有很多字串要串接起來時，程式效能也不會急劇下降了。

Pascal 的設計者也有注意到這個問題，於是就利用字串的第一個 Byte，來保存字串所佔用的 Byte 數量，藉此來「修正」這個問題。這就是所謂的 **Pascal 字串**。這種字串裡的值可以包含 0，而且並不需要用 null 來做為終止字元。由於一個 Byte 可容納的最大數字為 255，因此 Pascal 字串的長度也被限制為 255 個 Byte，不過由於它並沒有採用 null 來做為終止字元，因此它所佔用的記憶體與 ASCIZ 字串是相同的。Pascal 字串最棒的就是，永遠不必為了計算字串長度而使用迴圈。只要一個組合語言指令，就能查出 Pascal 字串的長度，根本就不需要用到迴圈。因此，它的速度超級快。

之前的麥金塔（Macintosh）作業系統，裡裡外外到處都在使用 Pascal 字串。其他平台的許多 C 語言程式設計師，也會使用 Pascal 字串來提升速度。Excel 內部也是使用 Pascal 字串，這就是為什麼 Excel 許多地方的字串都被限制為 255 個 Byte，而這也是 Excel 速度飛快的原因之一。

過去有很長一段時間，如果你想在 C 程式碼中放入一個 Pascal 字串文字，都必須寫成下面這樣：

```
char* str = "\006Hello!";
```

是的你沒看錯，你必須自己手動計算出 Byte 數，再把它寫死到字串的第一個 Byte 中。有些懶惰的程式設計師會寫出下面這樣的程式碼，但這樣反而讓程式變得更慢：

```
char* str = "*Hello!";
str[0] = strlen(str) - 1;
```

你可以注意到，在這樣的做法下，你的字串不但是以 null 做為結尾（這是編譯器所做的事），而且也具有 Pascal 字串的形式。我以前都把這種字串叫做「**該死的（_fucked_）字串**」，因為這樣總比「**_null 結尾的 Pascal 字串_**」簡潔多了，不過本書屬於保護級，所以**你**還是用那個比較長的名稱吧。

在之前的程式碼中，我刻意略過其中一行很重要的程式碼。還記得下面這行程式碼嗎？

```
char bigString[1000];      /* 我根本不知道該配置多少記憶體 ... */
```

9

由於我們今天研究的正是這些 bit 和 byte 的問題，所以實在不應該略過這行程式碼。好吧，應該把它弄對才行：我們必須搞清楚究竟需要多少 Byte，然後再配置正確數量的記憶體。

呃……可以不管它嗎？

如果不管它，聰明的駭客讀到我的程式碼，就會注意到我只配置了 1000 Byte，然後**天真的希望**這樣就足夠了；於是，他們就會找一些聰明的方法來玩我，例如把 1100 Byte 的字串送入我的 strcat 裡，灌入只有 1000 Byte 的記憶體，這樣就會覆寫掉堆疊框（stack frame）進而改變 return 的位址，因此函式 return 時就會跑錯地方，進而去執行到駭客所寫的一些程式碼。每次有人提到**緩衝區溢出**（*buffer overflow*）的問題，其實指的就是這樣的問題。在過去，它可是駭客攻擊和蠕蟲病毒的頭號兇手；不過，後來 Microsoft Outlook 倒是讓一些青少年進行駭客攻擊變得更容易了。

好吧好吧，所以說很多程式設計師其實都是漏洞百出、考慮不周的懶惰鬼。他們都應該先弄清楚需要配置多少記憶體才對。

但實際上，C 語言**並沒有**讓你輕鬆解決此問題的做法。我們先回到前面「披頭四」人名的例子好了：

```
char bigString[1000];     /* 我根本不知道該配置多少記憶體 ... */
char *p = bigString;
bigString[0] = '\0';
p = mystrcat(p,"John, ");
p = mystrcat(p,"Paul, ");
p = mystrcat(p,"George, ");
p = mystrcat(p,"Joel ");
```

我們究竟該配置多少記憶體呢？首先讓我們嘗試一下正確的做法。

```
char* bigString;
int i = 0;
i = strlen("John, ")
    + strlen("Paul, ")
    + strlen("George, ")
    + strlen("Joel ");
bigString = (char*) malloc (i + 1);
/* 記得多留個空間給 null 終止字元！ */
...
```

我看你目光有點呆滯，大概是想走人了吧。我不怪你，但請再忍耐一下，因為它很快就要變有趣了。

我們必須把所有的字串掃描過一次，才能判斷其大小，然後還要再掃描一次，才能把字串連接起來。如果使用的是 Pascal 字串，至少 strlen 這個操作會很快。也許我們可以寫個新版本的 strcat，讓它自動配置記憶體的大小。

不過，這裡又出現了**另一個**大麻煩：記憶體配置器（memory allocator；也就是程式碼裡的 malloc 函式）。你知道 malloc 的運作原理嗎？從本質上來說，malloc 會持續維護著一串很長很長的聯結串列（linked list），它是由可用的記憶體區塊所組成，也就是所謂的「**可用鏈**」（free chain）。當你調用 malloc 時，它就會掃描這個「可用鏈」，找出一個足夠大、能滿足需求的記憶體區塊。接下來它就會把所找到的區塊，切分成兩個區塊（其中一個就是你所需要的大小，另一個則是切分後剩餘的部分），然後把你所需要的區塊交給你，再把剩餘那個區塊（如果有的話）放回到「可用鏈」這個聯結串列中。之後你如果調用了 free，它也會把所釋放的區塊放回「可用鏈」。可想而知，到最後整個「可用鏈」就會被切成很多很多個小區塊，而當你再度向它要求一個比較大的區塊時，就沒有足夠大的區塊可供你使用了。因此，malloc 就會叫個暫停，然後開始在「可用鏈」裡翻找、清理，把相鄰的一些可用小區塊，合併成比較大的區塊。這恐怕需要三天的時間。而到最後這一團混亂的結果，就是 malloc 在效能方面天生的罩門；這也就表示，malloc 的速度絕對不會很快（畢竟它經常要去掃描可用鏈），有時候（而且不一定什麼時候）遇到它正在進行清理時，速度更是慢得嚇死人。（順帶一提，記憶體自動回收（garbage-collected）機制在效能方面也有相同的特性。沒想到吧！所以大家總是說記憶體自動回收機制會造成效能上的損失，其實這樣的說法並不算完全正確，因為一般最典型的 malloc 實作方式，同樣也具有相同類型的效能損失，只不過比較沒那麼嚴重而已。）

比較聰明的程式設計師在使用 malloc 時，總會把記憶體區塊的大小配置為 2 的乘冪，以最大程度減少潛在的問題。你知道的，也就是採用 4 Byte、8 Byte、16 Byte、18446744073709551616 Byte 等等之類的大小。如果你有在玩樂高，這應該很直觀才對，因為這樣可以最大程度減少可用鏈裡出現大小很奇怪的區塊數量。雖然這樣的做法看起來很浪費空間，但應該很容易就可以看得出來，它所浪費的空間絕不會超過總空間的 50%。所以你的程式所使用的記憶體，絕不會超過它真正所需空間的兩倍，這應該不是什麼大問題才對。

假設你寫了一個很聰明的 strcat 函式，可以自動配置目標緩衝區的大小。我們是不是就應該總是把記憶體配置為所需的大小呢？我的老師兼人生導師 Stan Eisenstat[4] 建議，每當你調用 realloc 時，就應該把之前所配置的記憶體加大一倍。這也就表示，你調用 realloc 的次數絕不會超過 $lg(n)$ 次，而且即使面對超長的字串，這樣的做法也有相當不錯的效能，而你所浪費的記憶體，絕不會超過總記憶體的 50%。

總而言之，在 bit 與 Byte 的世界裡，情況一定會變得越來越混亂。你現在是不是覺得很慶幸，終於不必再用 C 來寫程式了？我們現在有像 Perl、Java、VB 和 XSLT 等這些偉大的程式語言，你再也不必去想那些煩人的事情；這些程式語言自動就會以某種方式處理相關的問題。但偶爾在你家客廳正中央，還是會冒出水管之類的東西。我們經常不得不考慮，究竟該使用哪一種物件類別——用 String 還是用 StringBuilder 比較好呢？之所以要做這些事，正是因為編譯器還不夠聰明，還無法完全理解我們想完成的工作，也**無法**阻止我們一不小心就用了 Shlemiel 油漆工演算法。

之前在我的部落格裡，我很隨性寫了一則評論[5]，提到資料若保存成 XML，執行一些像「SELECT author FROM books」這種 SQL 語句，速度上就會慢很多。今天這篇文章是我丟出那則評論之後才寫的，可以算是一篇補充的說明，主要是怕大家不知道我在說什麼，因此我在這裡再強調一下，今天所談的全都是 CPU 層次的概念，有了這樣的理解之後，我在那則評論裡所下的斷言，應該就會更清楚才對。

關聯式資料庫究竟是如何實現「SELECT author FROM books」的呢？在關聯式資料庫中，資料表（例如 books 資料表）裡每一行記錄的 Byte 長度全都是相同的，而且每個欄位與每一行開頭的距離，全都保持著固定的偏移量。舉例來說，如果 books 資料表裡每一筆記錄的長度都是 100 Byte，而其中 author（作者）欄位是存放在偏移量 23 的位置，那麼每一筆資料裡 author 作者的資料，肯定就是存放在第 23、123、223、323 Byte 的位置。每次取得某一筆查詢結果後，若想要移動到下一筆記錄，程式碼該怎麼寫呢？基本上只要像下面這樣就可以了：

```
pointer += 100;
```

4　請參見 www.cs.yale.edu/people/faculty/eisenstat.html。

5　請參見 www.joelonsoftware.com/articles/fog0000000296.html。

只需要一個 CPU 指令耶。這肯定超快的！

接著再讓我們看一下 XML 格式的 books 資料。

```
<?xml blah blah>
<books>
  <book>
    <title>UI Design for Programmers</title>
    <author>Joel Spolsky</author>
  </book>
  <book>
    <title>The Chop Suey Club</title>
    <author>Bruce Weber</author>
  </book>
</books>
```

我就很快問一下好了。移動到下一筆記錄的程式碼，該怎麼寫才好呢？
呃……

這時候優秀的程式設計師會說，只要先把 XML 解析成樹狀結構，放到記憶體中，這樣就可以快速對它進行操作了。為了執行「SELECT author FROM books」，CPU 所要完成的工作量絕對會讓你很煩很想哭。每一個寫過編譯器的人都知道，詞法和語法分析的工作，就是編譯過程中速度最慢的部分。我們必須在記憶體內進行詞法、語法分析，還要構建出一個抽象語法樹，這些工作全都會牽涉到很多的字串相關操作，而這類操作全都很花時間，另外還有很多的記憶體配置工作，我們知道它也很花時間。況且我們還要假設你**擁有**足夠的記憶體，可以載入所有的東西。以關聯式資料庫來說，從某一筆記錄移動到另一筆記錄的效能是固定的，實際上就是**一個 CPU 指令**而已。這很大程度其實是故意這樣設計的。而且因為有記憶體映射檔案，所以只需要從磁碟載入實際上會用到的分頁檔案就可以了。而以 XML 來說，如果有預先做好解析的工作，從某一筆記錄移動到另一筆記錄的效能也是固定的，但一開始要先花一段蠻長的時間，先做好解析的工作；如果沒有預先進行解析，從某一筆記錄移動到另一筆記錄的效能表現，就會隨著前一筆記錄的長度而變化，而且不管是哪一種做法，都需要好幾百個 CPU 指令才能完成工作。

對我來說這也就表示，如果資料量很大、又想追求速度表現，就不能採用 XML 的做法。如果你只有少量的資料，或是不需要很快的速度，那 XML 確實是一種很好的格式。如果你真的想兩全其美，就必須想辦法在 XML 之外，另外保存一些 metadata（詮釋資料），例如 Pascal 字串裡的字串長度 Byte 資料，

它可以用來提示你所需的資料放在檔案裡的哪個位置，這樣你就不必進行解析和掃描的工作了。不過這樣一來，你當然就不能使用文字編輯器來隨意編輯 XML 檔案，因為這樣就會讓 metadata 失去作用；問題是如果不能隨意編輯，就不能算是一個真正的 XML 檔案了。

到現在還在看本篇文章的各位讀者們，我希望你們確實學到了一些東西，或是重新思考了一些概念。我希望各位重新思考一下，資訊科學系大一所學的那些看似無聊的東西（比如 strcat 和 malloc），如果真正搞懂其中的原理，建立一些全新的思維，這樣你在處理像是 XML 這樣的技術時，就能針對最頂級的軟體策略和架構決策，做出更多的思考。至於今天的作業，各位可以想想為什麼 Transmeta 的晶片總是讓人覺得卡卡頓頓的。你也可以稍微想一下原始的 HTML 規格，其中 TABLE 的設計為何如此糟糕，以至於使用 modem 撥接上網的人，根本無法快速顯示網頁裡的大型表格。又或者你也可以思考一下，為什麼 COM 如此快速，但是在跨越 process 邊界時卻又快不起來。你還可以再想想看，為什麼 NT 的設計人員要把顯示驅動程式放入內核空間，而不是放在使用者空間。

這些東西全都需要從 Byte 的層面去思考，而且它會影響我們在各種架構和策略中所做出的重大決策。這就是為什麼我認為在教學上，資訊科學系大一生都應該從基礎開始學起，而且應該使用 C 語言，並從 CPU 開始建構學習的基礎。許多資訊科學系的程式設計課程，都認為 Java 是一種很好的入門語言，因為它很「簡單」，而且不會有很多無聊的字串 / malloc 之類的東西，把你搞得昏頭轉向，況且你還可以學習到很酷的 OOP 物件導向程式設計概念，讓你的大型程式變得更加模組化；儘管有這種種的好處，我還是蠻不贊成用 Java 來做為入門的語言。在我看來，這簡直就是一場早晚會出問題的教育災難。一代又一代的學生從學校畢業，不斷在各個角落使用 Shlemiel 油漆工演算法，而且甚至還意識不到問題，因為他們根本不知道從非常底層的角度來看，字串其實是很難搞的東西，而這樣的概念在 Perl 腳本中是看不出來的。如果你想把某個東西教好，就必須從最底層、從最基礎開始教起。這就像《小子難纏》（Karate Kid）這部電影一樣。不斷的打底、上蠟、打底、上蠟，就這樣不斷持續三個禮拜。然後你突然就會發現，自己很輕鬆就能幹掉其他小鬼頭了。

File Edit Options Buffers Tools C Help

```c
int main()
{
  char bigString[1000];      /* I never know how much to allocate... */
  char *p = bigString;
  bigString[0] = '\0';
  p = mystrcat(p, "John, ");
  p = mystrcat(p, "Paul, ");
  p = mystrcat(p, "George, ");
  p = mystrcat(p, "Joel ");

  printf("%s", bigString);

  return 0;
}
```

-u:** a.c   (C Abbrev)--L14--All---

3

約耳測試：
寫好程式碼的 12 個步驟

2000 年 8 月 9 日，星期三

你聽過 **SEMA** 嗎[1]？那是個相當深奧的系統，可用來衡量一個軟體團隊的好壞。哦不不不，**請等一下！你先不要急著去搜尋 SEMA 的資訊啦！**我想你大概要花六年的時間，才能**搞懂**那個東西。因此，我要在這裡提出一套我自己在用、非常不負責任的、甚至可以說很草率的測試方法，可用來評估一個軟體團隊的品質。最重要的是，它大概只需要花三分鐘就能完成。你大可利用省下來的時間，去念個醫學院也不賴。

約耳測試

1. 你有做版本控制（source control）嗎？

2. 你能用一個步驟完成程式構建（build）工作嗎？

3. 你每天都會重新構建程式嗎？

4. 你有持續維護一個 bug 資料庫嗎？

---

[1] 請參見 www.sei.cmu.edu/sema/welcome.html。

5. 你會先修好程式的舊問題，才去寫新的程式碼嗎？

6. 你有持續維護一份即時更新的時程表嗎？

7. 你手上有規格嗎？

8. 你的程式設計師有安靜的工作環境嗎？

9. 你有善用市面上最好的工具嗎？

10. 你有專門負責測試的人嗎？

11. 你在面試新人時，會讓他試寫程式碼嗎？

12. 你會在走廊抓人做使用性測試嗎？

約耳測試的巧妙之處，在於很容易快速回答，因為全都是是非題。你不必計算每天寫了幾行程式碼，也不用計算每個重要時間點平均會出現幾個問題。每個問題只要能打勾，你的團隊就得 1 分。約耳測試也有缺點，那就是**請絕對不要**用它來檢查你的核電廠軟體夠不夠安全。

12 分代表完美，11 分尚可接受，但如果只有 10 分或更低，你肯定就有嚴重的問題了。不過事實上，大多數軟體團隊都只能得到兩、三分，這樣的團隊特別需要**嚴肅以對**並尋求協助，因為像微軟這樣的大公司，可都是隨時保持在 12 分的狀態喲。

當然囉，這並不是決定成敗的唯一因素：尤其是你如果有個很棒的軟體團隊，卻一直在開發沒人要的產品，那肯定還是沒人會買帳。而且你當然也可以想像，有些「高手」團隊就算完全不管這些東西，還是可以製作出令人難以置信、足以改變世界的軟體。但如果其他所有條件完全相同，而你確實做對了這 12 件事，那你就擁有了一個紀律嚴明的團隊，有能力持續穩定交出好成果。

1. 你有做版本控制嗎？

我用過一些商用的版本控制套件，也用過免費的 CVS[2]，我跟你說，CVS就**很好用**了（譯註：2023 的今日，大家都用 Git 了吧！）。但如果你的原始碼沒做版本控制，又想讓好幾個程式設計師一起合作，那你肯定會感覺困難重重。因為程式設計師根本沒辦法知道其他人做了什麼事。如果出了錯，也無法輕鬆回復到出錯前的狀態。原始碼版本控制系統還有另一個巧妙之處，就是在每個程式設計師的硬碟中，都會簽出（check out）一份原始程式碼──只要有使用原始碼版本控制的專案，我從沒聽過搞丟大量程式碼的事情。

2. 你能用一個步驟完成程式構建工作嗎？

我的意思是：你至少需要幾個步驟，才能從最新版的原始程式碼，構建出（build）能夠出貨的產品？優秀的團隊只需要一個腳本，就可以從頭開始進行全面檢查、重新構建每一行程式碼、製作出各種不同（平台、語言或其他）版本的執行檔、建立安裝套件，並製作出最終的安裝媒體形式（CD-ROM、網站下載連結等等）。

如果這整個過程需要超過一個步驟，很容易就會出錯。當你越來越接近產品出貨階段，你肯定希望有個非常快速的做法，能迅速修復「最後一個」錯誤，製作出最終版的執行檔。如果你需要 20 個步驟才能編譯好程式碼、建立好安裝檔，這樣你肯定會發瘋，而且還會犯下一些很愚蠢的錯誤。

我上一家公司就是因為這個理由，才把 Wise 換成了 InstallShield：我們**要求**整個安裝過程必須可以用 NT 工作排程器（NT scheduler）搭配腳本，在下班時間隔夜自動執行，但 Wise 無法搭配工作排程器隔夜執行，因此我們就把它給丟了。（親切的 Wise 員工向我保證，他們的最新版一定會支援隔夜執行的功能。）

2　請參見 www.cvshome.org/。

3. 你每天都會重新構建程式嗎？

在使用原始碼版本控制的情況下，程式設計師有時一不小心就會提交（check in）有問題的東西，導致程式構建失敗。舉例來說，有人添加了某個全新的程式碼檔案，而且程式碼在他的機器上都可以正常進行編譯，但他忘了把這個全新的程式碼檔案，添加到程式碼儲存庫中。然後他把自己的電腦鎖上之後，就開開心心回家了。結果這下子其他人全都做不了事，也只好很不爽的回家了。

無法重新構建程式，是很糟糕而且很常見的事，因此每天自動重新構建程式，是一種很有用的做法，因為這樣就能確保沒有人可以「搞了破壞還不被發現」。一般大型團隊中有個蠻好的做法，可以確保這種破壞行為立刻被發現並即時修復，那就是利用每天中午的時間（比如午餐時間）重新構建程式。每個人都可以在午餐之前，盡可能多提交他們所做的修改。等大家吃過午餐回來後，構建工作就已經完成了。如果一切沒問題，那就太好了！這時候每個人都可以簽出最新版本的程式碼，繼續下午的工作。如果構建失敗了，則可以開始進行修復，而其他人也可以繼續使用構建之前還沒壞掉的那個版本。

我們 Excel 團隊有個規則，就是看誰害構建出錯了，就要負責後續的構建維護工作，以此做為一種「懲罰」，直到有其他人又害構建出錯為止。這是個很棒的鼓勵做法，因為這樣一來，大家就會盡量避免害構建出錯，而且這也是讓每個人輪流熟悉構建流程的好方法，因為每個人都有機會學習構建的流程。

我們在第十章的內容中，還會介紹更多關於每天重新構建程式的相關做法[3]。

4. 你有持續維護一個 bug 資料庫嗎？

我才不管你怎麼說。反正你只要是在開發程式碼——就算只有你一個人——卻沒有採用任何 bug 資料庫，來列出程式碼所有已知的問題，那你肯定只會交出品質低劣的程式碼。許多程式設計師都認為，他們可以把這些

---

3 請參見第 10 章。

問題清單記在腦子裡。別鬼扯了。像我一次就只能記住兩、三個問題，而且到了第二天早上，或是在匆匆忙忙趕著出貨之際，很快就會把問題全忘光了。你絕對有必要以更加正式的方式，追蹤各式各樣的問題。

這種 bug 資料庫可以很複雜、也可以很簡單。一個真正有用的 bug 資料庫，至少必須針對每個問題，記錄下面這些資料：

- 重現問題的完整步驟

- 預期中的（正常）行為

- 觀察到的（錯誤）行為

- 指定的負責人

- 是否已修復

如果用來追蹤問題的軟體太複雜，反而會妨礙你追蹤問題的意願，這樣你不如簡單製作一個列表，只要記錄這五個重要的項目，然後**馬上開始用它就對了**。

關於程式問題追蹤的更多資訊，請參見《*Painless Bug Tracking*》（「程式問題追蹤」無痛指南）[4]。

5. 你會先修好程式的舊問題，才去寫新的程式碼嗎？

當初微軟 Word 第一個 Windows 版，大家都認為是個「死亡行軍」專案。工作永遠做不完、一直不斷出狀況、整個團隊的工作時間長得離譜，專案進度卻一延再延，大家壓力之大遠超過想像。當那該死的產品終於出貨之後，已經比預期晚了很多年，於是公司就把整個團隊送到 Cancun 度假，順便讓大家可以坐下來認真反省一下。

結果大家發現，由於專案經理一直堅守時程，程式設計師只好匆忙交出程式碼，寫出一些極其糟糕的程式碼，只因為「修復問題」這階段並不屬於正式的時程。根本沒有人想要嘗試減少問題的數量。實際上，還出現了反過來的情

4　請參見 www.joelonsoftware.com/articles/fog0000000029.html。

況。例如有一次某個程式設計師本該寫一段程式碼算出一行文字的高度，結果他只寫了「`return 12;`」就交差了事，直到這個問題被爆出來，大家才知道他的函式大有問題。結果，時程表就演變成「各種功能等著變成問題」的清單。事後檢討起來，這就成了所謂的「**無窮缺陷方法論**」。

為了解決這個問題，微軟決定採用另一種叫做「**零缺陷方法論**」的做法。一聽到這個決定，公司許多程式設計師忍不住都笑了出來，因為這聽起來就好像管理階層下了個命令，就以為這樣可以減少問題數量似的。但實際上「零缺陷」的意思是，不管在任何時候，都要把「消除問題」視為**最高優先級**，必須等到問題全部消除了，才能去寫新的程式碼。下面就是採用這種做法的理由。

一般來說，問題修復之前拖的時間越長，修復成本（時間和金錢）就越高。

舉例來說，如果你所犯的錯，只不過是編譯器就能抓出問題的拼寫錯誤或語法錯誤，修復這種問題根本就微不足道。

如果你是在執行程式碼時，看到程式碼裡的問題，你就能馬上解決這個問題，因為當時在你腦海中，所有相關程式碼全都記憶猶新。

如果問題出現在你前幾天所寫的程式碼中，可能就要花點時間才能找出問題了；不過，你只需要重新讀一下自己所寫的程式碼，就會想起所有的東西，然後在合理的時間內解決這個問題。

但如果問題出現在你**前幾個月**所寫的程式碼中，很多東西你可能都忘記了，因此要修復起來就更難了。而且你可能要修復的是**別人的**程式碼，他也許正在 Aruba 度假；如果是這樣的情況，想解決問題就必須靠科學辦案的做法了——你一定要條理分明、小心翼翼慢慢來才行，而且你根本無法判斷究竟要花多長的時間，才能找到解決的方案。

如果**問題出現在已上市產品**的程式碼中，修復問題的代價更是難以估算。

這就是馬上修復問題的理由之一：因為這樣才能用比較少的時間解決問題。另外還有一個理由，就是寫新程式碼所需的時間，比修復問題所需的時間**更容易預估**。舉例來說，如果我問你，寫一個列表排序的程式碼需要多長的時間，你應該可以估得很準才對。但如果程式碼無法在 IE 5.5 順利執行，我問你這個

問題需要多長時間才能修復，你恐怕連**瞎猜**都沒辦法，因為你根本不知道是什麼東西**造成**問題。要追出這個問題，或許需要三天的時間，也有可能只需要兩分鐘。

這也就表示，如果你的時程表裡有許多待解決的問題，這個時程表肯定不可靠。但如果你已經解決所有**已知**的問題，剩下的全都是要寫新的程式碼，那你的時程表肯定就會變得準確許多。

把程式的問題數量保持為零，另一個好處就是在面對競爭時，可以更快做出回應。有些程式設計師認為，這樣就等於是讓產品**隨時準備好**可以正式出貨。萬一你的競爭對手推出某個足以搶走你客戶的殺手級新功能，你只要想辦法實現該功能，就可以馬上推出新版本產品，而不需要先花很多時間，去解決之前所累積的大量問題。

6. 你有持續維護一份即時更新的時程表嗎？

我們終於聊到「時程表」了。如果你的程式碼對公司來說特別重要，讓大家知道程式碼究竟何時才能完成，這對於公司來說當然也很重要。不過，程式設計師可是出了名的不愛訂時程。他們會對著業務部的人大吼：「等我做完了，它就完成了呀！」。

遺憾的是，這樣並不能解決問題。在程式碼完成之前，公司就必須先做出一大堆計劃與決策：功能展示、商展、廣告等等。要先做好這些事，唯一的辦法就是先制定好時程表，並隨時更新最可靠的時程。

制定時程表還有另一個重要的作用，就是強迫你判斷哪些功能一定要先完成，哪些功能比較不重要可以先**砍掉**，而不會陷入**功能越加越多，永遠都做不完**（英文叫 featuritis，也叫 scope creep）的局面[5]。

其實要把時程表維護好並不困難。我們在第 9 章就會說明如何制定出超棒時程表的簡單方法。

5 　關於 *featuritis* 的定義，請參見 www.netmeg.net/jargon/terms/c/creeping_featuritis.html。

7. 你手上有規格嗎？

寫規格就像使用牙線一樣：大家都知道這是好事，但實際上沒人會去做。

我也不確定這是為什麼，也許是因為大多數程式設計師都不喜歡寫文件吧。因此，如果整個團隊都是由程式設計師所組成，這些人在解決問題時，自然會比較喜歡用程式碼，而不會用文件來表達他們的解決做法。他們寧可埋頭去寫程式，也不願意先制定好規格。

在設計階段，如果發現某個問題，只要改幾行文字就能輕鬆解決。一旦寫成程式碼，解決問題的成本就會高出許多，無論情感上（一般人都討厭丟棄程式碼）還是時間上都是如此，因此在實際解決問題時，就會遇到比較大的阻力。但如果軟體不按照規格來寫，通常都設計得很糟糕，而且進度往往會失控。Netscape 似乎就是遇到了這樣的問題；由於前四個版本最後變得一團糟，因此管理層做出了愚蠢的判斷，決定丟掉之前的程式碼重新來過[6]。後來他們在 Mozilla 又犯了同樣的錯誤，再次創造出一個失控的怪物，後來花了**好幾年時間**才進入 alpha 測試階段。

我個人比較偏愛的做法，就是把程式設計師送去參加密集的寫作課程，讓他們變得比較不那麼排斥寫作，以此解決這個問題[7]。另一種解決方式，就是聘請一個懂程式又夠聰明的經理，來負責編寫書面規格。不管採用哪一種做法，你都應該徹底執行一個簡單的規則——「沒有規格就不寫程式碼」。

等你讀到第 5 章至第 8 章的內容，就會學習到更多關於編寫規格的相關知識了。

6　請參見第 24 章。

7　舉例來說，耶魯大學的**每日主題課程**（參見 www.yale.edu/engl450b/）就是以要求學生每天寫一篇文章而聞名。

8. 你的程式設計師有安靜的工作環境嗎？

根據大量文件記載，只要給**知識工作者**足夠的空間、安靜的環境和充分的隱私，就能提高生產力。經典的軟體管理書籍《*Peopleware*》廣泛記載了許多這類做法在生產力方面所帶來的好處[8]。

其原理如下。我們都知道，知識工作者一旦「進入狀況」（英文叫 flow，也叫 in the zone），工作效率最高、效果最好；在這樣的狀態下，他們可以完全脫離當下的環境，百分之百專注於自己的工作。他們也會忘記時間，全神貫注於創造出偉大的東西。這就是他們最有生產力的狀態，他們的工作就是這樣完成的。作家、程式設計師、科學家，甚至籃球運動員，都會在某個時刻感覺到自己「進入狀況」了。

問題是，要「進入狀況」並不容易。如果你嘗試進行測量，似乎大概要平均15 分鐘，才能開始發揮出最高的生產力。有時你如果真的累了，或是當天已經完成許多具有創造性的工作，你就會一直無法「進入狀況」，而在那一整天剩餘的時間裡，你就只能四處閒逛、上上網、玩玩俄羅斯方塊了。

另一個很麻煩的是，只要一不小心，很容易就會**脫離**那樣的狀況。有時是噪音、電話、外出吃午飯，有時是因為不得不開車五分鐘到星巴克喝咖啡，或是同事的打擾——**尤其是**同事的打擾——這些干擾全都有可能讓你脫離那種高生產力的狀態。如果有同事問你一個問題，打斷了你一分鐘，一旦讓你脫離原本的狀況，恐怕就需要半小時才能恢復原本的工作效率，這樣一來你的整體工作效率肯定會出現嚴重的問題。如果你身處於一個吵雜的環境（有些公司特別喜歡營造這樣的氛圍），業務員就在程式設計師旁邊對著電話大呼小叫，你的工作效率肯定會下降，因為知識工作者只要一再被打擾，永遠都無法「進入狀況」。

對於程式設計師來說，這個問題尤其嚴重。程式設計師的生產力，主要取決於能否同時處理短期記憶裡大量的小細節。任何形態的打擾，都有可能會讓這些細節瞬間崩潰消失。等你回到原本的工作，你已經不記得任何細節了（比如你剛才所使用的局部變數名稱，或是你在哪個地方實現過哪個搜尋演算法）；你

---

8 Tom DeMarco 和 Timothy Lister，《*Peopleware: Productive Projects and Teams*》（人才管理之道：有生產力的專案與團隊；第二版，Dorset House Publishing，1999）。

必須花很大力氣才能找回這些東西，這肯定會大幅減慢你的速度，要過好一陣子才能慢慢恢復到之前的狀態。

下面有個簡單計算範例。假設（似乎有證據表明）我們打擾到一個程式設計師，即便只有一分鐘，也會造成 15 分鐘工作效率的浪費。在這裡的範例中，我們把兩個程式設計師 Jeff 和 Mutt 放到一個標準的呆伯特開放式隔間中。Mutt 忘記 Unicode 版本的 `strcpy` 函式名稱怎麼寫。他可以自己查一下，需要耗時 30 秒；他也可以問 Jeff，這需要耗時 15 秒。因為他就坐在 Jeff 旁邊，所以他直接就問了 Jeff。Jeff 因此分了心，於是就損失了 15 分鐘的工作效率（不過 Mutt 節省了 15 秒的時間）。

現在我們再把他們兩人移到有牆有門的獨立辦公室中。如果 Mutt 忘了函式的名稱，他可以自己查一下，同樣需要耗時 30 秒；他也可以問 Jeff，但因為必須站起來，考慮到程式設計師的平均身材，要移動他們的屁股可沒那麼容易，所以現在需要耗時 45 秒。於是，他選擇自己查一下。這樣一來，雖然 Mutt 損失了 30 秒的生產力，但我們還是為 Jeff 省下了 15 分鐘。啊！這不是再明顯也不過了嗎？

9. 你有善用市面上最好的工具嗎？

如果是用編譯型的程式語言寫程式，在編譯階段總要花點時間；這應該是目前一般家用電腦還無法瞬間完成的工作之一。如果你編譯的過程需要耗時超過好幾秒鐘，去購買最新最好的電腦應該就可以幫你省下一些時間。如果編譯的時間超過 15 秒，程式設計師在編譯階段就會感到無聊，於是跑去逛 *The Onion* 這類的線上新聞網站[9]，結果很可能一去不回頭，好幾個小時的生產力就這樣沒了。

還有，如果只用單一螢幕來為 GUI 程式碼進行除錯工作，雖然這並不是不可能，但肯定很痛苦。如果你正在寫 GUI 程式碼，使用兩個螢幕肯定會讓你工作起來容易許多。

9　請參見 http://www.theonion.com。

大多數程式設計師到後來經常不得不為了製作一些小圖標或工具列，而必須去做修圖的工作，但很多程式設計師都沒有真正好用的圖片編輯器。用小畫家來修圖簡直就是個笑話，但是大多數的程式設計師一定都做過這樣的事。

我的上一份工作 [10]，公司的系統管理員會一直不斷向我發送垃圾郵件，抱怨我使用伺服器的硬碟空間超過了 220 MB。我跟他們說，如果考慮到當時硬碟的價格，這些硬碟空間的成本明顯低於我所使用的**衛生紙成本**。就算只是花十分鐘清理目錄，對我的生產力來說也是極大的浪費。

一流的開發團隊絕不會去折磨他們的程式設計師。使用不好的工具所造成的挫折雖然很小，但加起來還是會讓程式設計師心情不爽、脾氣暴躁。程式設計師的心情不爽，就不會有什麼生產力可言了。

不過，程式設計師其實也很容易被一些最酷、最新的東西所迷惑。與其支付更高的薪水，不如用這些東西誘使他們更努力為你工作，因為這樣的做法實在便宜太多了！

10. 你有專門負責測試的人嗎？

一般來說，每兩到三個程式設計師，至少就要搭配一個測試人員；如果你的團隊沒有專門負責測試的人，很可能就會做出一些有缺陷的產品，要不就是讓時薪 100 美元的程式設計師，去做一些時薪 30 美元的測試人員可以完成的工作，這根本就是在浪費錢。節省測試人員的花費，實際上並不是真的在省錢；我實在很驚訝，竟然有那麼多人看不懂這個道理。第 22 章還會有更多相關的說明。

---

10 請參見第 32 章。

11. 你在面試新人時,會讓他試寫程式碼嗎?

你在僱用魔術師時,不會要求他先給你表演一些魔術嗎?當然不會那麼傻。如果想找婚宴的餐廳,你難道不會要求先品嚐一下他們的餐點嗎?我才不信呢!(除非她是 Marge 阿姨,如果你不讓她做她的「招牌」碎肝蛋糕,她會恨你一輩子的。)

不過,現在有很多程式設計師之所以會被錄用,都是因為履歷令人印象深刻,或是因為面試過程相談甚歡。有人在面試時,會問一些很瑣碎的問題(例如 CreateDialog() 和 DialogBox() 有何區別?),這些問題只要查一下文件就能回答了。其實你根本不在意他們有沒有記住那些程式設計相關的瑣碎知識;你真正在意的是他們能不能寫好程式碼。另外還有更糟糕的問法,就是問一些「腦筋急轉彎」的問題——如果你已經知道答案,那種問題看起來就好像理所當然,但如果你不知道答案,想破頭你也想不出來。

拜託**別再這樣做了**。好啦,你當然還是可以在面試過程中,做任何你想做的事,但請別忘了叫面試者**寫一些程式碼**。(如果你還需要更多的建議,請閱讀本書第 20 章「面試教戰守則」。)

12. 你會在走廊抓人做使用性測試嗎?

所謂的「**走廊使用性測試**」(*hallway usability test*),就是到走廊隨便抓經過的人,拜託他們嘗試使用你剛剛寫好的程式碼。你只要抓五個人做這樣的事,就可以找出你程式碼中 95% 與使用性相關的問題。

良好的使用者界面設計,其實並不像你想像的那麼難;如果你想讓客戶喜歡並購買你的產品,使用者界面 UI 的設計尤為重要。請參見我所寫的那本關於 UI 設計的書 [11],可做為程式設計師的簡單入門參考。

---

11 Joel Spolsky,《*User Interface Design for Programmers*》(**程式設計師的使用者界面設計**,Apress,2001 年)。在 http://www.joelonsoftware.com/uibook/chapters/fog0000000057.html 可免費取得本書的部分內容。

不過,關於使用者界面最重要的是,你只要向少數人展示你的程式(事實上,五六個人就足夠了),很快就可以發現一般人會遇到的最大問題。只要讀過 Jakob Nielsen 的文章,你就能瞭解箇中原因[12]。就算你真的很缺乏 UI 設計的技能,你只要強迫自己到走廊抓人做使用性測試(無須任何費用),你的 UI 品質就能得到大幅的提升了。

約耳測試的四種使用方式

1. 請給你自己的軟體團隊打分數,然後再告訴我分數是多少,這樣我就可以拿來做為八卦的題材了。

2. 如果你是程式設計團隊的管理者,請把這些測試當做一份檢查清單,以確保你的團隊可以順利運作。如果你的團隊能得到 12 分,你就不用再去管你的程式設計師,只要努力別讓業務人員打擾到他們就可以了[13]。

3. 如果你正在決定要不要接受某份程式設計的工作,你可以先詢問一下未來的雇主,看看他們在這個測試裡可以得到幾分。如果分數太低,請再確認一下你有沒有權力修正這些問題。否則的話,等你進了公司之後,恐怕只會感到沮喪,發現自己毫無生產力。

4. 也許你是個投資者,正在做「盡職調查」(due diligence),希望可以判斷一下程式設計團隊的價值;也許你的軟體公司正在考慮要不要與另一家公司合併;這個測試可做為你的一個快速經驗法則。

後記:2004 年 6 月 14 日

自從 2000 年 8 月「約耳測試」問世以來,我持續收到世界各地開發者一大堆的 email,大家紛紛回報各自所屬單位組織的得分狀況。雖然結果的分佈相當均勻,但我不得不提一下,絕大多數的回覆都落在兩、三分之間。

---

12 Jakob Nielsen,「Why You Only Need to Test with 5 Users」(為什麼只需要 5 個使用者來進行測試,useit.com,2000 年 3 月 19 日)。請參見 www.useit.com/alertbox/20000319.html。

13 請參見 www.joelonsoftware.com/articles/fog0000000072.html。

嗯。我還聽說有許多開發者，因為受夠了那種毫無章法、只想靠「高手」解救蒼生的軟體開發設計做法，因此在應聘時主動回絕掉一些約耳測試只能得超低分的公司。另外我也從一些團隊管理者的陳述中，聽到了一些很好的進展，因為他們開始利用約耳測試，來做為逐步改善團隊流程的做法，整個團隊也因而一路往上提升。

不過於此同時，也有許多開發團隊似乎衝過了頭，雖然各種要求遠超過約耳測試的程度，但實際上卻進入官僚主義晚期、動脈硬化的痛苦階段。如果想要判斷是否已進入這樣的階段，其實也很容易，你只要發現大家準備開會的時間，已經開始超過軟體開發的時間，大概就八九不離十了。這時候就算約耳測試得到完美的 12 分，還是有可能因為太多政治問題與額外的負擔，最後搞得大家灰頭土臉，什麼事都做不了。下面所提到的這些事，你們可別說是我說的——自從 1990 年代初期我在微軟工作以來，所有證據都顯示，這家公司因為規模太大，加上內部政治官僚主義橫行，整個公司或多或少已陷入停滯的狀態。證據在哪裡呢？我們就來看看 Tablet PC 吧——那東西其實只有公司的中階經理人特別喜歡——它的設計目的根本就是為了讓那些專案經理開一整天的會，免得被別人發現他們整天沒事幹只會收收 email 而已。其實這也不是微軟才有的現象。如果你發現自己老是花太多的時間，在那邊安裝、配置某個龐大的軟體方法系統（比如像是「視覺化 XX 企業架構」之類的軟體），或是在軟體產品的開發階段，老是叫你的團隊成員去上什麼「極限程式設計」、「UML」之類的課程，搞得他們昏頭轉向，這樣就算約耳測試可以拿到很高的分數，你們的公司恐怕還是有很嚴重的問題。

4

UNICODE 與字元集：
軟體開發者必懂的基礎
（別再逃避了！）

2003 年 10 月 8 日，星期三

你有沒有想過，那個神秘的 Content-Type 標籤究竟是做什麼用的？你知道的，就是那個放在 HTML 標頭裡的東西，你根本搞不清楚它的用途吧？

你有沒有收過保加利亞的朋友寄來的 email，標題上寫著「??????????????????」？

我很沮喪地發現，許多軟體開發者根本沒搞懂字元集、字元編碼、Unicode 等等這些神秘的東西。記得好幾年前，FogBUGZ[1] 的 Beta 版測試人員想知道，我們的軟體能不能處理日文的 email。日文？他們會收到日文的 email 嗎？我根本沒想過這個問題。後來我仔細查看其中一個 ActiveX 控制元件（我們用它來解析 MIME 電子郵件訊息），赫然發現它對字元集的處理方式完全錯誤，於是我們只好另寫一段程式碼，先取消它所做的錯誤轉換，再進行正確的處理。後來我查看另一個商用函式庫，發現其中字元編碼部分也有問題。於是我把問題反映給該軟體套件的開發者，沒想到他們竟然回我說，他們「對此也是無能為力」。他們就像許多其他的程式設計師一樣，只會天真的希望這些問題自動消失。

1　這是我們的一個產品，可用來追蹤程式的各種問題；請參見 www.fogcreek.com/FogBUGZ。

哪有這麼好的事？這個問題根本就不會憑空消失。後來我又發現，連 PHP 這個非常受歡迎的 web 開發工具，竟然也幾乎完全忽略字元編碼的問題[2]，非常歡樂地只支援 8 位元的字元集，根本就無法用來開發多語言的 web 應用程式，這時候我心想，**真是夠了！這也太扯了吧！**

因此我要在此宣告：如果你自認為是 21 世紀的程式設計師，卻還搞不懂字元、字元集、字元編碼、Unicode 的基礎知識，我就要去**把你抓起來**，罰你六個月關禁閉，只能待在裡頭剝洋蔥。我說到做到。

我還要說一件事：

真的沒那麼難啦。

在這篇文章裡，我會向你詳細介紹**每一個程式設計師**都應該知道的一些基礎知識。如果你到現在都還以為「純文字 = ASCII = 字元就是 8 位元」，這樣的概念不但錯誤，而且還錯得很離譜。如果你在寫程式碼時依然抱著這樣的概念，你的程度恐怕就跟不相信細菌的醫生差不多吧。在你讀完本文之前，請你暫時先不要再寫任何一行程式碼了吧。

在我開始解說之前，應該先說明一下，如果你正好是少數真正瞭解多語言編碼的人，就會發現我這裡的整個討論其實有點過於簡化。其實我只是想在此設下一個最低標準，好讓大家理解這是怎麼一回事，而且可以寫出**有希望**能處理英文之外任何語言文字的程式碼。另外我還要提醒一下，如果想讓程式碼有能力處理多國語言，「字元處理」只不過是相關知識的其中一小部分，不過我一次只打算寫一個東西，今天就讓我們只談「字元集」吧。

從歷史演變的角度來看

如果真的想理解這個東西，最簡單的方式就是按時間的順序來看。也許你以為，我打算在這裡談一些非常古老的字元集（例如 EBCDIC）。好啦，我並沒有這個打算。EBCDIC 跟你沒啥關係，你用不到的。我們不必回到那麼遠的地方去。

---

2 請參見 ca3.php.net/manual/en/language.types.string.php。

我們只需要回到那個還沒有那麼古老的時代，當時 UNIX 剛被發明出來，K&R 也還在寫《*The C Programming Language*[3]》（C 程式語言）這本書，當時一切都還很單純。EBCDIC 已經快被淘汰了。當時唯一重要的字元，就是不包含重音符號的那幾個英文字母，其中有個叫做 ASCII 的編碼方式，可以用 32 到 127 之間的數字來表示每一個字元[4]。其中空格是 32，字母 A 則是 65。所有的字元，全都可以用 7 個位元來表示。當時大多數的電腦都使用 8 位元的 Byte（位元組），所以不但可以保存所有的 ASCII 字元，還多出一個位元可以做為備用；如果你夠邪惡，也可以利用這個多出來的位元，來達成某些特定的效果：譬如 WordStar 就用它來標示單詞裡的最後一個字母，所以 WordStar 只能用來顯示英文的文字。32 以下的編碼，則是所謂的**不可列印字元**，專門用來下詛咒——開玩笑的啦。這些編碼都是用來做為控制字元，例如 7 可以讓電腦發出嗶嗶聲，12 則會把印表機裡的紙張饋送出來，並捲入一張新紙。

	0	1	2	3	4	5	6	7	8	9	A	B	C	D	E	F
0	NUL	SOH	STX	ETX	EOT	ENQ	ACK	BEL	BS	HT	LF	VT	FF	CR	SO	SI
1	DLE	DC1	DC2	DC3	DC4	NAK	SYN	ETB	CAN	EM	SUB	ESC	FS	GS	RS	US
2	space	!	"	#	$	%	&	'	(	)	*	+	,	-	.	/
3	0	1	2	3	4	5	6	7	8	9	:	;	<	=	>	?
4	@	A	B	C	D	E	F	G	H	I	J	K	L	M	N	O
5	P	Q	R	S	T	U	V	W	X	Y	Z	[	\	]	^	_
6	`	a	b	c	d	e	f	g	h	i	j	k	l	m	n	o
7	p	q	r	s	t	u	v	w	x	y	z	{			}	~	DEL

如果英文是你的母語，這一切都很好，沒什麼問題。

由於一個 Byte 有 8 個位元，因此很多人開始思考，「嗯，我們可以把 128-255 這段編碼範圍拿來自己用呀。」問題是**很多人**都有這樣的想法，而 128 到 255 這段範圍應該放哪些東西，每個人都有自己的一套想法。像 IBM-PC 就建立了一套後來被稱之為 OEM 字元集的東西，它針對歐洲語言提供了一些重音字元，以及一堆畫線字元（橫線、豎線、右上角折線等等）。你可以利用這些畫線字元，在螢幕上畫出漂亮的方框與線條，直到如今某些乾洗店 8088 的電腦中，還是有機會看到這樣的東西。事實上，很多人會在美國以外的地方購買 PC，因此各種不同的 OEM 字元集就被製作了出來，他們全都把這 128 個字元範圍，拿去實現各自的用途。舉例來說，在某些 PC 中，130 這個字元編碼會

3　Brian Kernighan 和 Dennis Ritchie，《*The C Programming Language*》（C 程式語言，Prentice Hall，1978）。

4　關於 ASCII 字元更多的資訊，請參見 www.robelle.com/library/smugbook/ascii.html。

顯示為 é，但在以色列銷售的電腦中，它則會顯示為希伯來字母 Gimel（ג），因此當美國人把「résumés」這個單字發送到以色列時，就會變成「rגsumגs」。有時即使在同一地區，對於這 128 個字元範圍該怎麼處理，也有很多種不同的想法，例如在俄語地區就是如此，因此你如果想交換俄語文件，甚至有可能找不到一種可靠的做法。

後來，這段 OEM 亂用區終於被編入 ANSI 標準。在 ANSI 標準中，大家對於 128 以下的字元編碼方式，想法相當一致，實際上與 ASCII 幾乎是相同的，不過 128 以上的字元編碼方式，則有很多種不同的用法，具體取決於你所居住的地區。這些不同的系統，就是所謂的**字碼頁**（*code page*）[5]。舉例來說，以色列的 DOS 就使用 862 的字碼頁，希臘的使用者則使用 737 的字碼頁。不同的字碼頁，128 以下的字元編碼都是相同的，但 128 以上則各不相同，其中包含了各式各樣有趣的字母。光是不同國家版本的 MS-DOS，就有好幾十種字碼頁，可處理英語到冰島語的各種文字，甚至還有一種「多語言」（multilingual）字碼頁，可以在**同一台電腦處理世界語（*Esperanto*）和加利西亞語（*Galician*）！真的很厲害！**不過，如果想在同一台電腦處理希伯來語和希臘語，則是完全不可能，除非你自己寫程式，利用圖形來顯示文字，因為希伯來語和希臘語需要不同的字碼頁，128 以上的編碼各自對應到不同的字元。

於此同時，在亞洲的情況就更令人抓狂了，因為亞洲文字有好幾千個字母，光靠 8 個位元絕對放不下。通常解決的方式都是靠一個叫 DBCS（Double Byte Character Set；雙位元組字元集）的麻煩系統，其中**有些**字母只用到 1 個 Byte，另外有些字母則會佔用 2 個 Byte。在這樣的一個字串裡，如果要向後移

5　更多關於字碼頁的相關資訊，請參見 www.i18nguy.com/unicode/codepages.html#msftdos。

動很容易，但如果要往前移動卻很困難。通常一般都會建議程式設計師不要用 s++ 和 s-- 來前後移動字元的位置，而是改用像是 Windows 的 `AnsiNext` 和 `AnsiPrev` 之類的函式，因為這些函式知道該如何處理那些麻煩的事情。

不過，大多數人還是假裝一個 Byte 就是一個字元，一個字元就是 8 個位元，只要你從來不需要把一個字串從某一台電腦移動到另一台電腦，也不需要處理多種語言，這樣的概念也夠用了。但網際網路出現之後，字串從某一台電腦移到另一台電腦的情況，變得越來越司空見慣，而整個混亂的局面，也就這樣炸了開來。幸運的是，這時候 Unicode 已經發明出來了。

Unicode

Unicode 是個勇敢的嘗試，它的野心就是創造出一個單一字元集，把地球上所有的文字系統（甚至像克林貢語這樣的虛構文字）全都囊括進去。有些人誤以為 Unicode 只是一種 16 位元編碼，每個字元都是用 16 位元來表示，因此總共有 65,536 種可能的字元。其實這並不正確。這可說是對 Unicode 最常見的一種誤解，如果你也這麼以為，倒也不必太難過啦。

事實上，Unicode 對於字元有著蠻不一樣的想法，你必須真正理解 Unicode 的想法，要不然肯定想不通。

一直以來我們都假設，每個字元都可以對應到「某些位元」（bits），然後我們可以把這些位元資訊，儲存在磁碟或記憶體中：

```
A -> 0100 0001
```

Unicode 的想法是，每個字元都可以對應到所謂的「**碼點**」（*code point*），而這個東西只是一個理論上的概念而已。至於如何在磁碟或記憶體中呈現這些「碼點」，則完全是另一回事。

在 Unicode 世界裡，A 這個字母只是一個形而上、理想中的東西。它只不過是漂在天上的一個概念而已：

A

這個理想中的 A，既不同於 B，也不同於 a，但無論是粗體的 A、紅色的 A 還是一般的 A，全都是同一個 A。Times New Roman 字體的 A 與 Helvetica 字體的 A，也都是相同的字元，不過小寫字母 a 則是另一個**不同**的字元；這樣的概念似乎沒什麼好爭議的，但在某些語言中，光是要搞清楚哪些東西**是**字母，就很有得吵了。德語字母 ß 算是一個真正的字母嗎？亦或只是 ss 另一種比較炫的寫法？如果字母的形狀在單詞末尾處出現變化，就算是另一個不同的字母嗎？對希伯來語來說，確實是如此，但對阿拉伯語來說，則並非如此。總而言之，在過去十年左右的時間裡，Unicode 協會裡有一些聰明的傢伙一直都在努力解決這個問題，過程中還摻雜許多高度政治化的爭論，所幸現在你不必再擔心這些問題了。他們已經全都搞定了。

Unicode 協會針對所有字母表內每一個理想中的字母，全都指定了相應的一個魔術數字，其寫法如下：U+0645。這個魔術數字就是所謂的「**碼點**」（*code point*）。U+ 代表「Unicode」，而後面則是十六進位的數字。比如像 U+0639 就是阿拉伯字母 Ain。英文字母 A 則是 U+0041。只要使用 Windows 2000/XP 裡的**字元對應表**，或是直接造訪 Unicode 網站[6]，就可以找出所有字元所對應的「碼點」。

Unicode 可定義的字元數量，並沒有真正的限制；實際上它早就超過了 65,536 個，所以並不是每個 Unicode 字元都可以被壓縮成 2 個 Byte —— 反正這原本就只是個迷思而已。

好的，現在假設我們有一個字串：

    Hello

在 Unicode 的概念下，它可以對應到下面這五個碼點：

    U+0048 U+0065 U+006C U+006C U+006F

這只不過是一堆碼點而已（其實也就是一堆的數字。）我們到目前為止都還沒談到，該如何把這些東西儲存到記憶體中，或是如何在 email 裡呈現這個字串。

6　請參見 www.unicode.org。

字元編碼

這就是**字元「編碼」**（encoding）可以**派上用場之處。**Unicode 編碼一開始的想法是，「嘿，我們就把這些數字保存到兩個 Byte 裡就好啦！」——這其實就是 2 Byte 迷思的源頭。如此一來，「Hello」就會變成

```
00 48 00 65 00 6C 00 6C 00 6F
```

這樣就對了嗎？還沒喲！下面這樣不也可以嗎？

```
48 00 65 00 6C 00 6C 00 6F 00
```

好吧，技術上來說沒問題，我也相信這沒問題；事實上，早期一些實作者希望能自由選擇採用所謂的 high-endian 或 low-endian 模式，來儲存他們自己的 Unicode 碼點，端看哪一種方式在他們自己的 CPU 裡速度比較快……你看你看看，光只是這樣，就已經跑出**兩種**保存 Unicode 的方式了。所以大家不得不做出一個奇怪的約定，在每個 Unicode 字串開頭處存入一個 FE FF；這就是所謂的 Unicode Byte 順序標記（Order Mark），如果你把高位 Byte 與低位 Byte 對調位置，這個順序標記就會變成 FF FE，讀取你字串的人就會知道，隨後每兩個 Byte 的位置都應該要對調。[7] 哎呀！問題是大家在外面所看到的 Unicode 字串，並非每一個字串開頭都附有這個 Byte 順序標記呀！

有好一段時間，大家似乎都覺得這樣已經夠用了，但程式設計師們還是經常在抱怨。「你看看那一大堆的 00！」會這樣抱怨的多半是美國人，因為他們看的多半是英文，所以很少會用到 U+00FF 以上的碼點。而且他們多半是加州一些崇尚自由的嬉皮，總想著要**節約愛地球**（最好是啦）。如果是德州佬，就算必須用掉兩倍數量的 Byte，他們才不會介意呢！但加州那些傢伙實在無法忍受「字串所佔用空間必須**增加一倍**」的想法；而且不管怎麼說，外面已經有大量的文件使用 ANSI 和 DBCS 字元集，字元編碼一旦改變，誰要來負責進行轉換呢？**該不會是要自己做吧？**光是這個理由，就足以讓大多數人決定，在幾年內先不去理會 Unicode，而這樣的發展，只會讓情況變得更糟而已。

7　關於 Byte 順序標記的詳細資訊，請參見 msdn.microsoft.com/library/default.asp?url=/library/en-us/intl/unicode_42jv.asp。

在這樣的背景下，UTF-8 這個絕佳的概念就被發明出來了[8]。UTF-8 是另一種保存 Unicode 碼點（也就是那些神奇的 U+ 數字）的系統，它是用一些 8 位元的 Byte 來把碼點保存在記憶體中[9]。在 UTF-8 的做法中，0 到 127 的每個碼點全都保存在 **1 個 Byte** 中。只有 128 及以上的碼點，才會用 2 個、3 個（實際上最多 6 個）Byte 來進行保存。

十六進位最小值	十六進位最大值	二進位各個 Byte 排列的情況
00000000	0000007F	0vvvvvvv
00000080	000007FF	110vvvvv 10vvvvvv
00000800	0000FFFF	1110vvvv 10vvvvvv 10vvvvvv
00010000	001FFFFF	11110vvv 10vvvvvv 10vvvvvv 10vvvvvv
00200000	03FFFFFF	111110vv 10vvvvvv 10vvvvvv 10vvvvvv 10vvvvvv

這樣的做法有一個很巧妙的「副作用」，那就是英文的文字相應的 **UTF-8 編碼，看起來就與 ASCII 編碼完全相同**，因此美國人甚至不會注意到有什麼不同。只有世界上其他地方的人，才需要去克服重重的困難。具體來說，Hello 的碼點原本是 U+0048 U+0065 U+006C U+006C U+006F，現在則被保存為 48 65 6C 6C 6F，這樣一來就與 ASCII、ANSI 或地球上任何 OEM 字元集的編碼方式完全相同了。（你看這樣是不是很棒呢！）現在你只要膽敢使用重音字母、希臘字母或甚至克林貢字母，你就必須多使用好幾個 Byte 來儲存單一個碼點，但美國人永遠都不會發現這件事。（UTF-8 還有一個不錯的特性：有些老舊的字串處理程式，會把數值為 00 的單一 Byte 當成字串的 null 終止字元，但由於 UTF-8 的字元編碼不會有這種字元，因此如果把 UTF-8 字串送進那些老舊的字串處理程式，字串也不會被莫名其妙截斷。）

到目前為止，我已經說了**三種** Unicode 的編碼方式。傳統的 2 Byte 儲存方式，就叫做 UCS-2（因為用到 2 個 Byte）或 UTF-16（因為用到 16 位元），而且你還必須先搞清楚你的字串是 high-endian 還是 low-endian 的 UCS-2 編碼。另外還有廣受歡迎的最新 UTF-8 標準，它具有很好的特性，如果你的老程式完全

8　參見 www.cl.cam.ac.uk/~mgk25/ucs/utf-8-history.txt。

9　更多關於 UTF-8 的資訊，請參見 www.utf-8.com/。

不懂 ASCII 以外的東西，而你要處理的東西恰好都是英文，那麼 UTF-8 這種編碼方式還是可以正常使用沒有問題 [10]。

其實 Unicode 還有很多其他的編碼方式。其中有一種叫做 UTF-7 的編碼方式，它和 UTF-8 很像，但它會讓最高位元永遠保持為零，所以你如果必須把 Unicode 送入某個自以為 7 位元已經相當夠用的**嚴厲警察國家電子郵件系統**，謝天謝地，只要利用 UTF-7 編碼方式，就能毫髮無損傳送出完整的訊息了。另外還有所謂的 UCS-4，它會把每個碼點保存在 4 個 Byte 中；它有個很好的特性，就是每個單一碼點全都保存在相同數量的 Byte 中，但我必須說，就算是德州佬，也不好意思浪費**這麼多**的記憶體吧。

事實上，你現在所知道的任何字元，已經全都轉變成可以用 Unicode 碼點來表示的字元概念了，而所有的這些 Unicode 碼點，當然也都可以用任何舊式的編碼方式來進行編碼！舉例來說，你可以把 Hello（U+0048 U+0065 U+006C U+006C U+006F）這個 Unicode 字串，改用 ASCII 來進行編碼，或是採用舊式的 OEM 希臘編碼，或是希伯來語 ANSI 編碼，亦或是目前為止已發明的好幾百種編碼方式其中任何一種都行，只不過**有個小小的問題**：有一些字元可能會顯示不出來！如果你想呈現的 Unicode 碼點，在你所採用的字元編碼方式中並沒有相應的字元，通常你就會看到一個小小的問號「？」，或是**可能會看到**一個方框。

實際上有好幾百種傳統的字元編碼方式，都只能正確保存**一小部分**的碼點，至於其他的碼點，全都會變成問號。例如像 Windows-1252（西歐語言的 Windows 9x 標準）和 ISO-8859-1（又名 Latin-1，同樣也適用於任何西歐語言），都是很流行的英文文字編碼方式 [11]。但如果想用這些編碼方式來保存俄文或希伯來文的字元，你就會看到一大堆的問號。至於 UTF 7、8、16 和 32，則都具有良好的特性，可以正確儲存**任何**碼點。

---

10 請參見 www.zvon.org/tmRFC/RFC2279/Output/chapter2.html。

11 關於 ISO 8859-1 字元集的概述，請參見 www.htmlhelp.com/reference/charset/。

關於字元編碼最重要的一個事實

就算你已經完全忘記我剛才所解釋的一切，無論如何請記住一個最重要的事實。如果你有一個字串，卻**不知道該用何種編碼方式**，那一切終究是枉然。你再也不能一頭埋進沙子裡，蒙著頭假裝「純」文字就是 ASCII 了。

根本就沒有純文字這樣的東西

如果你有個字串，可能是在記憶體中、在檔案中，或是在電子郵件裡，你一定要知道它的編碼方式，否則就無法解釋其內容，也無法把它正確顯示給使用者看。

幾乎所有那種「我的網站看起來都是亂碼」或「我只要一使用重音符號，她就讀不到我的電子郵件」之類的愚蠢問題，都可以歸結到有個天真的程式設計師搞不清楚一個簡單的事實，那就是如果不講清楚字串的編碼方式，究竟是用 UTF-8、ASCII、ISO 8859-1（Latin-1）還是 Windows 1252（西歐語言）來進行編碼，我們根本就無法正確顯示這個字串，甚至搞不清楚字串應該在哪裡結束。127 以上的碼點有超過一百種字元編碼方式，要猜也太難了吧。

我們該如何保存「字串所使用的編碼方式」這樣的資訊呢？好吧，其實是有一些標準的做法。以電子郵件來說，你應該在標頭（header）裡放一個字串如下：

```
Content-Type: text/plain; charset="UTF-8"
```

以網頁來說，最初的想法是讓 Web 伺服器在回應網頁之前，先回應一個類似的 Content-Type http 標頭——這個標頭並不是放在網頁本身的 HTML 之中，而是在回應 HTML 頁面之前，先以標頭的形式發送一個回應。

這樣的做法其實有點問題。假設你有個大型的 Web 伺服器，其中包含許多網站和好幾百個網頁，這些網頁都是由許多人使用各種不同的程式語言所製作出來，而且每個人都是用他們自己的 Microsoft FrontPage，設定了各種不同的編

碼方式。Web 伺服器本身**並不知道**各個檔案是採用什麼編碼方式,因此無法發送出可靠的 Content-Type 標頭。

如果可以用某種特殊的標籤(tag),把 HTML 檔案的 Content-Type 直接放在 HTML 檔案內,這樣應該會方便許多。當然囉,這種做法一定會讓那些純粹主義者抓狂——你都還不知道編碼方式,怎麼能**讀取 *HTML* 檔案呢?!**幸運的是,幾乎所有常用的編碼方式,從 32 到 127 所對應的字元都是相同的,因此在 HTML 頁面開頭處取得下面這些資訊,應該還不至於遇到奇怪的字元才對:

```
<html>
<head>
<meta http-equiv="Content-Type" content="text/html; charset=utf-8">
```

不過 meta 標籤真的一定要放在最前面,因為網路瀏覽器一看到這個標籤,就會停止解析頁面並使用你所指定的編碼方式重新解析整個頁面。

如果 Web 瀏覽器在 http 標頭或 meta 標籤裡都沒有找到任何的 Content-Type,它又會怎麼做呢?比如像 IE,就做了一件其實非常有趣的事:IE 會嘗試採用各種語言最典型的編碼方式,觀察一般典型文字裡各種 Byte 出現的頻率,來猜測當下所使用的是哪一種語言和編碼方式。因為各種舊式的 8 byte 字碼頁傾向於把該國的字母放在 128 到 255 之間的不同位置,而且每一種人類語言都有不同的字母使用頻率直方圖,因此這其實蠻有可能是有效的做法。這個做法真的蠻奇特的,但它似乎太有效了,以至於一些天真的網頁創作者根本不知道,其實他們應該要使用 Content-Type 標頭才對,因為他們在瀏覽器查看自己的頁面時,總是發現結果**看起來還不錯**,等到某一天他們寫了某個網頁,內容無法完全符合他們的母語字母頻率分佈,被 IE 判定為韓語顯示,這時候就會一頭霧水,完全不知道該怎麼辦了;我認為,這正好證明 Jon Postel 的名言「接受東西時要寬鬆一點,發送東西時要嚴謹一點[12]」實在不是個很好的工程原則。總之,如果用保加利亞語寫的網頁,看起來全都是韓語(而且還不是通順的韓語),可憐的讀者要怎麼做才好呢?其實他可以利用選單裡的 View(查看)》Encoding(編碼),嘗試一系列不同的編碼方式(東歐語言至少就有十幾種),直到內容正確顯示為止。前提是他知道可以這樣做,但是大多數人恐怕都不知道。

---

12 引自 Jon Postel。取自資訊科學研究所(Information Sciences Institute),「RFC 791 – Internet Protocol」,1981 年 9 月。

我們決定在最新版的 CityDesk [13]（這是我們 Fog Creek 軟體公司所出的一套網站管理軟體）內部全部使用 UCS-2（2 Byte）Unicode，這也是 Visual Basic、COM 和 Windows NT/2000/ XP 所採用的原生字串型別編碼方式。在 C++ 程式碼中，我們會把字串宣告為 wchar_t(wide char) 取代 char，並用 wcs 函式取代 str 函式（舉例來說，我們會用 wcscat 和 wcslen 來取代 strcat 和 strlen）。如果要在 C 的程式碼裡建立一個 UCS-2 字串，只要在字串前面放一個 L 即可：

```
L"Hello"
```

用 CityDesk 發佈網頁時，它會把網頁轉換成 UTF-8 編碼，因為這種編碼方式多年來一直受到各種瀏覽器的良好支援。這也是 *Joel on Software* 網站全部 29 種語言版本所採用的編碼方式，目前我還沒聽過任何人查看網頁時遇到過任何問題 [14]。

這篇文章已經有點太長了，而我當然也不可能涵蓋到所有字元編碼與 Unicode 的知識；不過，既然你已經讀到這裡，我想你應該已經有了足夠的知識，可以回去進行程式設計了；既然有抗生素可用，拜託就別再用水蛭和咒語治病了──這就是我要留給你的課題囉。

---

13 請參見 www.fogcreek.com/CityDesk。

14 請參見 www.joelonsoftware.com/navLinks/OtherLanguages.html。

5

功能規格無痛指南 I ：
何必寫什麼規格呢？

2000 年 10 月 2 日，星期一

約耳測試[1]首次發表之後，讀者回應提到其中最大的痛處之一，就是寫規格。正如我之前所說的，寫規格就像用牙線：大家都知道這是好事，但實際上沒人會去做。

為什麼大家都不寫規格呢？有人說只要跳過寫規格的階段，就可以省下一點時間。按照他們的說法，寫規格好像是一種奢侈品，只有 NASA 的太空梭工程師或大型保險公司的人才會寫規格似的。這簡直胡說八道！首先，不寫規格恐怕是你的軟體專案所要承擔的**最大非必要風險**。這就好像是隨便穿件衣服就想穿越莫哈韋（Mojave）沙漠，到時候遇到問題只能寄望「臨場發揮」一樣愚蠢。那些不先寫規格就埋頭寫程式的程式設計師與軟體工程師，往往認為自己是很酷的高手，做事情只抓要害。才不是這樣呢，這樣的人其實超級沒有生產力。他們總是寫出糟糕的程式碼、產出劣質的軟體，而且總是害專案必須承擔一些完全沒必要的巨大風險，進而危害到整個專案。

我相信只要是重要的專案（寫程式的時間超過一週、或是超過一名程式設計師），如果沒有規格，**一定會**花費更多的時間，而且還會寫出品質很差的程式碼。理由如下，請聽我娓娓道來。

---

1 參見第 3 章。

規格最重要的功能，就是**對程式進行真正的設計**。就算你是一個人在寫程式，寫規格也只是為了自己好，但「寫規格」這個行為本身（也就是詳細描述程式運作的方式）還是會強迫你對程式進行實際的**設計**。

讓我們來看看兩家公司裡兩個虛構的程式設計師。在匆忙香蕉軟體公司工作的快手，從不寫規格。「規格？我們才不需要什麼臭規格呢！」另一方面，好脾氣軟體公司的 Rogers 先生則是會在規格完全確定之前，拒絕寫任何的程式碼。他們兩位都只是我虛構的朋友。

快手和 Rogers 先生有一個共同點：他們正好都負責各自產品 2.0 版往前相容的相關事宜。

根據快手的判斷，如果想往前相容，最佳做法就是寫一個轉換器，把 1.0 版本的檔案簡單轉換成 2.0 版本的檔案。於是他開始敲鍵盤。打字、輸入、打字、輸入。鍵盤咔噠咔噠地響。硬碟拼命地運轉。一時之間塵土飛揚。大約過了兩週之後，終於塵埃落定，他總算做出一個相當合用的轉換器。但是，快手的客戶並不滿意。因為快手的程式碼會強迫客戶們，必須立刻讓公司每個人全都升級到最新的版本。快手的公司最大的客戶 Nanner Splits 無限公司拒絕購買新版的軟體。Nanner Splits 公司想先搞清楚，2.0 版能不能直接使用 1.0 版的檔案，而**不要**進行轉換。於是快手決定再寫一個**回溯**轉換器，然後掛到「保存」功能中。其實這樣會有點亂，因為當你使用 2.0 版時，有些功能**好像**可以使用，但稍後等你要把檔案保存為 1.0 版的格式時，又會發現有問題。而且，只有等保存檔案時你才會知道，你在半小時前所用到的功能，並不能保存在舊的檔案格式中。這樣挺麻煩的，因此這個回溯轉換器又花了你兩週的時間，效果卻不是很好。結果，四週就這樣過去了。

好脾氣軟體公司的 Rogers 先生是那種凡事照規矩來的人，他在拿到規格之前，**一律拒絕寫任何的程式碼**。首先，他花了大約 20 分鐘，設計出和快手一樣的往前相容功能，並提出一個基本規格如下：

> 打開舊版軟體所建立的檔案時，檔案就會轉換成新的格式。

他把規格拿給客戶看時，客戶回說「等一下！我們並不打算立刻就讓所有人切換到新版！」因此，Rogers 先生做了更多的思考，並把規格修改成：

> 開啟舊版軟體所建立的檔案時，檔案會在記憶體內轉換成新的格式。保存檔案時，使用者可選擇轉換成舊版的格式。

就這樣，又過了 20 分鐘。

Rogers 先生的老闆是個物件導向狂人，他一看到這份規格就覺得渾身不對勁。於是他建議採用不同的軟體架構。

> 把程式碼分解成兩組介面：V1 和 V2。V1 包含第一版所有的特性，V2 則繼承 V1，並加入所有的新特性。這樣一來，V1::Save 就可以處理往前相容的情況，V2::Save 則可用來保存所有新的東西。如果你開啟 V1 檔案，並嘗試使用 V2 的功能，程式就會立刻發出警告，而此時使用者就必須做出選擇，究竟要進行檔案轉換，還是要放棄使用新功能。

又過了 20 分鐘。

這下子換 Rogers 先生跳腳了。這樣的重構需要三週，他原本預估的兩週時間做不完呀！不過這樣的做法確實能以一種優雅的方式解決**所有**客戶的問題，因此他便開始動手去做了。

Rogers 先生的總耗時為三週又一個小時。快手的總耗時則為四週。而且，快手的程式碼還比較差。

這個故事告訴我們，只要故意編個奇怪的例子，你就能證明任何事。啊啊啊！沒有啦，我不是這個意思。這個故事告訴我們的其實是，如果你先用人類的語言來設計產品，只需要幾分鐘就能思考好幾種可能性，進一步做修改、嘗試改進你的設計。在文字編輯器裡改掉某段文字，並不是什麼大不了的事。但如果你用程式語言來設計產品，想要逐步改進設計，則需要**好幾週**的時間。更糟糕的是，如果程式設計師剛花了兩週寫完一堆的程式碼，無論錯得多離譜，他還是會很捨不得放棄那段程式碼。這時候不管老闆或客戶怎麼說，都很難說服快手捨棄掉那段漂亮的轉換程式碼，即使那並不是最好的做法。因此，最終產品往往只能在「最初的錯誤設計」與「理想的設計」之間，做出折衷的妥協。最

後你只能說，「這就是我們的最佳設計……因為我們已經把所有該寫的程式碼都寫出來了，而且我們就是不想捨棄掉任何程式碼。」如果你只需要說，「這就是我們的最佳設計」，不用再說後面那些廢話，那不是更好嗎？

所以，這就是先寫規格最主要的理由。第二大理由則是**節省溝通的時間**。如果你有寫規格，關於程式該如何運作，你只需要傳達一**次**就好了。團隊裡的每個人都只要讀規格就行了。QA 人員只要讀規格，就知道程式如何運作，也知道該測試哪些東西。行銷人員可以用它來寫出一些說法曖昧的軟體功能白皮書，以便在公司網站上，發佈一些未上市產品的相關訊息。業務人員也許會錯誤解讀規格，產生一些奇怪的幻想，誤以為產品能治療禿頭、肉疣之類的東西，但這也許可以吸引到一些投資者，所以也沒關係啦。開發者只要讀規格，就知道怎麼寫程式碼。客戶只要讀規格就可以確定，開發者確實正在製作他們願意花錢的產品。技術文件作者只要讀規格，就能寫出很棒的手冊（雖然到後來總是被搞丟或隨手扔掉，但那又是另一個故事了）[2]。管理者只要讀了規格，看起來就比較像是真的有搞懂，比較清楚管理會議中究竟發生了什麼事。凡此種種，可說是皆大歡喜，不是嗎？

如果沒有規格，所有的溝通依然還是要進行，因為**這些溝通全都是必須的**，只不過全都變成**需要特別安排**而已。QA 人員只能夠對著程式隨意瞎搞，如果出現很奇怪的情況，他們也只能一**再**打斷程式設計師，問他們一**個又一個**關於程式應該會如何如何的愚蠢問題。這不但會破壞程式設計師的工作效率[3]，而且程式設計師往往也只會根據自己所寫的程式碼給出相應的回答，但這樣的回答卻不一定是「正確的答案」。所以 QA 人員到後來其實只能根據「程式碼」來測試程式，而不是根據「設計」來測試程式——其實後面這種才是**比較有用**的測試做法吧。

如果沒有規格，可憐的技術文件作者所遇到的情況最有趣了（不過他自己肯定不這麼認為）。技術文件作者通常沒什麼政治影響力，不太敢去打斷程式設計師的工作。在許多公司中，如果技術文件的作者老是去打斷程式設計師的工作，詢問一些有的沒的問題，程式設計師就會去找經理投訴，哭夭說這些

2　請參見本書作者 Joel Spolsky 所著的《*User Interface Design for Programmers*》（程式設計師的使用者界面設計，Apress，2001）其中關於「沒有人會去讀任何東西」的章節，另外各位也可以直接造訪 www.joelonsoftware.com/uibook/chapters/fog0000000062.html。

3　請參見 www.joelonsoftware.com/articles/fog0000000068.html。

文件作者如何害他們無法完成工作，能不能**請**他們**閃遠一點**，而經理們往往就會說，為了提高生產力，禁止這些技術文件作者去**浪費程式設計師們寶貴的時間**。像這樣的公司，你一定分辨得出來，因為這些公司所給的說明檔案與手冊，肯定不會比你自己在畫面上看到的資訊還多。如果你在畫面上看到一則訊息說

> 你想啟用 LRF-1914 支援嗎？

然後你一點擊「說明」，就跳出一段令人哭笑不得的文字，上面寫著類似下面這樣的東西：

> 這裡可以讓你在「支援 LRF-1914（預設）」和「不支援 LRF-1914」之間進行選擇。如果你需要支援 LRF-1914，請選擇「是」或按下「Y」。如果你不需要支援 LRF-1914，請選擇「否」或按下「N」。

呃……還真是謝謝你了。這個技術文件作者顯然只想掩蓋一個事實——他們**根本不知道支援 *LRF-1914* 是什麼意思**。他們沒辦法去問程式設計師，因為（a）他們很害羞；（b）程式設計師和他們不在同一個辦公室；（c）管理層禁止他們去打擾程式設計師……你認為是哪一種情況呢？公司裡還有很多病態的現象，說起來簡直不勝枚舉，但其實最根本的問題，就是「**沒有規格**」！

要有規格的第三大重要理由就是，如果沒有詳細的規格，絕不可能制定出時程。有些時候沒有時程表也沒什麼問題，例如你想花 14 年拿個博士學位，或者你正好是《毀滅公爵》（Duke Nukem）這一款遊戲的程式設計師，**我們可以等你做好下一版再準備出貨**。不過，現實世界裡幾乎所有類型的企業，都需要知道產品開發大概需要花多長的時間，因為這過程是**很花錢的**。你總不會不知道價格就去買**牛仔褲**吧！任何一家負責任的企業，如果不知道需要多長的時間、需要多少的成本，怎麼去判斷要不要投入製作某個產品呢？更多關於「時程」的討論，請參見第 9 章。

還有一個十分常見的錯誤，就是只針對如何設計去做辯論，卻**永遠不去解決爭議**。Windows 2000 的首席開發者 Brian Valentine 有一句很出名的座右銘：「十分鐘內做出決定，否則下次算你免費」[4]。

有太多的程式設計組織，每次只要一遇到設計方面的辯論，就沒有人會去想辦法**做出決定**──實際上往往是卡在一些政治上的理由。所以，程式設計師只好先去做那些沒有爭議的工作。隨著時間消逝，所有艱難的決定全都會被推到最後。**像這樣的專案，最有可能以失敗告終**。如果你是靠某項新技術創辦一家新公司，卻發現公司無論如何就是沒辦法做出決策，那你最好馬上把這家公司收起來，並把資金退還給投資者，因為你的產品永遠都不會出貨的。

寫規格就是個很棒的做法，可以把所有煩人的設計決策，無論大小全都確定下來；如果不寫規格，所有這些決策全都會被隱藏起來。即使是很小很小的決定，也可以用規格確定下來。舉例來說，如果你想建立一個會員制網站，你應該會同意，如果使用者忘記密碼，就把密碼寄給他們。很好。但這樣就要寫出程式碼，恐怕還不夠。如果想寫出相應的程式碼，你就必須知道電子郵件裡要**寫些什麼**。在大多數公司裡，程式設計師的文筆恐怕都不太好（而且理由往往也很明顯），他們並不適合去寫那些讓使用者實際看到的文字。因此，這可能就需要靠一些市場行銷人員、公關人員或其他英語專業人士，來提供措辭準確的文字訊息。「親愛的 Shlub，這就是你忘記的密碼。以後可別再那麼粗心了……」如果你強迫自己寫出一個**良好**、**完整**的規格（我很快就會詳細探討），你一定就會注意到所有該做的事情，然後一一去解決，要不然至少也有個明確的提醒，告訴自己還有事情有待解決。

好了。我們現在應該都同意，「規格」就是最根本的東西。我實在很懷疑，大多數人究竟明不明白這件事；雖然我在這邊鬼吼鬼叫也蠻有趣，但其實我並沒有教你任何新東西。說到底，大家為什麼**不寫規格**呢？反正一定不是為了節省時間，因為**真的不會節省時間**，而且我認為大多數寫程式的人，心裡其實都很清楚。（在大多數公司裡，唯一存在的「規格」，多半是內容殘破的一頁文字檔，而且大概是程式設計師寫完程式碼**之後**，因為還要跟 300 個人解釋某個該死的功能，最後很無奈才**用記事本打出來的東西**。）

4　Microsoft 新聞稿，「Valentine and His Team of 4,200 Complete the Largest Software Project in History」（Valentine 和他的 4,200 人團隊完成了歷史上最大的軟體專案），Microsoft.com，2000 年 2 月 16 日。請參見 www.microsoft.com/presspass/features/2000/02-16brianv.asp。

我想這大概是因為，很多人都不喜歡寫作。眼睛盯著空白的螢幕，實在很令人感到沮喪。以我個人來說，我曾在大學修過一門寫作課，每週都必須寫一篇三到五頁的文章，最後終於克服了對於寫作的恐懼。練習寫作就好像練肌肉一樣，你越經常寫、你就越能寫；你寫得越多、你就越能輕鬆寫出更多的東西。如果你想寫規格卻又寫不出來，你可以先嘗試開始寫日記、建立部落格、參加創意寫作課程，或只是單純寫封信給你的親朋好友、或是寫給過去四年都沒聯絡的大學室友也行。只要是把文字寫到紙上的練習，都可以提高你的規格寫作技巧。如果你是一個軟體開發經理，而你團隊裡那個本該寫規格的人卻什麼都寫不出來，你不如就把他派去參加為期兩週的創意寫作課程吧。

如果你工作過的公司從來沒制定過功能規格，那你很可能連看都沒看過什麼叫做「功能規格」。下一章我會給你展示一個簡短的範例規格，可以做為你的參考，同時我也會探討一下，所謂良好的規格究竟需要具備哪些條件。

6

功能規格無痛指南Ⅱ：
規格是什麼？能吃嗎？

2000 年 10 月 3 日，星期二

我一直在強調的其實是「**功能規格**」，而不是「**技術規格**」。大家經常把這兩個東西搞混了。我也不知道有沒有任何其他標準用語，總之**我個人**每次用到這個用語時，我的意思如下：

> 「**功能規格**」（functional specifications）要說明的是，完全從使用者角度來看，產品究竟是如何運作的。它並不關心東西是怎麼做出來的。它只會探討各種功能。它會詳細描述畫面、選單、對話框等等。

> 「**技術規格**」（technical specifications）要說明的是程式內部的實現方式。它會探討到相關的資料結構、關聯式資料庫模型、程式語言與工具的選擇、演算法等等。

如果你想從內到外設計出一個產品，最重要的就是把使用者體驗的部分確定下來。例如會出現哪些畫面、畫面之間如何運作，實際上會做出那些事情等等。把這些全都確定下來之後，你才需要去擔心如何做到這些功能。在決定你的產品**要做哪些事**之前，先去爭論該使用哪一種程式語言是很沒意義的。在接下來的一系列文章中，我只會探討「**功能規格**」。

下面就是一個簡短的規格範例，可讓你瞭解一個良好的功能規格，究竟是什麼樣子。

概要總覽

WhatTimeIsIt.com 是一個服務，它可以透過 Web 網路告訴大家現在幾點了。

不管怎麼說，總之這份規格還不算完整。在最終定稿之前，所有的措辭還是會再修改好幾次。這裡所顯示的畫面與佈局方式，只是用來說明各種基本功能。實際的外觀和使用感受，會根據平面設計師的意見，以及使用者不斷的回饋，而隨時間逐步有所調整。

本規格並不會討論時間計算引擎所採用的演算法，這個部分將會在別處進行討論。這裡只會探討使用者與 WhatTimeIsIt.com 進行互動時所看到的情況。

場景

設計產品時，先想像一些真實的場景，看看一般（典型的）人們會如何使用本產品，應該很有幫助才對。我們會觀察以下兩種不同的場景。

場景 1：麥克

麥克是個忙碌的經營者。他是一家重要大型公司的總裁，該公司主要生產一些給孩童玩的鞭炮產品；這些產品會透過全國連鎖店進行銷售。平時他經常要和許多重要人物會面。有時候銀行的人也會來騷擾他，因為他沒有支付三個月前到期的信用額度利息。有時其他銀行的人也會找他簽署另一筆信貸額度。有時他的風險投資專家（給麥克送錢、讓他創業的好人）也會來拜訪他，抱怨他賺太多錢了。「多燒點錢吧！」他們會這樣要求，「華爾街喜歡看到公司燒大錢！」

麥克如果答應要在某個時間與訪客會面，但時候到了麥克卻不見人影，這些訪客肯定會很不高興。之所以會發生這種事，主要是因為麥克不知道現在幾點了。在秘書的推薦下，麥克註冊了一個 WhatTimeIsIt.com 帳號。現在，每當麥克想要知道時間，只要登入 WhatTimeIsIt.com，輸入

他的使用者名稱與密碼，就能看到當下的時間。他一天之內可能會造訪該網站好幾次：查看午餐時間，檢查接下來的會議有沒有遲到等等。一天快要結束時（實際上，大約是從下午 3:00 左右開始），他查看網站的次數就會越來越頻繁，主要是想看還有多久才能回家。到了 4:45 時，他基本上就會開始不斷點擊「重新載入」、持續更新頁面的內容。

場景 2：辛蒂

辛蒂是個高中生。她上的是一所很爛的公立高中，不過她很聰明，所以她每天下午 2:00 回到家之後，做完了代數作業，大概就只過了 7 分鐘（平均）。其他老師甚至都懶得給她出作業了。她的小弟弟（同父異母的弟弟）總是會賴在唯一的一部電視機前看**天線寶寶**，所以她整個下午（從 2:07 到 6:30 左右她的**新**媽媽弄好晚餐）都在上網、和她網路上的朋友聊天。她一直在找一些新鮮刺激的新網站。有次她原本打算在即時通訊軟體問她朋友幾點了，卻不小心把「What time is it」（現在幾點了？）輸入到搜尋引擎中，於是她就來到了 WhatTimeIsIt.com，還順便設了一個新帳號。她選擇了一個使用者名稱，還用「RyanPhillipe」做為她的密碼，並選擇她所在的時區，然後──你**看吧！**這樣她就知道現在幾點囉！

非目標

此版本並**不**支援以下功能：

- 一個會員多個時區（假設所有會員都在同一個時區。）
- 更改密碼
- 設定約會

WhatTimeIsIt.com 流程圖

稍後我們就會深入討論更多細節，不過現在先看一下此服務的快速流程圖，以便有個整體的概念。此流程圖雖然不算完整，但確實可以針對 WhatTimeIsIt.com 的使用方面，提供一些正確的概念：

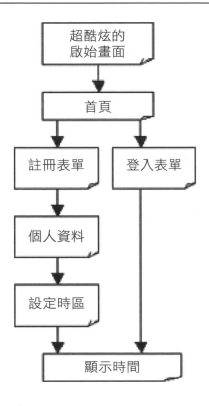

各個畫面的規格

WhatTimeIsIt.com 是由許多不同的畫面所組成。大部分畫面都依循標準的格式,未來平面設計師則會針對其外觀和使用感受進行設計。本文件比較關注各種功能和互動設計,並不會探討確切的畫面外觀和佈局方式。

所有的畫面都是用 HTML 建立起來的。(唯一的例外是啟始畫面,它是用 Macromedia Shockwave 來製作的)。

WhatTimeIsIt.com 每個畫面都有一個正式的名稱,本文件會以粗體文字呈現(例如「**首頁**」),這樣你就知道這個名稱是指某個畫面了。

啟始畫面

這是一段煩人、莫名其妙的 Shockwave 動畫，同時還會播放愚蠢的音樂，讓每個人都快抓狂。這個「**啟始畫面**」會發包給蘇活區一家高收費的平面動畫**工作坊**；他們總是帶著狗上班，撿到任何小東西都會別在耳朵上，而且**午餐**之前會去四次星巴克。

動畫播放 10 秒左右，右下角就會以淡入的方式，浮現出一個「跳過動畫」的連結。為了避免讓大家看到並點擊這個連結，這個「跳過動畫」的位置會非常靠右，實際上大多數人都看不到才對。這個連結應該距離動畫的左邊界至少 800 像素，距離頂部至少 600 像素（這樣一來，解析度 800x600 的螢幕就看不到此連結了）。

點擊「跳過動畫」就會跳轉至「**首頁**」。動畫結束後，瀏覽器也會自動重定向至「**首頁**」。

> **待定事項**：如果行銷人員同意的話，只要使用者點擊了「跳過動畫」，我們就應該在使用者的電腦裡放一個 cookie 記錄，讓使用者未來可直接跳過動畫。經常使用本服務的人，應該不必每次都非看動畫不可。我已經和行銷部門的吉姆談過這個問題，他會召集業務部、行銷部和公關部的人再進行討論。

首頁

Shockwave 動畫結束後，就會顯示「**首頁**」。「**首頁**」有三個用途：

1. 讓大家瞭解本服務，並考慮是否要註冊

2. 讓已註冊的會員進行登入

3. 讓想註冊的人建立帳號

「**首頁**」看起來就像下面這樣：

在此畫面及**其他所有畫面**中，只要點擊左上角的 WhatTimeIsIt.com 商標，就可以回到「**首頁**」。

技術註釋：由於各個畫面的相似度很高，因此伺服器應該使用某種 *include* 的系統，這樣一來如果服務名稱改變，或是買不到想要的域名，我們就可以只修改一處，讓所有畫面隨之改變。我個人建議使用 Vignette Story Server。當然，這有點殺雞用牛刀的感覺。我也知道，這一整套要價 20 萬美元。不過，這總比在伺服器端使用 include 的做法要容易多了！

點一下「點擊這裡就可以登入」連結，就會跳轉至「**登入表單**」。點一下「點擊這裡進行註冊」的連結，則會跳轉至「**註冊表單**」。另外五個連結會跳往其他相應的頁面，然後呈現出管理層所提供的一些靜態文字，這部分已超出本規格的範圍。這些頁面的內容，並不會經常改變。

登入表單

會員可使用**登入表單**登入自己的帳號，以查詢當下的時間。看起來應該就像下面這樣：

畫面右側的行為，與之前「**首頁**」所描述的行為完全相同。

email 輸入框最多可輸入 60 個字元。密碼輸入框最多可輸入 12 個字元。為了隱藏字元以防止駭客攻擊，當使用者在輸入密碼時，輸入框裡出現的是星號 (*) 而不是他們所輸入的字元。

技術註釋：這裡是用 `<INPUT TYPE=PASSWORD>` 來達到效果。

使用者點擊「**登入**」時，伺服器就會執行以下的檢查：

1. 如果所填寫的 email 地址格式不正確（例如沒有 @ 符號，或是含有 RFC-822 不允許在 email 地址內使用的字元），它可能就不是一個真實的 email 地址，因此伺服器會再次送回另一個「**登入表單**」頁面，不過這次會在 email 地址框上方插入一段紅色的錯誤訊息，顯示「你所提供的 email 地址是無效的。請再次確認。」雖然這段文字是紅色的，但「請輸入你的 email 地址」這段文字依然是黑色的。使用者最初所輸入的錯誤 email 地址，則會預先填入到編輯框內。

2. 如果所提供的 email 地址無法對應到已註冊的會員，伺服器就會再次送回另一個「**登入表單**」頁面，不過這次會在 email 地址框上方插入一段紅色的錯誤訊息，顯示「你所提供的 email 地址並不是會員。請再次確認。如果要成為會員，請點擊畫面右側的連結。」雖然這段文字是紅色的，但「請輸入你的 email 地址」這段文字依然是黑色的。使用者最初所輸入的錯誤 email 地址，則會預先填入到編輯框內。（這裡向開發者提個問題：如果此時使用者想成為會員，點擊了「註冊表單」連結，我們能否利用 JavaScript，自動在註冊表單內預先填入 email 地址？）

3. 如果所填入的 email 地址確實可對應到某個已註冊會員，但是根本沒有輸入密碼，我們就向該地址發送一封包含密碼的 email。這封 email 的標題是：「您在 WhatTimeIsIt.com 的會員資訊」。email 的內容則為**純文字**。關於這封 email 確切的措辭，董事會仍在激烈辯論中，產品上市之前就會定案。（開發者建議：目前可以先採用一些不堪入目的用語。這樣或許可以讓那些老傢伙動作快一點。）

4. 如果所填入的 email 地址確實可對應到某個已註冊會員，但是所提供的密碼不正確，伺服器就會再次送回另一個「**登入表單**」頁面，不過這次會在密碼框上方插入一段紅色錯誤訊息，顯示「你所提供的密碼是無效的。請再次確認。請留意，密碼會**區分大小寫**。」如果輸入的密碼完全沒有任何小寫的字母，我們還會在錯誤訊息內加上這段文字：「也許你不小心按到了 CAPS LOCK 大寫功能？」只要密碼不正確，「**登入表單**」都會**清空**密碼框。

5. 如果 email 地址和密碼都沒問題，就直接跳轉至「**顯示時間**」。

> **待定事項**：第 2 項必須決定要不要使用 JavaScript。
>
> **待定事項**：密碼通知 email 的內容措辭，需請總經理決定。

以下就是我在每一份規格內都會添加的一些內容。

免責聲明：純粹是自我保護而已。如果你有放「這個規格還不算完整」這樣的一段話，大家就比較不會來你的辦公室找你麻煩。隨著時間推移，等到規格完成之後，你就可以把它改成「據我所知，這份規格已完成，但如果我漏了什麼，請跟我說。」說到這裡倒是提醒了我，每一份規格都需要下面這個東西。

一個作者：一個人就夠了。有些公司認為，規格應該由一整個**團隊**來編寫才對。但如果你嘗試過集體寫作，你就會知道沒有什麼比這更可怕的折磨了。「集體寫作」這種做法，就保留給那些管理顧問公司吧！他們有一大堆剛畢業的哈佛畢業生，每個人都需要大量的工作，才能證明自己所收取的巨額費用是合理的。至於你的規格，**一個人**來負責撰寫就行了。如果你的產品規模特別大，可以先把它分成好幾塊，再把每一塊交給不同的人來分別制定規格。還有一些公司認為，寫規格的人如果把自己的名字寫在規格裡，就是一種「搶功勞」的自負行為，不能算是一種「良好的團隊合作精神」。**真是胡扯**！每個人都應該把自己被指派的工作，當成**自己的事**，並勇敢承擔起**責任**。每份規格都應該有個負責人，他的名字應該寫在規格內，如果規格本身有問題，這個人就要負責修正問題才對。

幾個場景：設計產品時，你總要考慮一些真實的場景，以瞭解大家究竟如何使用此產品。否則的話，你最後一定會設計出不符合實際用途的產品（例如CueCat）[1]。你可以選擇產品的某個潛在客群，並想像出一個完全虛構但是又很**典型**的使用者，讓他去用很典型的方式使用你的產品。我的 UI 設計書[2]其中第 9 章就是探討如何建立虛構使用者和一些不同的場景。那些東西在這裡就可以派上用場了。場景越生動、越逼真，你對那些真實或想像中的使用者所設計的產品就會越好，這也就是我為什麼喜歡添加大量虛構細節的理由。

非目標：當你和團隊一起打造產品時，每個人都喜歡去做一些自己特別「鐘愛」的功能，仿佛沒有了這些功能他們就活不下去似的。如果全部都要做出來，一定會耗費掉無限長的時間與過多的金錢。你必須當機立斷，剔除掉一些功能，而最好的方法就是在規格的「非目標」部分寫清楚。這些全都是我們**不會去做的事**。非目標有可能是一些你不打算擁有的功能（「不會有心電感應

1　請參見 www.joelonsoftware.com/articles/fog0000000037.html。

2　Joel Spolsky，《*User Interface Design for Programmers*》（程式設計師的使用者界面設計，Apress，2001）。請參見 www.joelonsoftware.com/uibook/chapters/fog0000000065.html。

的使用者界面！」），也有可能是一些比較一般性的東西（「我們這個版本並不在意效能表現。這個產品只要能用就行了，速度很慢沒關係。等到第 2 版有時間的話，再想辦法優化速度太慢的問題。」）這些非目標很可能會引起一些爭論，但最重要的是盡快把這樣的東西公開出來，讓大家知道「先別去做那些東西！」

概要總覽：這就像是你規格的目錄。它或許是一個簡單的流程圖，也有可能是一段廣泛的架構討論。每個人只要讀了這段內容，就能建立整體的瞭解，然後再來看細節才會比較有意義。

細節、細節、細節：最後你就會進入到細節的部分。大多數的人都只會略讀這部分的內容，除非需要瞭解特定的細節。當你在設計 Web 類型的服務時，可以先針對每個可能的畫面，指定一個正式的名稱（這是個很好的做法），然後每個畫面再用一整個章節，詳細描述那些讓人頭昏的細節。

細節可說是功能規格裡最重要的東西。在前面的規格範例中，你應該有注意到，我非常詳細討論「登入頁面」所有可能的錯誤情況。如果 email 地址無效怎麼辦？如果密碼錯誤怎麼辦？所有這些情況全都會對應到即將要寫的真實程式碼，但更重要的是，這些情況也會對應到一些需要有人做出**決定**的東西。一定要有人決定「忘記密碼」時所要採取的因應策略。如果不做出決定，就沒辦法寫程式碼了。規格裡必須把所有這些決定，全都記錄起來。

待定事項：規格的第一個版本，當然可以保留一些「待定事項」。在寫初稿時，一定還有許多「有待確定」的事項，不過我會把這些東西特別標記起來（可使用特殊的樣式，搜尋起來就方便多了），然後在適當的時候討論各種備選方案。程式設計師開始工作之前，所有這些東西全都要先處理乾淨。（你可能以為，可以先讓程式設計師從簡單的東西開始做起，那些待確認的事項等你稍後再來解決就好。這絕對是個餿主意！程式設計師一旦開始實作程式碼，就會出現一大堆**新的**問題有待解決，到時候你恐怕會忘了那些舊問題，甚至以為那些舊問題老早都解決了。此外，有一些重要問題的解決方式，也可能會對後續程式碼的寫法產生重大的影響。）

一些旁註：在寫規格時，別忘了你是要寫給誰看的：程式設計師、測試人員、行銷人員、技術文件作者等等。編寫規格的過程中，你或許會突然想到某個有用的東西，這些東西只對某些人有意義。舉例來說，我會把一些只想給程式設計師看的訊息標記為「技術註釋」，這些訊息通常都是在說明技術實作上的一些細節。行銷人員完全可以略過不看。程式設計師則要仔細閱讀。在我所寫的規格裡，通常都有滿滿的「測試註解」、「行銷註解」、「文件註解」這類的東西。

規格必須是活的：有些程式設計團隊有一種「瀑布式（waterfall）」的心態——我們「一次就可以」把程式功能設計好，接著只要寫好規格、列印出來，就可以直接丟給程式設計師，然後就沒我的事啦！對於這樣的想法，我只想說：「哈哈哈！這也太天真了吧！」

這其實就是「規格」這東西如此聲名狼藉的理由。很多人都跟我說，「規格這東西沒用啦，因為沒有人會照著做，而且它總是跟不上變化，從來都無法反映出產品真正的實況。」

不好意思。**你的**規格也許總是跟不上變化，無法反映出產品真正的實況。但**我的**規格可是經常在更新的喲。只要產品持續在開發，或是制定了任何新決策，我的規格都會持續進行更新。規格的內容，一定會持續反映出大家對產品本身運作方式的最佳集體認知。只有當產品程式碼真正完成之時（也就是所有功能皆已完成之時；不過，測試和除錯的工作或許還有待完成），規格才會真正凍結起來。

為了讓大家輕鬆一點，我並不會每天更新規格。我通常會把最新的版本放在伺服器內，讓整個團隊可做為參考。每隔一段時間，達成某個里程碑時，我就會列印出一份帶有修訂標記的規格副本，這樣一來大家就不必重新閱讀整份規格，只要掃描一下修訂標記，看看做了哪些變動就行啦。

7

功能規格無痛指南Ⅲ：
但是……該怎麼做呢？

2000 年 10 月 4 日，星期三

現在你已經讀過前面的文章，知道為什麼需要規格，也知道規格裡應該包含哪些東西，我們再來談談應該由誰來寫規格吧。

誰來寫規格？

先來介紹一點微軟的歷史吧。微軟在 1980 年代開始快速成長時，公司裡每個人都讀過《**人月神話**》（*The Mythical Man-Month*），那可是軟體管理的經典之一[1]。（如果你還沒讀過，我強烈推薦。）那本書主要的觀點是，如果你在一個進度落後的專案中，加入更多的程式設計師，專案的進度肯定只會落後得更嚴重。這主要是因為團隊裡如果有 n 個程式設計師，溝通路徑的數量就會是 $n(n-1)/2$，也就是溝通數量會以 $O(n^2)$ 的方式增長。

因此，微軟的程式設計師們很擔心，要寫的程式越來越大該怎麼辦，因為當時普遍認為，增加程式設計師只會讓事情變得更糟而已。

1　Frederick Brooks，《*The Mythical Man-Month : Essays on Software Engineering*》（《人月神話：軟體專案管理之道》，Addison-Wesley，1975 年）

後來，長期擔任微軟首席架構師的 Charles Simonyi 提出了**程式設計大師**（*master programmer*）的概念。這個想法基本上就是由一位「程式設計大師」負責撰寫所有的程式碼，不過他還要帶一群初級程式設計師，讓大家扮演「程式奴隸」的角色，以提供各種協助。程式設計大師不用再去煩惱每個函式的除錯工作，基本上他只需要製作出每個函式的原型，建立基本的架構，然後再交給某一位初級程式設計師來實現即可。（而 Simonyi 本人當然就是程式設計大師裡的大師囉。）不過，「程式設計大師」這個用語實在太像中世紀的說法，所以微軟就把它改名為「程式經理」（Program Manager）了。

理論上來說，這個做法應該可以解決人月神話的問題，因為大家都不必與任何其他人溝通——每個初級程式設計師，全都只要與程式經理溝通即可，因此所增加的溝通時間就是 O(n)，而不是 O(n^2)。

好吧，Simonyi 也許很懂匈牙利表示法（Hungarian Notation）[2] 但他肯定不懂 *Peopleware*[3] 人才管理之道——才沒有人想當程式奴隸呢！他的系統根本無法正常運作。最後微軟發現，雖然有所謂人月神話的問題，但你還是可以把聰明的傢伙送入團隊，這樣就能提升產出了（不過還是有邊際價值遞減的問題）。我還在微軟的時候，Excel 團隊有 50 名程式設計師，而生產力則略高於 25 人的團隊——並沒有達到**兩倍**的生產力就是了。

程式設計大師和程式奴隸的想法，至此已可說是聲名狼藉，不過微軟到現在還是有一堆「程式經理」到處跑來跑去。這是因為後來有一個名叫 Jabe Blumenthal 的聰明傢伙，他基本上重新定義了「程式經理」這個職位的工作。從他之後，程式經理就開始負責起整個產品的「**設計**」和「**規格**」了。

從那時起，微軟的程式經理開始負責收集需求、搞清楚程式碼應該做什麼，然後再**寫成規格**。每個程式經理通常都會搭配五個左右的程式設計師；這些程式設計師們所要負責的工作，就是用程式碼來實現程式經理在規格裡所寫的東西。程式經理還要負責協調行銷、文件、測試、本地化（localization）等工作，也要處理一些不應該讓程式設計師花時間去處理的各種繁瑣工作。最後一點，微軟的程式經理還要心懷公司的「大局觀」，而程式設計師則可以從這些雜務中解脫出來，全心全意專注於讓程式碼正確而不出問題。

2　Charles Simonyi，《*Hungarian Notation*》（匈牙利表示法，Microsoft.com，n.d.）請參見 msdn.microsoft.com/library/default.asp?url=/library/en-us/dnvsgen/html/hunganotat.asp。

3　Tom DeMarco 和 Timothy Lister，《*Peopleware: Productive Projects and Teams*》（**人才管理之道：有生產力的專案與團隊，第 2 版**，Dorset House，1999）。

程式經理對公司而言可說是無價之寶。如果你曾經抱怨過，不知道該怎麼做才能讓你的程式設計師更關心技術的優雅性，而不要老是去關注市場行銷的問題，那你肯定需要一個程式經理。如果你曾經抱怨過，為什麼大家寫得一手好程式，卻寫不出好文章，那你就是缺了一個程式經理。如果你曾經抱怨過，你的產品好像沒有明確的方向，只能隨波逐流，那你還是需要一個程式經理。

如何聘請一位程式經理？

大多數公司甚至連「程式經理」的概念都沒聽過。我覺得這實在太糟糕了。我在微軟的時候，只要是程式經理很強的團隊，都擁有非常成功的產品：例如像 Excel、Windows 95 和 Access 都是如此。但有些團隊（例如 MSN 1.0 和 Windows NT 1.0）是由開發者掌管，通常都不太重視程式經理（也可能是因為程式經理本身不夠優秀，很容易就被看扁了），而他們的產品也就沒那麼成功了。

下面有三件一定要避免的事：

1. **不要把程式設計師升為程式經理。**一個優秀的程式經理所需的技能（寫作能力、外交手腕、市場敏銳度、使用者同理心，和良好的 UI 設計能力）通常很少出現在一個優秀的程式設計師身上。當然也有人可以同時做到，但這種情況很少見。如果因為程式設計師很優秀，就把他升到**不同的職位**以做為獎勵，要他開始寫文章而不用再寫 C++，這簡直就是「彼得原理」（Peter Principle）的經典案例：到最後大家往往都會被升職到不適任的職位為止 [4]。

2. **不要把行銷人員轉為程式經理。**我無意冒犯，但我想我的讀者應該都會同意，優秀的行銷人員往往很少對產品設計的技術問題有足夠的把握。

   基本上，程式管理可以說是一條相對獨立的職業生涯規劃。所有的程式經理都要很懂技術，但又不一定非要是個優秀的程式設計師。程式經理會研究使用者界面，經常要會見客戶，而且還要會**寫規格**。他們經常要與形形色色的人相處──有時是「白痴」顧客，有時是穿著星際迷航制服來上班、很討人厭的怪咖程式設計師，有時則是穿著 6 萬元西裝的浮誇推銷

---

4 Laurence Peter 和 Raymond Hull，《*The Peter Principle*》（彼得原理，Buccaneer Books，1996）。

員。某方面來說，程式經理可說是軟體團隊的黏著劑。個人魅力其實是很重要的。

3. **不要讓程式設計師變成程式經理**的手下。這是個很微妙的錯誤。身為微軟的一個程式經理，我設計了 Excel 的 Visual Basic（VBA）策略，而且巨細靡遺詳細說明了如何在 Excel 裡實現 VBA 的做法。我的規格大概有 500 頁左右吧。在 Excel 5.0 開發的高峰期，我估計每天早上大約都有 250 人來上班，基本上就是這些人，完成了我所寫出來的龐大規格。但我根本不知道全部究竟有哪些人，光是在 Visual Basic 團隊裡，就有十幾個人在為這東西**寫文件**（更不用說那些在 Excel 端寫文件的團隊，還有負責製作說明檔案裡眾多超鏈結的那些全職人員）。很奇怪的是，我好像身處於「誰要向誰報告」這個樹狀結構的最底部。不過，這其實是對的。實際上**沒有人**需要向我報告。如果我想讓大家做某件事，我就必須說服大家那是應該做的事。如果主要開發者 Ben Waldman 不想做我在規格裡寫的東西，他不做就是不做，我也拿他沒辦法。如果測試人員抱怨我的規格，有某個東西根本無法進行完整的測試，我也只能想辦法加以簡化。如果**這些人其中有任何一個需要向我報告，產品就不會那麼好了**。畢竟他們其中有些人可能會認為，批評長官好像不太好。不過我有時也有可能因為自負或短視，而堅決**要求**他們按照我的方式來做。有的時候實在沒辦法了，我別無選擇，只好想辦法建立各方的共識。而這種形式的決策方式，反而成就了一種能把**正確的事情做好**的最佳方式。

8

功能規格無痛指南IV：
有用的一些小提示

2000 年 10 月 15 日，星期日

好的，我們已經討論過為什麼需要規格、規格裡應該包含些什麼，還有應該由誰來寫規格。本系列文章的第四集（也是最後一集），我打算分享一些如何寫出好規格的建議。

在有寫規格的團隊裡，你最常聽到的抱怨就是**沒有人**會去讀規格。如果沒有人會去讀規格，寫規格的人往往就會變得有點憤世嫉俗。呆伯特的漫畫裡，工程師總是把 4 英寸厚的規格書堆疊起來，以做為隔間用的隔板。而在典型的官僚主義大公司裡，每個人都會花好幾個月的功夫，寫出一些很無聊的規格。規格一寫完就會被擱置，再也不會有人拿出來看，然後產品再重新開始實作各種功能，完全不去管規格裡寫了什麼東西——之所以沒有人去讀規格，就是因為規格實在**太無聊**了。其實寫規格的過程是個很好的練習，至少它會強迫大家去思考各種問題。但規格一寫完就被擱置（沒人讀也沒人愛），這樣的事實還是會讓大家覺得，一切都只是徒勞而已。

此外，如果你的規格從來沒有人讀過，到最後交出完成的產品時，恐怕就會出現很多的爭議。或許有人（管理層、行銷人員或客戶）會說：「等一下！你答應過會有蛤蜊蒸籠的！蛤蜊蒸籠在哪裡？」然後程式設計師會說，「不，實際上你可以看一下規格的第 3 章第 4 小節第 2.3.0.1 段，你可以看到規格說得很明確，沒有蛤蜊蒸籠。」但是客戶並不滿意，而且客戶永遠是對的，所以氣呼呼

的程式設計師只好去改裝一個蛤蜊蒸籠（這下子他們就更加不信任規格了）。然後某個經理又說，「嘿，這個對話框裡所有的措辭都太冗長了，而且每個對話框最上面都應該有一個廣告才對。」這時程式設計師只能很沮喪地說，「可是你**批准**的規格精確**列出**了每一個對話框的佈局方式和內容呀！」想也知道，這個經理並沒有真的去**讀**規格，因為他只要一想到讀規格，他的大腦就會開始秀逗——那可不行，這樣會影響到他下週二的高爾夫球比賽耶。

所以囉。規格是很好，但若沒人讀，再好也沒用。身為一個寫規格的人，你必須**誘拐大家**去讀你寫的東西，所以你還是要多多努力，讓那些腦子本來就不好的人別再秀逗了。

要誘拐大家去讀你寫的東西，通常也就是看你的文筆好不好而已。但如果我只說了一句「去好好練一下你的文筆吧」然後就此打住，這樣似乎也不太厚道。下面有五個很簡單的規則，你一**定要**好好遵守，因為這樣才能寫出有人會去讀的規格。

規則 1：要夠好玩

是的，如果想誘拐大家去讀你的規格，第一條規則就是要讓整個體驗的過程很愉快。別告訴我你天生不風趣，我才不信咧。每個人總有一些好玩的想法，只是大家都會自我審查，因為大家總認為這樣「不夠專業」。呃……有時候，你就是要去打破一些既有的規則。

如果你讀過我在網站寫的那一大堆垃圾文章，你應該會注意到，我有一些很蹩腳的嘗試，經常都在想怎麼讓文章有趣一點。比如我在前四段的末尾處，就開了一個沒什麼水準的玩笑，嫌人家笨還誣賴人家跑去打高爾夫球。雖然我本人並不是真的很幽默，但我還是很努力嘗試，而我這種胡搞瞎搞**想要**變有趣的行為，本身其實也是蠻好笑的，只不過是有點可憐的那種好笑就是了。當你在寫規格時，範例的部分就是個比較容易變有趣的地方。

每次你要講述某個功能該怎麼用的時候，你可以先試著不要這樣說：

> 使用者按下 Ctrl+N 以建立一個新的 Employee 資料表，然後開始輸入員工的姓名。

你可以嘗試寫一些這樣的東西：

> 小豬姐胖乎乎的小手指實在太胖了，根本沒辦法單按一個鍵，只好用她的眼線筆戳著鍵盤，按下 Ctrl+N 建立一個新男友資料表，然後輸入第一筆記錄：「小米哥」。

如果你有讀過 Dave Barry 的書，就會發現最簡單的搞笑方式之一，就是在沒必要的時候**說得更具體一點**[1]。例如「鬥志旺盛的哈巴狗」就比「一隻狗」更有趣。「小豬姐」也比「使用者」更好玩一點。與其說「特殊興趣」，不如說「左撇子酪梨農夫」。與其說「不清狗大便的人都應該受到懲罰」，不如說「應該把這種人關禁閉，讓他們寂寞到想付錢跟蜘蛛上床。」

哦，順便說一句，如果你認為搞笑就是不夠專業，那我只能說很抱歉，但你確實沒什麼幽默感。（別否認了。沒幽默感的人就是會一路否認到底，你騙不了我的。）如果你在公司裡大家都不太尊重你，只因為你的規格太輕鬆有趣、讀起來太愉快，那你就趕快去找另一家公司吧[2]，因為生命**實在太短暫**，千萬不要把你寶貴的光陰，浪費在這樣一個嚴峻又悲慘的地方。

規則 2：寫規格就像寫程式給大腦執行

這就是為什麼我認為，程式設計師很難寫出好規格的理由。
當你在寫**程式碼**時，你主要的對象是**編譯器**。是的，我知道，大家也都會去讀程式碼，但這對一般人來說通常十分困難[3]。對於大多數程式設計師來

---

1 請參見 www.miami.com/mld/miamiherald/living/columnists/dave_barry/。

2 請參見 www.fogcreek.com/。

3 請參見第 24 章。

說，要設法讓編譯器能順利讀取並正確解釋程式碼，這就已經夠難了；要寫出讓人類可輕鬆閱讀的程式碼，那更是難上加難。不管你是寫成下面這樣：

```
void print_count( FILE* a, char * b, int c ){
  fprintf(a, "there are %d %s\n", c, b);}
main(){ int n; n =
10; print_count(stdout, "employees", n) /* code
deliberately obfuscated */ }
```

還是寫成下面這樣：

```
printf("there are 10 employees\n");
```

輸出的結果都是相同的。你仔細想想就知道，這就是為什麼程式設計師會寫出下面這樣的規格：

> 假設 AddressOf(*x*) 這個函式被定義成可根據使用者 *x*，找出該使用者符合 RFC-822 標準的 email 地址（一個 ANSI 字串）。我們可以假設有兩個使用者 A 和使用者 B，而使用者 A 想發送一封 email 給使用者 B。因此，使用者 A 使用了任何（但不是全部）其他地方所定義的技術，建立了一則新的郵件訊息，然後在 To：編輯框內輸入 AddressOf(B)。

這其實也可以寫成下面這樣的規格：

> 小豬姐想去吃午飯，所以她開始寫一封新的 email，然後在「收件人：」輸入框內輸入小米哥的地址。
>
> **技術註釋**：這個地址必須是標準的網際網路地址（符合 RFC-822）。

理論上來說，這兩種寫法的「意思」都是一樣的，不過第一種寫法實在很難理解（除非你很仔細解讀），而第二種寫法理解起來則容易得多。程式設計師經常會把規格寫成密密麻麻、好像學術論文的東西。他們認為「正確」的規格，一定要在「技術上」也是正確的，而且他們認為只要能寫成這樣，就算是沒問題了。

這裡的錯誤在於，寫規格時除了要正確，還必須是**可理解**的；如果運用程式設計的術語，就是說寫好的規格，必須要讓人腦能夠進行「編譯」才行。電腦和人腦有個很大的區別，那就是電腦可以耐心坐在那裡，看著你定義一個不知道多久之後才會用到的術語。但是人類很可能搞不懂你在說什麼，除非你先給一個動機，人類才會試著去理解。人類並不會想去進行**解碼**，他們只想按照順序讀下去，然後逐漸理解你所說的東西。對於人類來說，你必須先提供整體的概念，**然後**再補充細節。如果是電腦程式，從頭到尾整個過程全都是完整的細節也沒問題。電腦並不在意你的變數名稱有沒有意義。如果你可以用講故事的方式，在人類的腦海中描繪出生動的畫面，即便只是故事的片段，人類的大腦也可以對事物產生更好的理解，因為我們的大腦已經進化到可以理解「故事」這樣的東西了。

如果你在一場真實的西洋棋比賽中，把比到一半的棋局拿給有經驗的棋手看，哪怕只有一、兩秒鐘，他們還是可以立刻記住每顆棋子的位置。但如果你用一些正常比賽不會出現的荒謬方式移動或擺放其中幾個棋子（例如把兵卒擺在第一排，或把兩個黑色主教都放在黑色方塊），要他們記住所有棋子的位置就會變得非常非常困難。這就是人腦跟電腦思考方式不同的地方。對於可記住整個棋局位置的電腦程式來說，要記住正常棋局和不正常的棋局，對電腦來說都是同樣的簡單。但人腦的運作方式**並不是**採用隨機存取的做法；我們的大腦面對某些事情之所以比較容易理解，主要是因為這些事情更加常見、有一定的道理，而在腦中相關的路徑也被強化過了。

因此，你在寫規格時，請先嘗試想像你所要訴求的對象，然後嘗試想像在每個步驟裡，你想要他們理解的是什麼東西。一句一句問你自己，在你前面說過某些東西的前提下，現在讀到你這句話的人，能不能**真正理解你的意思**。如果你的目標對象其中有些人不知道 RFC-822 是什麼，你當然可以把它定義清楚，或者至少把 RFC-822 藏到技術註釋裡，好讓那些不懂技術的長官們，在讀規格時不至於放棄，因為他們一看到大量的技術術語，很快就會停止閱讀了。

規則 3：寫得越簡單越好

不要只因為你覺得寫出來的句子太簡單，好像不夠專業，就去使用一些太過生硬、太過正式的語言。用最簡單的語言來寫就對了。

有時大家會因為「use」這個字好像比較不專業，而改用「utilize」這樣的單詞。（又是「不專業」這個理由！任何時候只要有人告訴你不應該做某件事，只因為這樣「不專業」，你就要知道他們其實已經沒有**真正的**好理由了。）事實上我甚至覺得，有很多人好像認為，寫得太清楚就表示其中必有問題——這也太好笑了吧。

試著把整件事情，分解成幾個短句吧。如果你沒辦法用一個句子寫清楚，就把它拆成兩、三個比較短的句子吧。

盡量避免寫成整面的文字牆（也就是整頁全都是文字）。因為這樣大家看了會害怕，就不會去讀了。你上次在報章雜誌裡看到整頁的文字，是多久前的事了？雜誌甚至會從文章裡取出一段引用文字，然後再用超大的字體放在頁面中間，來避免整頁都是文字的情況。只要善用編號或條列符號、圖片、圖表、表格和大量的留白，就可以讓整個頁面「看起來」更活潑。

---

in a giant font, just to avoid the appearance of a full page of text. Use numbered or bulleted lists, pictures, charts, tables, and lots of white space so that the reading "looks" fluffier.

> **Magazines will go so far as to take a quote from the article and print it, in the middle of the page, in a giant font, just to avoid the appearance of a full page of text.**

Nothing improves a spec more than lots and lots of screenshots A picture can be worth a thousand words. Anyone who writes specs for Windows software should invest in a copy of Visual Basic and learn to

---

尤其是大量的螢幕截圖，最能夠改善規格的可讀性了。畢竟一圖抵千言，有圖有真相。所有正在為 Windows 軟體編寫規格的人，都應該購買 Visual Basic 並**至少**要學會用它來建立螢幕模型。（如果是 Mac，可以使用 REAL Basic；網頁的話，可以使用 FrontPage 或 Dreamweaver。）只要擷取一些螢幕截圖（Ctrl+PrtSc），就可以直接貼到你的規格中了。

規則 4：多檢查幾次、多重讀幾遍

嗯，好吧，我原本打算對這個規則進行冗長的解釋，但這個規則實在太簡單明瞭了。把你的規格拿出來，多檢查幾次、多重讀幾遍，好嗎？如果你發現某個句子實在不太**容易**理解，這一整句就重新寫過吧。

因為規則 4 實在不需要太多解釋，這樣節省了我很多時間，所以我還要再加一個規則。

規則 5：套公版其實是有害的

請勇敢拒絕「為規格製作標準公版」這樣的誘惑。一開始你可能只是認為，「每份規格看起來都一樣」是很重要的事。給你個提示：並不是這樣的。這樣又有什麼差別呢？你家裡的書架上，每一本書看起來全都一模一樣嗎？難道你真的希望變那樣嗎？

更糟糕的是，如果真的有了公版，經常就會發生一種狀況：只因為你覺得某個東西特別重要，就把它一股腦塞進公版中。舉個例子：比爾老大下令，從今起每個 Microsquish 產品都要有 Internet 元件。因此，公版規格裡都會有個叫做「Internet 元件」的章節。後來只要有人想寫規格，即便只是 Microsquish 鍵盤的規格，也不管「Internet 元件」對鍵盤來說有多麼不重要，反正這個章節就是一定要填入一些內容。（這下子你總算知道，為什麼鍵盤上那個沒用的 Internet 購物按鈕，開始像雨後春筍般冒出來了吧）。

像這樣日積月累之後，公版就會變得越來越龐大。（如果你想觀賞一下這種非常非常糟糕的公版規格範例，你可以直接參見 www.construx.com/survivalguide/desspec.htm。我的老天爺呀！究竟是誰非要在規格裡放個**參考書目**的啦？還放了一份詞彙對照表？）這種超級大的公版，問題就在於它會嚇跑大家，嚇得沒有人敢去寫規格，因為這一看就知道肯定是個超級困難的工作。

規格其實是你想讓大家願意去讀的文件。從這個角度來看，它和《**紐約客**》或大學論文裡的某篇文章並沒有什麼不同。你有聽過哪個教授拿公版給學生，叫他們這樣去寫大學論文的嗎？你有讀過任何兩篇好文章、可以套入同一個公版的嗎？不如還是趕快拋棄這樣的想法吧。

9

軟體時程
無痛指南

2000 年 3 月 29 日，星期三

1999 年 10 月，美國東北部到處貼滿了一個叫做 Acela 的產品廣告；那是一列從波士頓開往華盛頓的新型特快列車。電視廣告、看板與海報隨處可見，你看了應該也會同意，這樣大家對 Amtrak 公司這個最新的特快列車服務，肯定會產生出**一些需求**。

嗯，也許吧。不過 Amtrak 公司卻永遠沒機會知道了。Acela 的計劃一延再延，最後直到行銷活動結束，Acela 的列車服務還是沒推出。這個產品上市前一個月佳評如潮，我還記得當時有一位行銷經理是這樣說的：「宣傳實在太成功了！只可惜你現在還**買不到票**！」

有一些睪丸素過剩的狂熱遊戲公司，總是喜歡在網站上吹噓他們的下一款遊戲，只要「一準備好」就會立刻發售。上市時程？我們才不需要那種討厭的東西咧！我們可都是超酷的遊戲程式設計師耶！大部分的公司可沒那種福份。問 Lotus 就知道了。他們第一次發售 Lotus 123 的 3.0 版時，軟體必須搭配 80286 電腦，但是當時這樣的硬體規格並不普遍。於是他們就把產品往後推遲了 16 個月，努力要把軟體塞進 8086 電腦 640K 的記憶體限制內。等他們好不容易完成後，微軟已經在 Excel 的開發上領先了 16 個月，而且老天還給他們開了個玩笑，16 個月之後連 8086 電腦都要被淘汰了！

在我寫這篇文章當下，Netscape 5.0 這個網路瀏覽器已經**拖了快兩年的時間**。部分的原因是因為他們犯下了自殺式錯誤，選擇拋棄他們所有的程式碼，全部從頭開始；而在相同的錯誤下，Ashton-Tate、Lotus 和 Apple 的 MacOS 也一樣，恐怕註定要成為軟體歷史的灰燼（譯註：2023 年的今日，看來 Apple 的 MacOS 逃過了一劫 ^_^）。在這段期間，Netscape 眼睜睜看著自家瀏覽器的市佔率從 80% 掉到 20% 左右，可是他們在面臨競爭的狀況下，卻只能束手無策，因為他們最關鍵的軟體產品，已經被拆成 1000 塊散落在地上，什麼事都做不了。別的理由或許都不算什麼，只不過這麼一個錯誤的決定，就讓 Netscape 自己引爆了核彈。（Jamie Zawinski 那篇充滿怒火的文章[1]詳細描述了整件事的始末；我會在第 24 章再說說這件事。）

所以，**你一定要制定出時程表**。幾乎沒有任何程式設計師想做這件事。根據我個人的經驗，絕大多數人只想要逃避，根本就不想制定時程表。少數願意制定時程表的人，大多也只是因為老闆說要做、他們只好半敷衍、半將就的做，而且除了那些老闆級的人物之外，沒有人**真的相信時程表**，他們寧可相信「不明飛行物體確實存在」，對了還有「軟體專案不可能準時完成」。

那究竟為什麼沒有人要制定時程表呢？主要的原因有兩個。第一，制定時程表真的很痛苦。第二，沒有人相信它的價值。如果時程表總是有問題，幹嘛還要花力氣去制定時程表呢？大家都認為時程表總是有問題，而且隨時間推移只會越來越糟糕，那又何必白費力氣呢？

下面就是一些簡單、無痛的做法，可以幫助大家制定出確實無誤的正確時程表。

1. 使用微軟的 Excel

不要使用微軟的 Project 這類花哨的玩意。微軟的 Project 主要的問題在於，它假設你會花大量的時間，來處理工作之間相互依賴（dependency）的問題。所謂的「依賴」，指的就是當你有兩項工作時，你必須先完成其中一項，才能開始進行下一項工作。我發現這些依賴關係其實很明顯，根本不必花那麼大的力氣去追蹤，只要一般的軟體就很夠用了。

1　請參見 www.jwz.org/gruntle/nomo.html。

Project 還有另一個問題，那就是它會假設你很希望可以按下一個小按鈕，馬上就把整個時程表「重新調整好」。這也就表示，過程中難免需要重新安排工作，把工作重新指派給不同的人。對軟體開發工作來說，這樣的做法其實沒什麼意義。程式設計師並不能像這樣隨意互換。如果 Rita 暫時沒時間修正自己程式碼裡的問題，你就叫 John 來幫忙修正，那恐怕要花七倍的時間，還不一定能修好。如果你叫你的 UI 程式設計師去解決 WinSock 的問題，她只會立刻呆掉，然後浪費一週的時間去學 WinSock 的程式怎麼設計。說到底，Project 其實是設計給那些蓋辦公大樓的人用的，而不是給軟體設計的人用的。

2. 越簡單越好

我用來做時程表的標準格式其實很簡單，你只要看一眼就記住了。一開始只需要七個欄位：

	Schedule.xls						
	1	2	3	4	5	6	7
1	功能	工作	優先級	原始估時	最新估時	已耗時	所剩時間
2	Spell Checker	Add Menu Item	1	12	8	8	0
3	Spell Checker	Main Dialog	1	8	12	8	4
4	Spell Checker	Dictionary	2	4	4	4	0
5	Grammar Checker	Add Menu Item	1	16	16	0	16
6							
7							
8							

Sheet1 / Sheet2 / Sheet3

如果有好幾個開發者，你可以針對每個開發者各別維護一份表格，或是加上一個欄位，再填入每件工作相應開發者的姓名。

3. 每項功能都應該有好幾件工作要做

所謂的「**功能**」（feature），就是你要在程式裡加入「拼寫檢查功能」這類的東西。如果要加入拼寫檢查功能，程式設計師就必須完成好幾件不同的「工作」（task）。制定時程表最重要的部分，就是要列出工作清單。然後，下一條則是最根本的一個規則：

4. 只有真正寫程式碼的程式設計師，才有資格給出所需的時程

如果是由管理層來規劃時程，再交給程式設計師去執行，這樣的系統註定會失敗。只有真正在做事的程式設計師，才搞得清楚他需要哪些步驟，才能實現所需的功能。而且只有程式設計師本人，才有辦法估計出每個步驟需要多長的時間。

5. 要把工作分得很細

如果想讓你的時程表真正發揮作用，這可以說是最重要的一步。你的各項工作都應該以**小時**為單位，而不是以天為單位。（我只要一看到時程表是以天或甚至週為單位，就知道那絕不是玩真的。）你可能會以為，工作切得很細的時程表，只不過是**比較精確**而已。錯了！大錯特錯！如果你的時程表剛開始只包含粗略的工作分項，後來再逐一分解成更細的工作，你就會發現工作細分之後，竟然會得出**完全不同的結果**，絕對不只是內容比較詳細而已。你所得到的**數字會完全不同**。為什麼會這樣呢？

如果你強迫自己一定要把工作分得很細，那就等於是強迫自己一定要確實搞清楚，究竟需要進行哪些步驟。比如要寫出**某個副程式**、建立各種對話框、讀取某個檔案等等。這些步驟要估計出時間都很容易，因為你以前一定寫過副程式、建立過對話框、讀取過檔案。

如果你只是馬馬虎虎列出幾個「大項」的工作（例如「實作出語法糾正功能」），那你**肯定還沒真正考慮過有哪些工作要做**。如果你還沒想過有哪些工作要做，肯定不會知道需要花多少時間。

以經驗來看，每件工作所要花的時間，應該都在 2 到 16 小時之間。如果你的時程表內有一件需要 40 小時（一週）的工作，那你一定還分得不夠細。

細分工作還有另一個理由：這樣就可以強迫你早一點對那些該死的功能進行**設計**。如果你弄了一個叫做「Internet 整合」的功能，然後就只是安排三週的時間來做這個東西，那你肯定要**完蛋**了，老兄！但如果你被迫一定要先想清楚，究竟需要寫出哪些副程式，這樣就可以把**整個功能**的細節先確定下來。如果能在這個階段強迫你自己提前做好計劃，自然就可以消除掉軟體專案中許多不確定的因素。

6. 持續追蹤「原始估時」與「最新估時」

當你第一次把某個工作加入到時程表時，就應該要先估計出所要花費的時間（以小時為單位），然後把它放入「原始估時」和「最新估時」這兩個欄位中。隨著時間推移，如果工作所花的時間比你想像還長（或短），你就可以根據最新的情況，更新「最新估時」。這就是從錯誤中汲取教訓、學習如何做出更準確估計的最佳方法。大部分的程式設計師根本不太會估計，不知道某些工作究竟需要花多久的時間。沒關係。只要不斷學習，然後在學習過程中不斷更新時程表，你的時程表自然就會發揮它的作用。（你或許不得不拿掉某個功能，或是前後挪動某項工作的時程安排，但你的時程表還是可以正常發揮作用，因為它會不斷告訴你，何時該刪掉某個功能，或是重新調整時程）。我發現大部分的程式設計師只要大約一年的經驗，就可以排出非常好的時程表了。

工作完成之後，「最新估時」和「已耗時」這兩個欄位就會變成相同的值，「所剩時間」這個欄位則會自動計算出 0 的結果。

7. 每天都要更新「已耗時」欄位的值

在寫程式時，你真的不用盯著碼錶看。只要在你回家前（或者你是**那種會**在桌子底下睡覺、假裝已經工作八個小時的極客，哈哈哈！），搞清楚你完成了哪些工作，然後在相應的「已耗時」欄位加個 8 小時進去就可以了。這樣 Excel 就會自動算出「所剩時間」這個欄位的值。

同時也不要忘了，針對當天所進行的幾項工作，更新「最新估時」的值，以反映出最新的現實狀況。**每天更新你的時程表，大概就只需要兩分鐘左右**。這就是為什麼維護時程表一點也不痛苦的理由——做起來既快速又簡單，不是嗎？

8. 把休假、例節假日也當成工作項目加入到時程表中

如果你整個時程需要花一年左右的時間，別忘了每個程式設計師可能都有 10 到 15 天的特休。你的時程表裡應該要可以設定一種叫做「休假」的項目，在出現六日以外的休假日、或出現其他會消耗時間的情況時，就可以派上用場了。這樣一來，只要把「所剩時間」全部相加起來再除以 40（每週工作 40 小時），就可以估計出產品能出貨的日期了——這個估計值已包含所有的項目，所以算出來的就是所有工作還剩幾週才會完成。

9. 把除錯的時間也寫進時程表中！

除錯的時間是最難估計的。你可以回想一下之前專案的情況。除錯所花費的時間，很有可能是最初設定寫程式所花費時間的一、兩倍以上。這個部分一定也要放進時程表內，而且它很有可能就是那種最耗時的項目。

舉個例子好了：假設開發者正在進行某件工作。「原始估時」是 16 個小時，但目前為止已經花了 20 個小時，看來還需要再工作 10 個小時。因此，開發者就在「最新估時」裡輸入 30，然後在「已耗時」欄位中輸入 20。

到了某個里程碑結束時，所有這些「失誤」全部加起來，可能就會達到相當多的程度。理論上來說，為了彌補這些失誤，我們就必須砍掉某些功能，才能維持準時出貨的目標。但如果我們一開始就把「緩衝時間」當成一個功能，並為它安排一段足夠長的時間，這時只要把這個「功能」拿出來砍，就能挪出一些時間來補救了。

原則上來說，開發者一般都會邊寫程式邊除錯。如果程式設計師有除錯的工作要做，他絕對不應該先去寫新的程式碼。程式碼問題的數量，一定要隨時保持在越低越好的程度，理由有兩個：

1. 在你寫出程式碼的當天，當場修復問題是最容易的。如果已經過了一個月，你恐怕連程式碼都忘得一乾二淨了，到時候想修復問題可能就很困難又耗時了。

2. 修復程式碼的問題，就像做科學研究一樣。你根本無法估計，何時才能找出並解決問題。如果能隨時保持在只有一、兩個問題有待解決的程度，想估計產品何時能出貨就容易多了，因為這樣就沒有太多難以估計的因素了。要不然的話，如果有成千上百個有待解決的問題，那根本就別想預測何時能全部修復。

就算開發者會在開發過程中不斷持續修復各種問題，我們還是要把除錯當成一個工作項目。這樣的做法，有什麼用意呢？是這樣的，就算你會在開發過程中持續修復每個問題，但每個里程碑達成時，（內部或外部）測試人員難免還是會找到一些**真的很棘手**的問題，所以還是會有很多問題需要排進時程、陸續進行修復。

10. 把整合的時間納入時程表

如果你的程式設計師不只一個，難免會遇到兩個程式設計師做出來的東西不一致、需要進行協調的情況。他們或許都針對類似的東西實作了一些對話框，但做出來的東西不太一致。這時候總要有人去檢查所有的選單、鍵盤快速鍵、工具列工具等等這些東西，然後把每個人隨意添加的所有新選單項目整理得更有條有理。另外，只要有兩個人同時提交程式碼，就有可能出現編譯錯誤的問題。這也是一定要解決的問題，而它當然也應該排入時程表內才對。

11. 在時程表內加入一些緩衝時間

事情的發展經常出乎預料。你或許要考慮兩種重要的緩衝做法。第一：有些工作所花的時間，會比最初預估的時間長，針對這部分最好留一點緩衝時間。第二：有些工作你原本並不知道一定要做，因此最好也為此保留一點緩衝時間。這通常是因為管理層突然決定，某個功能非常重要一定要先做，不能再等到下一版了。

你可能會很訝異，休假、例節假日、除錯、整合、緩衝的時間全部加起來，竟然比實際工作的時間還要多。但如果你這樣就被嚇到的話，顯然你做程式設計的時間還不是很長，對吧？如果你真的打算忽略掉這些項目，後果請自行負責。

12. 永遠別讓經理去叫程式設計師縮短估計的時間

有很多菜鳥軟體經理認為，他們可以更精準壓縮程式設計師的時程，藉此「刺激」程式設計師做得更快一點。我認為這種做法簡直就是頭殼壞去。每當工作進度落後時，我總是會感到喪氣、認命、沒有動力。但只要**工作進度超前**，我就會特別開心、積極、更有生產力。時程表可不是讓你玩心理遊戲的地方。

如果你的經理叫你縮短估計的時間，請按照以下步驟處理。在時程表內建立一個叫做「Rick 估時」的新欄位（假設你的名字就叫做 Rick）。然後放入你所估計的時間。至於「最新估時」這個欄位，經理愛怎樣就怎樣。你也不用去理會經理所估計的時間。等到專案完成後，大家再來看看誰的估計比較接近現實。我發現，光是**威脅**要這樣做，就足以發揮神奇的效果了，尤其是你的經理猛然發現，他好像一不小心就加入了「看你的工作速度能有多**慢**」的競賽！

為什麼那些不適任的管理者，總想叫程式設計師縮短估計時間呢？

專案剛開始時，技術經理會去找業務人員開會，列出**他們認為**三個月大概就能完成的功能列表（但實際上需要九個月）。如果你想叫人寫程式碼，又不考慮所有必須採取的步驟，好像就是會定出這種「以為只需要 n 小時，實際上卻可能需要 $3n$ 小時」的計劃。等你排出真正實際的時程表，然後把所有的工作全部加起來，才發現整個專案需要花費比你原本想像多很多的時間。這就是現實世界呀，老兄！

於是，那些不適任的管理者就會開始想方設法，叫大家盡可能做快一點，好解決這個問題。這其實並不是很實際的做法。你或許可以再多僱用一些人，但這些人要跟上速度沒那麼快，前幾個月很可能只有 50% 的工作效率（而且還會拖累那些必須指導他們的人）。想在市場上找到優秀的程式設計師加入團隊，無論如何都要六個月的時間。

你也可以請大家用百分百的精力燃燒一整年，這樣或許可以**暫時**從大家身上多榨出 10% 的原始程式碼。這樣的做法好處並不大，卻有一點寅吃卯糧、殺雞取卵的感覺。

如果你千拜托萬拜托，懇求大家不管多累都要全力拼搏，或許可以從大家身上多榨出 20% 的原始程式碼。然後砰！除錯的時間**加倍了**。效果適得其反，這實在太蠢了！

生產力絕不可能從 n 變成 $3n$ 的，想都別想！如果你自認為可以辦到，請把你公司的股票代號告訴我，這樣我就可以準備去放空了。

13. 時程就像積木

如果你有一堆積木，想裝進盒子卻裝不下，你有兩個選擇：換一個更大的盒子，或是拿掉一些積木。如果你認為 6 個月內可以出貨，但你的時程表排出來卻要 12 個月，這樣一來你恐怕只能延後出貨，或是找出一些可以拿掉的功能。無論如何，你就是沒辦法縮小積木的體積；如果你假裝可以，那只不過是在騙自己而已，這樣反而會阻礙你**看見未來真正的好機會**。

而且你知道嗎？維護真實的時程表還有另一個重要的「副作用」，那就是你會強迫自己不得不拿掉某些功能。為什麼這是件好事呢？假設你的軟體有兩個功能：其中一個非常有用，而且會讓你的產品變超棒（例如 Netscape 2.0 的表格功能），另一個則非常簡單，而且程式設計師超愛寫這個東西（例如：BLINK標籤），不過並沒有太大的用處，也沒什麼行銷的作用。

如果你沒制定時程表，程式設計師肯定會先做簡單又有趣的功能。然後他們就沒時間了；於是你別無選擇，只好推遲時程，再去做另一個重要又好用的功能。

如果你確實有制定好時程表，甚至有可能在真正開始工作之前，你就會意識到有些東西應該先拿掉，這時候你自然會先拿掉那些簡單又有趣的功能，保留住那些重要又好用的功能。有時候正是因為你不得不拿掉一些功能，最後你才會製作出更強大、更優秀的產品，組合出更好的功能，而且還能更快出貨。

我記得我還在 Excel 5 工作的時候，最初的功能列表超級龐大，因此很有可能會超出原本預計的時程。天啊！我們當時也覺得很煩。這些全都是超級重要的功能耶！沒有巨集編輯精靈程式我們怎麼活呀？

事實證明，我們別無選擇，只好拿掉一些我們認為是「傷筋動骨」的東西，來制定出可行的時程表。大家都對這些刪減感到很不爽。為了安撫情緒，我們只好告訴自己，這並不是把功能刪減掉，只是因為稍微沒那麼重要，所以暫時推遲到 Excel 6 才做而已。

等到 Excel 5 接近完成時，我和同事 Eric Michelman 便開始研究起 Excel 6 的規格。我們坐下來之後，就開始查看 Excel 5 拿掉的那些準備在 Excel 6 實現的功能列表。我記得當時我們超級震驚，因為我們看到那些被刪減掉的功能，簡直就是你能想像到的各種最爛功能列表。這些功能沒有一個是值得去做的。我認為就算是接下來的三個版本，也不用去完成其中任何一個功能。當初拿掉這些功能去滿足時程的需求，大概就是我們所能做的最好的安排。如果我們沒拿掉那些東西，Excel 5 恐怕要花兩倍的時間，多出 50% 沒用的爛功能。（我認為這無疑是 Netscape 5 / Mozilla 正在發生的事情：他們沒有時程表、沒有明確的功能列表、沒有人願意拿掉任何功能，結果就是產品永遠出不了貨。就算真的出了貨，也會有很多像是 IRC 客戶端這類沒什麼用的功能；那些東西根本就不應該花時間去做呀。）

關於 Excel 你應該知道的一些事

Excel 是一個可用來管理軟體時程表的出色產品，其中一個原因就是，對於大多數的 Excel 程式設計師來說，Excel 唯一的用處就是用來維護他們自己的軟體時程表！（其中只有少數人會用到業務模擬分析工具──畢竟這些人是程式設計師呀！）

共用列表：只要使用「檔案｜共用列表」命令（之後的版本則是「工具｜共用活頁簿」）就可以讓每個人同時開啟檔案並同時進行編輯。由於你整個團隊的成員都應該持續不斷更新時程表，因此這個功能確實很實用。

自動篩選：這是篩選時程表的一個好方法；舉例來說，你可以只單獨查看指派給你的所有工作。若結合「自動排序」的功能，你就可以按照優先順序查看所有指派給你的工作，這其實也就是你個人的「待辦事項」列表。很酷吧！

樞紐分析表：這是檢視摘要和交叉製表的一個好方法。舉例來說，你可以製作出一份圖表，顯示每個開發者每個優先等級的「所剩時間」。樞紐分析表簡直就像是切好的麵包配上巧克力奶昔。你一定要好好學習如何使用，因為它可以讓 Excel 的功能更強大一百萬倍。

WORKDAY 函式：Excel 分析工具庫裡的這個 WORKDAY 函式，可以讓你根據時程表裡的數字，輕鬆計算出相應的日期。

10

「每天重新構建」
是你的好朋友

2001 年 1 月 27 日，星期六

1982 年，我的家人買了一台很早期的 IBM-PC 到以色列。實際上我們還去了趟倉庫，等我們的 PC 到港交貨。我已經不記得當初怎麼說服我爸，總之我們買了一整套完整的配備，有**兩台**軟碟機，128K 的記憶體，還有一台點陣式印表機（用來列印快速草稿）和一台 Brother Letter-Quality 的菊輪式印表機，列印時的聲音很像機關槍，不過聲音更大。我想我們已經把所有能買的配備，幾乎全都買齊了吧：PC-DOS 1.0、價值 75 美元的技術參考手冊，其中還包含 BIOS 的完整原始程式碼、巨集組譯器（Macro Assembler），以及令人驚嘆的 IBM 單色顯示器，每一行可以放進完整 80 個字元，而且……還可以顯示小寫字母！加上當時以色列高得離譜的進口稅，一整套配備的成本大約 1 萬美元。真是太奢侈了！

現在「每個人」都知道 BASIC 只是一種給小孩用的語言，寫出來的程式碼就像意大利麵條一樣全都攪和在一起，而且還會讓你的大腦變得像奶酪一樣到處都是空洞。因此，我們又花了 600 美元買了 IBM Pascal，全部都存放在買來的三張軟碟中。編譯器（compiler）會用第一張軟碟進行第一回合編譯，然後再用第二張軟碟進行第二回合編譯，最後用第三張軟碟的連結器（linker）完成連結的工作。我寫了一個簡單的「hello, world」程式，然後再進行編譯。結果總共耗時：8 分鐘。

嗯。時間蠻長的。後來我寫了一個批次檔,自動執行整個過程,把時間縮短至 7 分半鐘。稍微快了一點。但是當我嘗試寫一些比較長的程式時(比如我那個超酷的黑白棋程式,連我自己也**總是**玩不贏它),大部分時間我都在等編譯完成。「對呀對呀!」有個專業的程式設計師跟我說,「我們以前常在辦公室裡放一片仰臥起坐的板子,等編譯的時候就做仰臥起坐。程式設計了幾個月之後,我就有超殺的六塊腹肌了。」

有一天,丹麥出現了一個叫做 Compas Pascal 的厲害程式,後來被 Philippe Kahn 買下並改名為 Borland Turbo Pascal[1]。這個 Turbo Pascal 實在有夠厲害,因為它基本上可以做到 IBM Pascal 所能做的一切,只不過它**連文字編輯器在內**竟然只需要大約 33K 記憶體就能執行。這簡直太讓人震驚了。更令人驚訝的是,只需要不到一秒的時間,就能把一個小程式編譯完成。這就好像有一家你從沒聽過的公司,推出了一輛別克 LeSabre 的同型車款,可以用每小時 1,000,000 英哩的速度行駛在世界各地,所耗用的汽油還少到連一隻螞蟻喝了都不會有事。

突然之間,我寫程式的效率就**大大提升**了。

就是在那個時候,我學到了所謂 *REP 循環*(REP loop)的概念。REP 代表的是「讀取(Read)、評估(Eval)、印出(Print)」,這就是 Lisp 直譯器一直在做的事情:它會先「讀取」你的輸入、進行評估計算,然後再印出結果。下面這個螢幕截圖顯示的就是 REP 循環的範例:我先輸入某些東西,然後 Lisp 直譯器就會讀取它,進行評估計算,然後再印出結果。

如果用比較大的角度來看,寫程式碼的過程也是另一種 REP 循環,也就是「編輯(Edit)、編譯(Compile)、測試(Test)」的循環。你會先編輯你的程式碼,然後進行編譯,最後再進行測試,看看它運作得好不好。

1　請參見 community.borland.com/article/0,1410,20161,00.html。

這裡有個重要的觀察點，那就是你在寫程式時，一定要一次又一次走過這樣的循環，因此「編輯、編譯、測試」循環的速度越快，你的工作效率就越高，直到最後可以瞬間完成編譯的自然極限為止。**電腦程式設計師總想要升級到更快的硬體**，編譯器開發者也總是竭盡所能，想以超快速度完成「編輯、編譯、測試」循環，其實這就是電腦科學上最正式的理由。Visual Basic 的做法。就是在你輸入每一行時，先進行解析與詞法分析，因此最後編譯的速度超級快。Visual C++ 則是利用增量編譯（incremental compiles）、預編譯標頭（precompiled headers）和增量連結（incremental linking）的做法，來加快編譯的速度。

但只要你進入一個更大的團隊，開始跟很多開發者與測試人員一起工作，你就會再次遇到相同的循環，只是又變得更大更複雜了（這就是碎形呀，老兄！）。測試人員發現程式碼裡的問題後，就會回報該問題。然後程式設計師會修復這個問題。測試人員取得修正版的程式碼之前，究竟需要經過多久的時間呢？在某些開發組織裡，這整個「問題報告、問題修復、重新測試」的循環，很可能需要好幾週的時間，而這也就表示，該組織運作的效率是很差的。如果想讓整個開發過程持續保持順暢，你就必須專注於如何讓「問題報告、問題修復、重新測試」的循環更加緊湊。

其中一個很好的做法，就是「**每天重新構建**」（daily build）。每天重新構建指的就是針對整個所有的原始程式碼，「**每天**」「**自動**」進行「**完整**」的構建工作。

> **自動**：運用 cron（UNIX）或工作排程器服務（Windows），設定程式碼每天固定在某個時間進行編譯。

> **每天（或甚至更頻繁）**：如果可以進行連續構建，這樣的想法確實很誘人，但你很可能沒辦法這麼做，因為還有原始碼版本控制的問題，稍後我就會談到。

> **完整**：你的程式碼很可能有多種版本：多種語言的版本、多種作業系統的版本，或是區分高階／低階的版本。每天重新構建時，**所有**這些版本全都要進行構建。而且全都要從頭開始重新構建每一個檔案，而不能只倚靠編譯器的增量重新構建功能，因為該功能可能還不是很完善。

以下就是每天重新構建眾多好處的其中幾項：

1. 修復了程式碼的問題之後，測試人員可以快速取得最新版本，然後就可以重新測試看看問題是否已確實修復。

2. 開發者會更有安全感，因為他們所做的更改，並不會影響到已經要出貨的 1024 種版本，也不用在他們桌上**放**一台真正的 OS/2 機器來進行測試。

3. 在每天重新構建之前提交修改的開發者心裡都知道，他們並不會因為提交了「可能會破壞構建工作」（也就是導致**別人**無法完成編譯）的東西而害到其他人。如果構建工作出問題，就相當於整個程式設計團隊都遇到了藍色當機畫面；程式設計師如果忘記把新建的檔案添加到程式碼儲存庫（repository），經常就會出現這樣的狀況。這時候如果那個**闖禍的人**在自己的電腦上進行構建工作，好像一切都很正常，但是其他人簽出（check out）這種缺了檔案的程式碼，就會出現連結器錯誤，然後就無法再進行任何工作了。

4. 市場行銷、測試版客戶網站等等這些可能會用到未成熟產品的外圍組織，可以選擇某個已知相當穩定的版本，持續使用好一段時間。

5. 可以把每天重新構建的結果保存起來，如果發現一個非常奇怪的新問題，而你又不知道是什麼東西造成的，你就可以用二進位搜尋的方式查找這些歷史存檔，以便查明該問題首次出現在程式碼中的時間點。只要結合良好的原始碼版本控制做法，或許就可以追蹤到究竟是哪一次提交的程式碼造成了問題。

6. 如果測試人員所回報的問題，程式設計師認為已經解決了，測試人員就可以說他們是在哪個版本看到了該問題。然後程式設計師可以看看他是何時提交修復的，這樣就可以搞清楚問題是否**真的**已經修復了。

下面就是實際的做法。你需要一台每日構建伺服器，這有可能需要用到你手邊最快的電腦。然後寫個腳本，從程式碼儲存庫簽出當前原始程式碼的完整副本（你**有在做**原始碼版本控制，對吧？），再針對你會出貨的每個版本，從頭開始構建程式碼。如果有安裝程式或設定程式，也要一起加入到構建工作中。你出貨給客戶的東西，應該都是每天重新構建的過程所產出的結果。最後再把每次構建的結果放到按照日期編碼的專屬目錄中。記得每天都要在固定的時間執行你的腳本喲。

以下就是關於每天重新構建的一些小提醒：

- 最關鍵的是，從最開始簽出程式碼，到最後把構建結果送進 Web 伺服器（如果是在開發過程中，當然是送進測試伺服器），放到正確的位置供人下載，這整個構建過程**所有的工作**，全都必須由每天重新構建的腳本來完成。這就是確保整個構建過程**沒有任何東西**只「記」在某人腦中的唯一做法。只要確實把所有的構建工作交給腳本執行，像是什麼「只有夏妮卡知道怎麼建立安裝程序，但她出車禍了，你根本沒辦法發佈產品」這樣的狀況，就永遠不會再發生了。在 Juno 團隊裡，如果想從頭開始進行完整的構建工作，你唯一需要知道的就是構建伺服器的位置，然後只要雙擊「每天重新構建」的圖示就可以了。

- 如果你的程式在出貨之前發現了**一個小問題**，於是你就在每日構建伺服器上直接修復那個問題，再把結果拿去出貨──老實說，再也沒有什麼比這更糟糕的做法了。請務必記住這條黃金法則：只有從頭開始完整簽出程式碼，每天重新構建出來的那些完整、乾淨的程式碼，才能夠拿去出貨。

- 把編譯器設成最高的警告級別（在 Microsoft 裡應該是 -W4；在 gcc 裡應該是 -Wall），並且設成一遇到最小的警告就停止下來。

- 如果每天重新構建的過程出了問題，你就會面臨整個團隊都必須停下來的風險。這時候先把一切都停下來；在問題修復之前，會一直重新進行構建的工作。有些時候，你可能會在一天之內做很多次每天重新構建的工作。

- 如果出現構建失敗的問題，你的每天重新構建腳本應該會用 email 通知整個開發團隊。你可以用 grep 找出日誌裡的「error」錯誤或「warning」警告，然後放進通知的 email 中，這應該不是太困難的事。這個腳本也可以把最新的狀態報告，貼到每個人都可以看到的一個 HTML 頁面，這樣一來程式設計師和測試人員就可以快速判斷，哪一次的構建結果是沒問題的。

- 我們在微軟的 Excel 團隊中，有一個特別有效的規則：無論是誰把構建工作搞掛了，都必須負責後續的構建維護工作，直到有其他人又把它搞掛了為止。這除了可以鼓勵大家盡可能維持構建工作正常運作之外，還可以讓所有人都有機會輪流擔任構建工作的值日生，這樣一來大家都有機會瞭解構建的過程是怎麼一回事。

- 如果你整個團隊都在同一個時區裡工作，午餐時間就是每天重新構建的一個好時機。這樣一來，每個人都會在午餐之前提交他們手上最新的程式碼，構建工作則會在大家吃飯時進行，等大家吃完午飯回來，構建工作如果出了問題，大家就可以一起來進行修復。只要構建的結果沒問題，大家就可以簽出最新的版本，繼續自己下午的工作。

- 如果你整個團隊工作的時間會跨越兩個時區，那就一定要好好安排每天重新構建的時間，才不會讓某個時區的成員影響到另一個時區的成員。在我們的 Juno 團隊中，身在紐約的成員會在紐約時間晚上 7 點提交程式碼之後回家。如果他們把構建工作搞掛了，印度海得拉巴（Hyderabad）的團隊要準備開始工作時（大約是紐約時間晚上 8 點左右）就會被整個卡住一整天。後來我們改成在每個團隊回家前一個小時左右，分別進行一次每天重新構建工作（也就是實際上每天總共進行兩次），這樣就徹底解決了這個問題。

以下是關於這個主題可進一步閱讀的其他一些資源：

- discuss.fogcreek.com/joelonsoftware/default.asp?cmd=show&ixPost=862
  在線上有一些關於每天重新構建工具的討論。

- 每天重新構建的工作真的非常重要，因此它也是第 3 章「約耳測試：寫出好程式碼的 12 個步驟」其中的一環。

- 在 G. Pascal Zachary 所著的《*Showstopper*》（精彩的表演！）[2]，有許多關於 Windows NT 團隊（每週）進行構建工作的有趣內容。

- Steve McConnell 在他的網站 www.construx.com/stevemcc/bp04.htm 撰寫了一些關於每天重新構建的內容。

2　G. Pascal Zachary，《*Showstopper! The Breakneck Race to Create Windows NT and the Next Generation at Microsoft*》（精彩的表演！微軟創造 Windows NT 和下一代的極速競賽，The Free Press，1994）。

11
堅定除錯、解決問題

2001 年 7 月 31 日，星期二

軟體的品質，或者說軟體缺乏品質，是每個人都很喜歡抱怨的事。現在我有了自己的公司，也應該要做點什麼才對。過去兩個禮拜，我們停下了 Fog Creek 所有其他的活動，只為了發表新版的 FogBUGZ，目標就是要解決掉所有已知的問題（大約有 30 個）。

身為一個軟體開發者，解決問題是一件好事。對吧？難道不一定嗎？

沒錯！

唯有當解決問題的「價值」超過解決問題的「成本」時，解決問題才能算是重要的事。

這種東西很難衡量，但也不是不可能。我給你舉個例子好了。假設你經營一家花生醬果凍三明治工廠，工廠每天會生產 10 萬個三明治。最近因為推出了一些新口味（大蒜花生醬配辣味哈瓦那果醬），產品的需求量迅速激增。工廠每天生產 10 萬個三明治就已經滿載了，但需求量很可能接近 20 萬個。現在這樣實在沒辦法再做出更多的三明治。每個三明治可以為你賺取 15 美分的利潤。因此，你每天都要損失 15,000 美元的潛在收入，只因為你沒有足夠的產能。

蓋新工廠的成本又太高了。你沒那個本錢，而且你也怕辣味 / 大蒜味三明治只不過是一時的流行，恐怕沒多久就退流行了。但是，你還是每天都在損失 15,000 美元。

後來你雇用了傑森，這真是件好事。傑森原本是個駭入工廠電腦的 14 歲程式設計師；加入公司之後，聽說他已經想出了一種方法，可以把生產線的速度提高為兩倍。他在 Slashdot 看到了一些關於超頻的做法。這個做法在試運行時好像是有效的。

現在你只剩下一個阻礙。有一個很小很小的**問題**——大概每個小時都會有一個三明治被壓爛。傑森很想解決這個小問題。他認為三天之內就可以修好了。你要等他解決問題，還是在有問題的情況下讓軟體先上線呢？

如果三天之後才讓軟體上線，你就會損失 45,000 美元的利潤。不過這樣可以幫你省下 72 個三明治的材料成本。（而且無論怎麼選擇，傑森都會在三天後解決問題。）**好吧，我不知道在你們的星球一個三明治要多少錢**，但在地球上肯定不會超過 625 美元。

我說到哪裡去了？哦，是這樣的。有時**花時間解決問題並不值得**。下面就是另一個不值得解決的問題：假設你遇到一個問題，每次要開啟超大的檔案時，你的程式就會整個當掉；不過，這只會發生在某個採用 OS/2 的使用者身上，而且就你所知，他根本不會使用到超大的檔案。那好，這樣就別修了吧。這根本不是什麼大問題，你就別操心了。同樣的，我通常也不會去管那些還在用 16 色螢幕、或是還在用 7 年都沒升級的 Windows 95 的人。像那樣的人，肯定不會花什麼錢來買套裝軟體。相信我就對了。

不過大部分情況下，很多問題還是很值得去解決的。即便是一些「無害」的問題，還是很有可能會降低你公司和產品的聲譽；長遠來看，這對你的獲利還是會產生重大的影響。如果讓人心裡留下「產品問題很多」的印象，想要扭轉就很困難了。如果你是真心想推出你的產品 .01 版，這裡有一些想法可以幫助你找出**真正**的問題，進而加以解決：而且從經濟面來看，也都是值得去解決的問題。

1. 請確定出問題時你很快就會知道

以 FogBUGZ 來說，我們有兩種做法。第一種做法，我們會在免費的示範伺服器上擷取所有的問題，盡可能多擷取一些資訊，然後再用 email 把整個資訊傳送給開發團隊。這樣的做法讓我們發現超級多問題，真是酷斃了。

舉例來說，我們發現有一堆人並沒有在「Fix For」畫面裡輸入日期，但其實應該要輸入日期才對。在這種情況下，我們的程式竟然連個錯誤訊息都沒有，竟然直接就「當掉」了（以 Web 應用來說，「當掉」的意思就是你會看到一個很醜的 IIS 錯誤畫面，而不是原本所預期的畫面）。哎呀！真是太丟臉了！

我在 Juno 工作時，還用過另一個更酷的系統，可以從「事發現場」自動收集問題。我們會安裝一個處理程序，它會使用到 TOOLHELP.DLL，每次只要 Juno 一當掉，它都可以在一段足夠長的時間內，把 stack 堆疊裡的東西倒進 log 日誌檔案中。下次只要程式一連上網就會發送郵件，上傳這個日誌檔案。在測試期間，我們會收集這些日誌檔案，整理各種程式當掉的情況，並輸入我們的問題追蹤資料庫。實際上這個做法幫我們找出了好幾百個會讓程式當掉的問題。如果你有上百萬個使用者，你就會發現那些當掉的原因，真的是**千奇百怪**，通常是因為記憶體嚴重不足，或是超級爛的電腦（Packard Bell 牌的電腦你聽過嗎？）所導致。有時你的程式碼或許只是像下面這樣：

```
int foo( object& r )
{
    r.Blah();
    return 1;
}
```

程式就是會在這裡當掉，只因為這個 r 參照（reference）是個 NULL，照理來說根本不可能呀──C++ 不是保證絕不會有 NULL 參照**這種東西**嗎──你不相信也沒關係，只要你看的時間足夠久，真的看過好幾百萬個使用者，而且還很認真收集他們倒出來的 stack 堆疊資料，你就一定會看到各式各樣奇奇怪怪的當機理由，到時你可別不相信自己的眼睛。（不過，你也不用去解決這種問題啦。都什麼時代了，老兄！趕快去換台新電腦吧！然後，拜託**不要**一看到很酷炫的共享軟體，馬上就給它安裝起來。**天呀真的是夠了**。）

我們的另一個做法，就是把每一通技術支援電話，都視為出問題的證據。我們在接聽電話時，都會盡可能想辦法搞清楚，究竟可以做什麼來消除掉這個問題。舉例來說，舊版 FogBUGZ 的設定程式會假設，使用者是用匿名使用者帳號來執行 FogBUGZ。95% 的情況下這個假設都是對的，但另外 5% 的情況這就會變成錯誤的假設，而這 5% 的情況，最後都會變成一通通打進支援熱線的電話。因此我們就去修改設定程式，讓它跳出一個提示，要求輸入帳號，這樣就沒問題了。

2. 請確定你可以在經濟上得到回報

你或許無法計算出**解決每個問題確切的價值**，但你**還是可以**這樣做：把技術支援的「成本」算到相關事業部門的頭上。1990 年代初期，微軟開始進行財務重組；在這樣的重組下，所有技術支援電話的成本，全都要由每個產品部門來分攤。因此，產品部門開始堅持要求 PSS（微軟的技術支援部門）定期提供前十大問題列表。開發團隊開始注意這些東西之後，產品支援的成本就直線下降了。

這種做法似乎與另一個新趨勢有點矛盾——大部分的大公司都是讓技術支援部門自己承擔營運成本。在 Juno，技術支援部門會向尋求技術支援的人收費，以期能夠實現收支平衡。但是你原本有機會從使用者的來電，瞭解到產品的問題與損害的情況，如果像這樣把程式問題所造成的經濟負擔全都轉嫁到使用者身上，你就會失去這種察覺問題的能力了。（非但如此，你還要面對憤怒的使用者，他們一定會覺得很憤慨，為什麼要為你**產品的問題**而付錢，然後他們也會跟朋友抱怨；你根本無法衡量，究竟要為此付出多少代價。不過我們也應該持平而論，畢竟 Juno 的產品本身是免費的，所以大家就別再嘰嘰歪歪了吧。）

想要解決這個問題，其中一個辦法就是，如果使用者的問題是因為產品本身的問題，才撥打這通支援電話，那就**不要**向使用者收費。微軟就是這麼幹的，而且效果挺好的，像我自己就從來沒有因為打電話給微軟而付過一毛錢！其實應該反過來，我應該向他們收個 245 美元，或是看開發者搞出這些問題造成多少成本，然後再向產品部門收費才對。這樣確實可以建立正確的經濟誘因，不過應該很快就會耗盡他們賣產品給你所得到的利潤（可能還要多賠好幾倍）。這倒是讓我想起 DOS 遊戲之所以是個**糟糕生意**，其中一個理由就是……為了讓遊戲畫面漂亮又跑得快，通常都必須搭配一些奇怪的顯示驅動程式，但顯示驅動程式相關的技術支援電話只要來個幾通，就足以吃掉你賣 **20 套遊戲**的利潤（假設你在 Egghead、Ingram 和 MTV 頻道廣告的費用，還沒吃光**所有**利潤的話）。

3. 搞清楚對你來說哪些問題值得全部修好

在 Fog Creek 軟體公司裡，嗯……因為我們只是一家小公司（雖然我們並不這麼想），所以全都是由開發團隊直接接聽技術支援電話。成本大約是每天一個小時，根據我們的顧問費率來計算，每年大約 75,000 美元。我們非常有信心，只要解決所有已知的問題，就可以降到每天 15 分鐘。

如果用這些非常粗略的數字來計算，這就表示省下來的淨現值約為 150,000 美元。這就相當於 62 天的工作成本；如果能在 62 個人日內解決，那就是值得的。

我們用 FogBUGZ 內建的便捷估算功能，計算出解決所有問題總共需要 20 個人日（也就是兩個人花兩週時間）──換句話說，也就是「花費」48,000 美元，就可以獲得 150,000 美元的回報，如果**從省下技術支援成本的基礎來看**，這可說是一個很好的投資。（請注意，你也可以把上面計算裡的顧問費用，換成程式設計師的薪水與間接費用，不過最後還是會得到大約 3:1 的相同結果，因為在計算過程中，會有互相抵消的效果。）

我甚至都還沒開始計算產品變好所帶來的價值，不過現在就來算算也可以。我們的舊程式碼 7 月份在示範伺服器當掉了 55 次，影響到 17 個不同的使用者。你可以想像，至少會有一**個**人（雖然我並沒有這方面真實的統計數據）因而決定不購買 FogBUGZ，因為他在執行示範程式之後，可能就覺得產品有問題。不管怎麼說，這種銷售上的損失，很有可能會讓我們損失掉 7,000 到 100,000 美元的現值。（如果你夠認真的話，想取得更真實的數字並不會太難。）

再來看下一個問題。如果你的產品問題比較少，就可以賣貴一點嗎？如果可以，除錯的價值就會大幅增加。關於這點，我先持保留態度，也許在極端情況下，問題的數量確實會影響價格，但在套裝軟體的世界裡，我一時好像也舉不出這樣的例子。

拜託不要打我！

大家看了我這篇文章之後，難免有人會得出一些很蠢的結論，例如說：約耳認為不應該花時間去解決問題。事實上，我認為大部分人去解決的大多數問題，都有很明顯的投資回報。但是與其花時間去解決每一個問題，有時選擇去做別的事，或許在金錢上會有更高的價值。如果你非要做選擇，一邊是幫 OS/2 使用者解決某個問題，另一邊是加個新功能，好讓你的軟體能賣 2 萬份給 GE 公司，不好意思，那就只好跟 OS/2 使用者說抱歉了。如果你真的愚蠢到認為解決 OS/2 的問題**還是**比加個新功能給 GE 公司還要重要，你的競爭對手可不會這麼想，而你就等著被市場淘汰吧。

話雖如此，但是我內心還是很樂觀的；我相信生產出非常高品質的產品，一定有很多隱藏的價值，只是有時候比較沒那麼明顯而已。比如你的員工一定會更加自豪。而且這樣也比較不會有客戶把你的 CD 丟進微波爐，還用斧頭劈成碎片再寄回來給你。所以我的立場還是寧可更偏向品質多一點（事實上，我們已經解決了 FogBUGZ **每一個已知的問題**，絕不只是解決比較大的問題而已），而且更為此而感到自豪；我們也消除了示範伺服器所發現的所有問題，因此我們當然更有自信，我們的產品品質確實堅若磐石。

12
五個世界

2002 年 5 月 6 日，星期一

我的第一份全職工作是在一家工業化麵包廠。工廠裡有兩個超大的房間：一間是在烤麵包，另一間則是把麵包裝進盒子。在第一個房間裡，大家整天都在處理麵糰的問題。麵糰會黏在機器裡、黏在手上、頭髮上、鞋子上，所以每個人都會帶一支小油漆刮刀，來清理這些麵糰。第二個房間裡，大家整天都在處理麵包屑的問題。麵包屑會卡在機器裡、卡在你的頭髮裡面，所以每個人都會帶一把小刷子。我想每份工作都有各自的苦差事——各行各業特有的、永無止盡又煩人的東西——還好我不是在剃刀的刀片工廠工作。

對於程式設計來說，我們也有這類的苦差事，而且第一個房間的苦差事，和第二個房間的苦差事也不太相同，但不知道為什麼，幾乎所有軟體開發相關的書籍都沒提過會有不同的房間，更別說每個房間各有不同的苦差事了。

在我離開麵包廠之後的職業生涯中，大部分時間都在開發那種給好幾百萬人使用的商業軟體。我第一次讀到「極限程式設計」（Extreme Programming）說一定要把「**客戶**」放進團隊裡，我心裡就想，客戶？嗯。當時我正在幫一家 ISP（網路服務供應商）Juno 開發 email 客戶端程式，客戶大概有**好幾百萬人**，其中還包括超級多可愛的老奶奶，她們在團隊所建立的文件裡，恐怕連提都不太會被提到。

當我為某些企業開發者提供顧問服務時，我總是會念叨一些「我在微軟時怎樣怎樣……」的東西，然後他們就會瞪大眼睛看著我，仿佛我是從火星來似的，「我們不是微軟，約耳。我們沒有**好幾百萬個**客戶，只有後勤部門的吉姆。」

後來，我想通了。軟體開發其實有好幾個不同的世界，各有不同的規則，而這顯而易見的事實，一直以來卻總是被忽視。沒錯，我們都是軟體開發者，但如果我們老是假裝沒看到這幾個世界之間的差異，經常就會陷入 .NET 與 Java、或是敏捷開發法（Agile Methodologies）與軟體工程之間的論戰。你在讀一篇關於 UML 模型化的文章時，內容絕不會提到它對於設備驅動程式的開發根本沒意義。或是你在 Usenet 看到一篇貼文，說 .NET 20MB 的執行階段函式庫其實也沒什麼大不了，顯然它絕不會提一件事：如果你想在 BBCall 傳呼機的 32KB EPROM 裡寫段程式，那可就是大問題了。

我認為，軟體其實有五個世界：

1. 熱縮膜軟體

2. 內部用軟體

3. 嵌入式軟體

4. 遊戲軟體

5. 可拋式軟體

1. 熱縮膜軟體

讓我來定義的話，這就是許多人會「在各種情境下」使用的軟體。這種軟體通常會用熱縮膜包裝，然後在 CompUSA 上販賣，或是從網路直接下載。它有可能是某個商業軟體、共享軟體、開放原始碼軟體、GNU 或任何其他的東西，重點是它會被成千上萬人安裝、使用。甚至那種成千上萬人會去造訪的網站，也可以算是這個世界裡的產物。

熱縮膜軟體開發者有兩個永無止盡的煩惱，從而定義了他們的生活方式：

- 他們的軟體往往會有數以萬計的使用者，不過使用者通常也都有其他的選擇。因此，「使用者界面」一定要高於業界的平均水準，才能夠脫穎而出。他們會花一大半的時間，讓住在杜魯斯的 Leo 叔叔做起事來**更輕鬆**。

- 他們的軟體會在各式各樣的電腦中執行，因此程式碼必須對系統之間的變化，保持著異常優異的彈性。他們會用**另一半**的時間，瞇著眼睛把各種 DLL 的版本號看得一清二楚。

上個禮拜有人 email 給我，說我們公司的產品 CityDesk 有個問題。這個問題只會出現在波蘭語的鍵盤上，因為他們會用一個叫做 AltGr 的鍵（我從沒聽過）來輸入特殊字元。我們的軟體在 Windows 95、95OSR2、98、98SE、Me、NT 4.0、Win 2000 以及 Win XP Home 和 Pro 版都做過測試。我們還特別安裝了 IE 5.01、5.5 和 6.0 來進行測試。我們也測試了美國版、西班牙語版、法語版、希伯來語版和繁體中文版的 Windows。但我們就是沒測過波蘭語版。

熱縮膜軟體有三種主要的變體：開放原始碼軟體、Web 型軟體，以及顧問型軟體。

開放原始碼軟體

這種軟體通常都是沒人支薪的情況下開發出來的，這對於整個業界造成了很大的影響。舉例來說，在一個全是志願者的團隊中，不夠「好玩」的東西通常就不會有人去做；像 Matthew Thomas 就曾一針見血指出，這會直接傷害到軟體的使用性[1]。而且這些開發者們往往散居世界各地，更導致團隊溝通的品質常有極大的落差。在開放原始碼的世界裡，很少會有一群人圍著白板畫一堆箭頭和框框、進行面對面的溝通，所以這類專案如果遇到那種需要畫很多箭頭框框的設計決策，往往就會做出很差的決定。以結果來看，這種成員散居各地的團隊，通常在模仿現有軟體方面都做得極好，因為這樣根本就很少、甚至不需要進行任何的設計。不過大多數開放原始碼軟體還是需要面對各式各樣不同的使用情境，所以也算是熱縮膜軟體的一種。

1　「Why Free Software Usability Tends to Suck」（為什麼免費軟體的使用性往往很糟糕），Matthew Thomas，2002 年，http://mpt.phrasewise.com/2002/04/13。

Web 型軟體

比如像 Hotmail、eBay 甚至一些內容網站，這類軟體一定要很容易使用，而且要在各式各樣的瀏覽器裡都能順利運行。大多數使用者其實都有「那個壟斷的瀏覽器」，但由於某些奇怪的理由，最常有意見的使用者好像都會使用某種「前寒武紀」瀏覽器，他們才不管 Jeffrey Zeldman 提倡什麼**相容標準**，總之他們的瀏覽器就是沒辦法正確顯示標準的 HTML，所以你只好花很多時間用 Google 搜尋「Netscape 4.72 CSS 字體錯誤」之類的東西。雖然開發者多多少少對於「部署」環境（資料中心的電腦）有一定的控制權，但他們還是必須面對各式各樣的 Web 瀏覽器和大量的使用者，所以我認為這基本上也屬於熱縮膜軟體的一種。

顧問型軟體

這種熱縮膜軟體的變形，常需要大量的客製化與繁複的安裝程序，以至於你需要一大群顧問來進行安裝，而且成本高得離譜。CRM（客戶關係管理）與 CMS（內容管理系統）軟體通常就屬於此類別。其實有些人已經開始懷疑，這種軟體根本**沒什麼鳥用**；它只不過是讓一大群顧問上門、每小時收費 300 美元的一個藉口而已。雖然顧問型軟體好像偽裝成熱縮膜軟體的樣子，但它超高的成本其實更像是**內部用**軟體。

2. 內部用軟體

內部用軟體只需要在某家公司的電腦裡可以正常運行就足夠了。在這樣的條件下，開發起來實在容易多了。你可以針對它所運行的環境，做出很多的假設。譬如你可以指定某特定版本的 IE、Office，或是 Windows NT 4.0 Service Pack 6 之類的東西。如果需要圖表，就用 Excel 來建立即可；部門裡每個人都有 Excel。（但你如果嘗試使用其他熱縮膜軟體，潛在客戶馬上就會少掉一半。）

雖然企業開發者大多不願意承認，但對於內部用軟體而言，使用性其實並不重要，因為使用該軟體的人就那麼幾個，他們根本別無選擇，只能將就著用。很多時候這類軟體的問題，可能遠比你在熱縮膜軟體世界裡看到的問題多得多。但是，開發的速度才是更重要的考量。由於這種開發工作的價值全集中在某家

公司，因此開發資源絕對少很多。微軟有能力花 2 億美元，開發一個對普通人來說只值 98 美元的作業系統。但如果 Chattanooga Railroad LLP 要開發專屬的 choochoo 交易平台，投資金額絕對不會超過單一公司的能力。為了維持合理的投資報酬率，內部用軟體開發者絕不會在包裝上亂花錢。事實上，內部用軟體與熱縮膜軟體有一個關鍵的區別，那就是對於內部用軟體來說，過了某個點之後，就算花再多錢讓軟體更加可靠或更好用，回報還是會急劇銳減；但是對於熱縮膜軟體來說，最後那 1% 的穩定性或易用性，很有可能就是最關鍵的競爭優勢。可悲的是，實際上許多內部用軟體，連原本應該做好的工作都做得很糟糕。只因為軟體已經「足夠好」就必須停止開發，這對於一些年輕、熱情的開發者來說，實在是一件很令人喪氣的事。

3. 嵌入式軟體

這類軟體有個獨特的特性，那就是通常會安裝在硬體內，而且幾乎都不會進行更新。（雖然**技術上**可以，但實際上並不會。相信我。沒有人會去下載 EPROM 韌體，更新他們家的微波爐。）這可說是個完全不同的世界。品質要求非常高，因為根本沒有第二次機會。你可能要面對一個運行速度比一般桌面處理器慢得多的 CPU，因此開發者或許要花大量的時間，去進行各種最佳化手動調整。程式碼快不快，比優不優雅更重要。你所能運用的輸入輸出設備，很可能極其有限。我上禮拜租了一輛車，車上 GPS 的輸入輸出系統，簡直就是一場悲劇，使用性實在有夠差。你嘗試過在沒有鍵盤的設備上輸入地址嗎？或是用一個沒有比卡西歐手錶大多少的地圖來導航？好吧我又扯遠了。

4. 遊戲軟體

遊戲軟體特別不同於其他軟體，理由有兩個。第一個理由，遊戲開發經濟學是以「爆紅大賣」為導向。有些遊戲確實賺了大錢，但其實還有更多的遊戲淹沒在市場中，如果你想靠遊戲軟體賺錢，就必須認清這一點，然後準備好一大堆的遊戲，這樣才有機會讓爆紅的遊戲彌補失敗的損失。這其實更像電影業，反倒不太像軟體業了。

遊戲軟體開發還有另一個更大的問題，就是只能有一個版本。大家一旦玩完**毀滅公爵 3D** 殺死了大 Boss，就不會再升級到**毀滅公爵 3.1D**，只為了得到一些新武器或是修正遊戲裡的某個問題。因為那實在太無聊了。因此，遊戲的品質要求就與嵌入式軟體相同，而且投入的資金還必須足夠讓大家第一時間就把事情做對，至於熱縮膜軟體的開發者，雖然要瞇著眼睛看清楚 DLL 的版號，但至少他們心裡明白，如果 1.0 版很爛沒人買，還有機會推出更好的 2.0 版，說不定大家就會買帳了。

5. 可拋式軟體

為了完整起見，我們還是要談一下第五個世界——可拋式軟體。這其實就是指你臨時建立的那些程式碼；通常你只是為了得到某個東西，得到之後你就再也不需要它了。舉例來說，你可能會寫一個小小的 shell 腳本，把輸入檔案轉換成你所需要的另一種格式，而且這個腳本就只會用這麼一次而已。這種可拋式軟體沒什麼特別的，雖然有些可拋式程式碼有可能會轉變成內部用軟體，而且有些 MBA 看到了也會說「我們可以從這裡拆分出一個完整的事業體」，然後**你猜怎麼樣？**另一家提供脆弱「企業解決方案」的軟體顧問公司又要登場了。

搞清楚你所在的世界

好吧，我們各自生活在不同的世界。沒什麼大不了的。這到底有什麼重要的呢？這裡就有一件重要的事，你一定要知道。每當你閱讀任何一本由全職軟體開發大師兼顧問所寫的書，當他們談到各種程式設計方法時，很可能正在談的是公司內部用軟體的開發做法。不是那種熱縮膜軟體、不是嵌入式軟體，當然也不是遊戲。為什麼呢？因為這些大師們都是公司所聘用的人。他們的薪水都是大公司在付的。（相信我吧，遊戲軟體公司 id Software 才不會聘請 Ed Yourdon 來談什麼結構化分析呢！）

最近我學了很多關於極限程式設計（Extreme Programming，簡稱 XP）的東西。對於許多類型的專案來說，極限程式設計和其他敏捷方法仿佛是一股新鮮的空氣，畢竟許多程式設計工作室確實陷入了呆板、乏味、功能失調的各種「流程」之中，而像測試驅動開發（test-driven development）這類的做法確實很棒，如果可以用得上的話，你當然可以盡量加以善用。但是最大的問題就在於：**如果可以用得上的話**。極限程式設計的做法其實有很多漏洞，對於你的情況來說，這很有可能是問題，也有可能並不是問題。舉個例子來說，真的沒有人會去用測試驅動開發的做法，來進行 GUI 的開發工作。我個人已經用過測試驅動開發的做法，建立了一個完整的 Web 應用伺服器，而且效果很棒，因為這個應用伺服器除了轉換字串之外，其實並不會去做什麼其他的事情。但是我實在沒辦法把**任何類型的自動化測試做法**，運用到我的 GUI 相關工作中。充其量你只能做一些很表面的自動化測試，但如果要實現拖放的功能，這些東西就沒什麼用處了。

極限程式設計還有一個假設，就是認為重構很容易，尤其是你如果有測試方法的話，就可以很輕鬆確保所有東西都沒出問題。這對於那種本身具有整體性的專案（尤其是那種完全不與其他東西互動的內部專案）來說，的確是正確的。但即使 FogBUGZ 是我自己公司的產品，我也**不能隨意**更改程式資料庫裡的資料表結構，因為我們有許多客戶已經在這樣的架構下寫了不少程式碼，如果我害他們的程式碼出問題，他們就不會再升級軟體，然後我就會付不起程式設計師的薪水，最後整間公司就會垮掉。如果你想持續與其他人互相搭配得很好，絕對要仔細做好各種分析與設計。所以，我一直都在嘗試，希望能找出某些做法，把敏捷開發法最棒的部分套用到熱縮膜軟體的世界，不過我也逐漸認清，它在某些地方確實並不合用。

無論你從事哪一種類型的專案，軟體開發大部分的東西都是一樣的，不過也不是每個東西都相同。如果有人向你提起某個方法論，請記得先想想，它是否真能套用到**你正在進行**的工作中。也別忘了先想想這個人的來歷。不管怎麼說，我們總能從彼此身上學到一些東西。**每個世界都有一些自己人才懂的苦差事。**如果你是公司裡的開發者，使用的是伺服器端的 Java 語言，就請不要再騙自己，說你之所以不必生活在 DLL 地獄，是因為 Java 天生就是一種更好的程式語言。其實你不必生活在 DLL 地獄，**是因為你的程式只能在一個盒子裡運行。**

如果你是遊戲開發者，也請不要再抱怨直譯過的 bytecode 有多慢，那**本來就不是給你用的**，那個東西是給某些內部開發者用的。而那些內部開發者所開發的軟體，只需要應付好四個管帳的人就行了。我們每個人都有自己專屬的麵糰／麵包屑問題，請大家彼此尊重、互相理解，一起讓 Usenet 變得越來越文明吧！

13

紙上原型設計

2003 年 5 月 16 日，星期五

多年前，Excel 團隊突然想要搞清楚，如果讓使用者可以用滑鼠拖放儲存格
（cell），這究竟是不是個好主意？然後他們有幾個實習生，就想用最先進的
Visual Basic 1.0 來「打造出一個原型」，以便進行使用性測試。他們一整個夏
天都在打造這個原型，因為過程中必須複製出 Excel 裡大量的功能，否則就無
法進行真正的使用性測試。

使用性測試的結論呢？沒錯，這的確是個很棒的功能！於是負責的程式設計
師就花了**一週左右**，完整實現了這個拖放的功能。當然，這整件事最好笑的部
分，就是當初打造這個原型的目的，最主要是為了「**節省時間**」。

一年之後，另一個被列為最高機密的微軟團隊，運用最先進的產品 Asymetrix
Toolbook[1]（天呀，這東西竟然還存在），為全新使用者界面打造了一個完
整的原型。這個原型大概花了一年左右的時間來打造。至於產品呢？叫做
Microsoft Bob[2]，後來它成了軟體界的 PCjr（譯註：PCjr 是 IBM 當年推出的一
款低規格電腦，後來以失敗告終），結果只多了一個讓大家白費力氣的原型。

1　請參見 www.asymetrix.com/en/toolbook/index.asp。

2　請參見 toastytech.com/guis/bob2.html。

我基本上已經放棄「軟體原型」這種東西了。如果產品能做的每件事原型都能做到，那還不如直接去做**產品**算了；如果原型做不到這種程度，那也沒什麼用處。幸好，還有另一種更好的做法——紙上原型設計——這種做法可以解決前面的問題，也可以解決以後會提到的冰山問題[3]。

紙上原型設計的做法很簡單：你只需要一張紙，再用鉛筆畫上使用者界面的原型即可。越潦草越好。然後你就可以拿給幾個人看，再問他們會怎麼去完成這樣的東西。不用擔心會花太多時間討論字體和顏色，因為根本就沒有字體和顏色——畢竟這只是鉛筆畫的草稿而已。而且因為你畫這個東西顯然沒花多少力氣，因此大家就不會怕傷到你的心，而不好意思講出他們心裡真正的想法了。

紙上原型設計的做法，比你用任何軟體工具便宜許多，你甚至可以進行真正的使用性測試；除了這張紙之外，你只需要再準備一塊好用的橡皮擦、一支鉛筆和一把剪刀就足夠了。每當你的使用性測試對象說要做出什麼動作時（例如「點擊那裡！」），你就可以立刻剪剪貼貼喬一下位置。要測試某個精靈程式嗎？你所要做的就是把精靈程式的每一個頁面，都用一張紙來表示，然後再弄幾張小卡片，寫上可能出現的錯誤訊息。

關於紙上原型設計更多的資訊，各位可以翻閱一下 Carolyn Snyder 針對這個主題的著作[4]。對於任何想設計使用者界面的人來說，這本書都是不可或缺的參考資料，而且整本書寫得很好喲。

---

3 請參見第 25 章。

4 Carolyn Snyder，《*Paper Prototyping: The Fast and Easy Way to Design and Refine User Interfaces*》（紙上原型設計：設計與改進使用者界面的快速簡便方法，Morgan Kaufmann，2003）。

14

架構太空人，
你嚇不倒我的

2001 年 4 月 21 日，星期六

偉大的思想家只要一思考問題，就想看出其中的特定模式。他們看到大家互相
發送文字檔案，又看到大家互相發送試算表檔案，於是他們就意識到，其中
有個共通的模式：發送檔案。這樣就有了第一層的抽象概念。然後他們又會
再往上一層：大家都會「**發送**」檔案，網路瀏覽器也會「**發送**」網頁請求。如
果你再仔細想想，調用物件的某個方法，其實也像是發送某個訊息給物件！
又出現同樣的東西了！這些其實都是「**發送**」操作，所以我們那個聰明的思想
家，就發明了一種全新的、更高更廣泛的抽象概念，也就是所謂「**訊息傳遞**」
（messaging）的概念，只不過現在這個概念好像變得**很模糊**，已經沒有人真
正瞭解他們在說什麼了。乍聽起來，好像都變成一堆廢話了。

如果你走得太遠，把東西搞得太抽象，就會逐漸把氧氣耗盡、進入缺氧的狀
態。有時候，那些聰明的思想家就是不知道何時該停下腳步，結果創造出一堆
荒唐又無所不包的高層次宇宙景象；這些景象雖然很美好，實際上卻沒有什麼
意義。

我都把這種人叫做「架構太空人」。要他們去設計程式或寫程式碼其實很困難，因為他們會一直去思考軟體架構的問題。之所以說他們是太空人，是因為他們簡直高到了氧氣層之外，我真不知道他們是怎麼呼吸的。他們多半在一些真正的大公司裡工作，因為只有這些公司才負擔得起一大堆擁有高學歷、但是對第一線沒什麼貢獻的低生產力人員。

最近就有一個例子，正好可以說明這件事。典型的架構太空人可以接受「Napster 是一種用來下載音樂的點對點（peer-to-peer）服務」這樣的事實，但他只會注意到其中的架構，卻看不到其他的東西；他之所以覺得有趣，主要是因為其中用到了「點對點」的架構，至於「只要輸入歌名就能**馬上聽歌**」這麼有趣的事，他卻完全沒感覺——這根本就是搞錯重點了嘛。

他們只會講「點對點如何如何……」。然後突然之間，就冒出各種點對點研討會、點對點創投基金，甚至開始出現一堆關於點對點的反面言論，只因為那些愚蠢的商業記者們，只會很歡樂地抄襲著彼此的報導：「點對點——已經壽終正寢了！」

架構太空人會說這樣的話：「你能想像 Napster 這樣的程式，也可以用來下載**任何東西**，而不只是歌曲嗎？」然後他們就會打造出 Groove 這樣的應用程式，雖然比 Napster **更加通用**，卻少了「輸入歌名就能聽歌」的小功能——但那才是我們最想要的功能呀！根本就是搞錯重點了吧。就算 Napster **不是採用**點對點的做法，只要它**確實可以讓你**輸入歌名然後馬上聽歌，它還是一樣會大受歡迎的。

架構太空人特別喜歡做的另一件事，就是發明一些新架構，然後聲稱它可以解決某些問題。Java、XML、Soap、XML-RPC、HailStorm、.NET、Jini，天哪，我都快要招架不住了。而這些全都只不過是最近 12 個月的事情！

我並不是說這些架構有什麼問題……我絕對沒這個意思。這些全都是非常好的架構。讓我覺得很煩的，其實是圍繞在這些東西周圍的各種大量**炒作**。各位還記得微軟的 .NET 白皮書 [1] 嗎？

---

1 《*Microsoft .NET: Realizing the Next Generation Internet*》（微軟 .NET：實現下一代的網際網路，Microsoft，2000 年 6 月 22 日）。微軟的網站已不再提供此文件，不過還是可以在 web.archive.org/web/20001027183304/http://www.microsoft.com/business/vision/netwhitepaper.asp 找到這個網頁的存檔副本。

> 做為下一代的 Windows 桌面平台，Windows .NET 可以為生產力、創造力、管理、娛樂等等方面提供支援，其設計目的就是為了讓使用者更能掌控自己的數位生活。

這大概是九個月之前的事了。上個月，我們拿到了 Microsoft HailStorm。它的白皮書[2]是這樣說的：

> 大家還是無法掌控自己身邊所圍繞的各種技術……HailStorm 可以讓你生活中的各種技術，在你的掌控下與你的行動相互搭配。

哦，那很好呀，所以我家裡的高科技鹵素燈，就不會再亂閃了吧。

其實微軟並不孤單。下面這段就是引自 Sun 公司的 Jini 白皮書[3]：

> 我們應該把這三個事實（你自己就是系統管理員、傳統電腦將不復存在，靠一部電腦就能無所不在）全部結合起來，讓這個「電腦就只是電腦」的世界變得更美好──我們可以消除電腦的界限，讓電腦無所不在，而使用電腦就會變得像「把 DVD 放入家庭影院系統」一樣簡單。

這甚至讓我**想起**業界推手 George Gilder 針對 Java 所散播的想法[4]：

> 這是技術史上的一次重大突破……

2　《*An Introduction to Microsoft HailStorm*》（Microsoft HailStorm 簡介，Microsoft，2001 年 3 月）。微軟的網站已不再提供此文件，不過還是可以在 web.archive.org/web/20010413105836/http://www.microsoft.com/net/hailstorm.asp 上找到這個網頁的存檔副本。

3　「Why Jini Technology Now?」（為什麼現在要談 Jini 技術？Sun.com, 1999）。請參見 www.sun.com/jini/whitepapers/whyjininow.html。

4　「The Coming Software Shift」（即將到來的軟體轉變，George Gilder，*Forbes ASAP*，1995 年 8 月 28 日）。

這明顯就是架構太空人對你發動攻勢的手法：大量華而不實的誇張言論；大言不慚、流於空想卻又滔滔不絕，只顧著自吹自擂，卻完全不顧現實。但是，很多人就吃這一套！難怪那些商業媒體越來越瘋狂了！

大家對於這些無聊的軟體架構，竟然如此深受感召，這究竟是怎麼一回事呢？這些所謂的架構，通常只不過是 RPC 的另一種新形式，或者只是一種新的虛擬機罷了。這些東西或許真的是很好的軟體架構，開發者使用這些軟體架構肯定有一些好處，但請容我再說一遍，這些東西**並不是彌賽亞騎上他的白驢**，一進入耶路撒冷就天下太平了。不會的，微軟，電腦**並不會**突然學會讀心術，然後就能自動去做我們想做的事，所以世界上的每個人，一定非要有個 Passport 帳號才行。不不不，Sun 公司，如果要分析我們公司的銷售資料，這樣的工作**就是沒辦法**變得像「把 DVD 放入家庭影院系統」那麼簡單。

請務必記住，軟體架構師在解決的是他們認為可以解決的問題，而不是解決了之後**特別有用**的問題。SOAP + WSDL 或許是很熱門的新東西，但它並不會讓你做到任何其他技術做不到的事──如果你真心想做的話。我們都用過 DCOM、JavaBeans、OSF DCE 或 CORBA，還記得當初那些架構太空人也是滔滔不絕說分散式服務有多好多好，但現在這些東西已經說很久了，他們的承諾兌現了嗎？

我知道，現在可以用 XML 來做為網路上通用的一種格式，這的確是很棒的事，非常值得歡呼！但我對於這件事的興趣，就跟我知道「超市會用卡車從倉庫取貨」差不多而已。請讓我先打個哈欠。*Mangos* 架構是嗎？這的確很有趣。各位太空人們，請告訴我一些以前做不到但現在能做到的新鮮事吧！要不就請你繼續留在太空，別再浪費我的時間了。

15

邊開火、邊前進

2002 年 1 月 6 日，星期日

有時候我就是什麼事都做不了。

我當然還是會進辦公室，只是我會四處閒逛，每十秒就檢查一次 email，然後再看看網頁，甚至做一些無腦的工作，比如支付美國運通的帳單。但是，無論如何，我就是沒辦法回到寫程式的狀態。

這種毫無生產力的狀態只要一發作，通常都會持續一、兩天。但是在我身為開發者的職業生涯中，也有好幾次我連續幾個禮拜都無法完成任何工作。就像他們所說的，我並沒有「進入狀況」。我就是無法進入狀況。我什麼事都做不了。

每個人都會有一些情緒上的波動；有些人比較溫和，有些人則比較明顯，有時候甚至會一整個人陷入癱瘓。這種毫無生產力的情況，好像確實與憂鬱的情緒有點關聯。

這讓我想起有些研究人員說過，基本上大家都**無法**控制自己想要吃什麼，所以任何想節食的嘗試，最後注定都只是短暫的想法，到後來大家一定還是會像溜溜球似的，溜回到自己最自然的體重。也許身為一名軟體開發者，我真的無法控制自己的生產力，我就是會時快時慢，只能希望最後平均起來可以產出足夠多的程式碼，讓我不至於失業就行了。

最讓我抓狂的是，自從我的第一份工作以來，我就意識到自己身為一名開發者，通常每天都只有平均大約兩、三個小時，可以真正很有效率地寫程式。當我還在微軟暑假實習時，有個實習生告訴我，其實他每天只有 12 點到 5 點這段期間，會進入認真上班的狀態。雖然只有五個小時，還要扣掉午餐時間，但他的團隊還是**很喜歡**他，因為他確實完成了比平均程度多很多的工作。的確沒錯，我也發現過同樣的情況。每當我看到其他人好像很努力在工作時，我都會覺得有點內疚，因為我每天都只認真工作兩、三個小時，不過我依然是團隊裡最有生產力的成員之一。這也許就是 *Peopleware*[1] 和極限程式設計都堅持取消加班、嚴格執行每週工作 40 小時的理由，因為他們非常確信，這樣並不會降低整個團隊的產出。

但我真正擔心的，並不是我「只」認真工作兩個小時的那些日子。我擔心的其實是**我什麼事都做不了**的那幾天……

我想這件事情想了很多。我嘗試去回想自己整個職業生涯中完成最多工作的那段時光。我想可能是因為微軟讓我搬進一間漂亮、豪華的新辦公室，辦公室裡有大落地窗，能俯瞰整個漂亮的石造庭院，院子裡種滿盛開的櫻花。每件事都順利得不得了。連續好幾個月，我一直都在不斷研究 Excel Basic 的詳細規格——我在一大堆紙上，寫下大量令人難以置信的細節，內容涵蓋一個超級大的物件模型與程式設計環境。我真的停不下來。有一次我不得不抽身，去波士頓參加 MacWorld 的活動，但當時我還是帶了一台筆記型電腦，就坐在哈佛商學院某個舒適的露台上，努力撰寫 Window 物件類別的文件。

一旦你進入這種超順的狀態，想持續下去並不困難。我有很多日子都是這樣度過的：1）開始工作，2）查看 email 上上網，3）決定午餐後再開始認真工作，4）吃完午餐回來，5）查看 email 上上網，6）終於決定要開始認真工作了，7）查看 email 上上網，8）再次決定，我**真的**要開始工作了，9）打開那該死的編輯器，10）不停地寫程式碼，直到我赫然發現已經晚上七點半了。

第 8 和第 9 個步驟之間，好像總有某個地方怪怪的，因為我不一定總是能跨越那道鴻溝。對我來說，「開始動起來」似乎就是我**唯一**的困難。也許是靜者恆靜、動者恆動吧。我的腦袋裡就好像有某種超級沉重的東西，實在很難加速起來，但一旦它全速運轉，接下來不用花太多力氣，就能持續保持運轉了。這就

---

1 Tom Demarco 和 Timothy Lister，《*Peopleware: Productive Projects and Teams*》（人才管理之道：有生產力的專案與團隊，第二版，Dorset House，1999 年）。

像是你想靠一輛越野自行車，來一段自給自足的旅行一樣[2]：一開始你一定要費很大的力氣，好不容易才能讓車子順利加速起來，但你一旦讓車子跑順了，就能維持在很快的速度、騎起來也很輕鬆了。

也許這就是生產力的關鍵：「**開始動起來就對了！**」有一種叫做「結伴程式設計」（pair programming）的做法，我想它之所以有效，就是因為你和你的好友講好了要結伴進行程式設計，所以你們會互相督促對方趕快動起來。

以前我還在以色列擔任傘兵時，有位將軍給我們來了一場關於作戰策略的小演講。他告訴我們，步兵在戰鬥時只有一種策略，那就是「邊開火、邊前進」。你要在開火的同時，向敵人的方向前進。因為你只要一開火，就會迫使敵人把頭壓低，這樣他就無法向你開火了。（這就是士兵們喊「掩護我」的意思。這句話的意思就是「趕快向敵人開火，這樣敵人就會壓低身子而無法對我開火，這時候我就能跑過這條街了。」這的確是一種有用的做法。）往前移動就可以攻佔領地，更靠近你的敵人，這樣你射擊時就更有機會擊中目標了。如果你不前進，敵人就會有更多的餘裕來判斷各種狀況，那可不是件好事。如果你不開火，敵人就會向你開火，把你給壓制住。

這件事我一直都記得。我還注意到幾乎每一種軍事策略，包括空軍的纏鬥到海軍的大規模演習，都是以「邊開火、邊前進」的理念為基礎。後來我又花了15 年才意識到，「邊開火、邊前進」這個原則其實也是生活中想要搞定事情的一種做法。你必須每天持續前進，就算只有一點點也好。即使你的程式碼寫得很遜、有很多問題，而且沒有人想要，這樣也沒關係。只要你能持續前進，不斷寫出更多程式碼並持續解決問題，時間就會站在你這邊。如果你的競爭對手向你開火，你也要格外當心。也許他們只是想迫使你忙於應付他們的截擊，讓你無法繼續前進而已。

你可以想想過去這段期間，微軟提出各種資料存取策略的歷史。ODBC、RDO、DAO、ADO、OLEDB，到現在則是 ADO.NET——又是一個全新的東西！這些技術真的有那麼重要嗎？這會不會是設計團隊太過無能，每年都要重新發明資料存取的做法，因此所造成的結果？（實際上確實有可能。）但不管怎麼說，到最後這些東西還是發揮了火力掩護的效果。因為競爭對手別無選擇，只能把所有的時間全都花在移植工作上，還要努力跟上技術演進，根本沒時間寫新的功能。你可以仔細觀察整個軟體的大環境。一些做得比較好的公

2　請參見 joel.spolsky.com/biketrip/。

司，多半都是對大公司依賴最少的公司，因為它們不必花很多的時間來跟上新技術、重新實現新做法，或是修復一些只會在 Windows XP 出現的問題。至於那些跌跌撞撞的公司，則往往需要花太多時間求神問卜，想方設法搞清楚微軟公司未來的方向。很多人都很擔心 .NET 的發展，決定要為了 .NET 重寫整個軟體架構，只因為他們認為必須這樣做。但其實微軟有可能只是在向你開火，這一切只不過是一種掩護而已，因為他們這樣就能繼續前進，而你卻無法持續前進了；遊戲就是這樣玩的呀，老兄。你真的需要支援 HailStorm 嗎[3]？SOAP[4]？RDF[5]？你想支援是因為你的客戶需要，還是因為有人向你開火，你就覺得一定要做出回應？大公司的銷售團隊太瞭解如何進行火力掩護了。他們會跟客戶們說，「好吧，你不一定要買我們的產品。你可以找最好的廠商，購買他們的產品。不過你一定要先確定，你所購買的產品一定要支援（XML/SOAP/CDE/J2EE），否則你就會被他們的產品綁死。[6]」然後，當某家小公司想要賣產品給他們時，你就會聽到他們那個已經被馴服的 CTO 像鸚鵡一樣問說，「你們有支援 J2EE 嗎？」然後，這家小公司只好浪費大量的時間，想辦法支援 J2EE，即使它並沒有什麼真正的用處，而且這家小公司也沒機會讓自己變得與眾不同了。這只不過是一個可勾選的功能選項——你做這個功能只是為了在這個選項打個勾，說明你有這個功能，但實際上這個功能沒人會用到，也沒有人需要。這就是大公司進行火力掩護的一種做法。

對於像我們這種小公司來說，「邊開火、邊前進」有兩個意義。你必須讓時間站在你這邊[7]，而且你還必須每天向前邁進。只要做好這兩件事，你遲早會贏的。昨天我所做的工作，就只是把 FogBUGZ 的配色方案稍微改進了一點點。這樣很好。這樣的改進只要一直持續，我們的軟體就會變得更好。每一天，我們的軟體都在變得越來越好，而且我們的客戶也越來越多，這才是最重要的事。在成為甲骨文（Oracle）這種規模的公司之前，我們還不必考慮什麼偉大的策略。我們只要每天早上進到辦公室，然後想辦法讓自己去打開程式碼編輯器，這樣就行了。

3　請參見 wmf.editthispage.com/discuss/msgReader$3194?mode=topic。

4　請參見 radiodiscuss.userland.com/soap。

5　請參見 www.w3.org/RDF/。

6　Dave Winer，《*The Micro Channel Architecture*》（微通道軟體架構，DaveNet，2001 年 7 月 6 日）。請參見 davenet.userland.com/2001/07/06/theMicroChannelArchitecture。

7　請參見第 36 章。

16
工匠技藝

2003 年 12 月 1 日，星期一

軟體的製作並不是一種生產製造流程。1980 年代，大家都在擔心，生怕日本軟體公司弄出某種「軟體工廠」，光靠一條生產線就能生產出高品質的程式碼。這在當時行不通，現在依然行不通。就算把很多程式設計師塞進一個房間，把他們弄得整整齊齊排成好幾排，也無法有效降低程式問題的數量。

如果寫程式不屬於這種生產線類型的工作，那它又是什麼呢？有些人提議，可以把這種工作貼上「**工匠技藝**」（craftsmanship）的標籤。不過這好像也不算完全正確，因為不管怎麼說：在 Windows 裡製作那種會問你問題的對話框（「你想為說明檔案建立索引嗎？」），怎麼看都不像是一般人所說的「工匠技藝」。

寫程式碼這種事，肯定不是一種**生產流程**。如果說是一種工匠技藝，雖然有那麼點意思，實際上卻又不盡然。也許，可以說是一種「**設計**」吧。（譯註：在中文世界裡，我們早就在用「程式設計」這樣的說法了！）「設計」是一種籠統的說法，意思就是你提高價值的速度，總是可以快於成本增加的速度。例如《**紐約時報**》**雜誌**就對 iPod[1] 這個產品讚不絕口，他們認為蘋果可說是少數知道如何用優秀的設計來增加價值的公司之一。

1　Rob Walker，《*The Guts of a New Machine*》（全新機種的勇氣與膽量），**紐約時報**，2003 年 11 月 30 日，最新版——最終版，第 6 節，第 78 頁，第 1 欄。

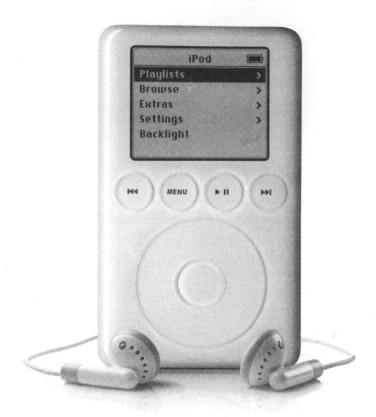

Apple **所推出的全新產品。**
更多資訊請參見：http://www.apple.com/pr/photos/ipod/03ipod.html

但我談「設計」談得夠多了；我想多花點時間談談「工匠技藝」，說說它究竟是什麼東西，還有你該如何辨認出這樣的東西。

我想談一段我為 CityDesk 3.0 重寫的程式碼：檔案匯入程式。（插播一下廣告：CityDesk 是我們公司特別好用的一個內容管理產品。）

這個功能的規格，看起來就跟其他程式碼一樣簡單。使用者可以用一個標準的對話框，選擇某一個檔案，然後程式就會把該檔案複製到 CityDesk 的資料庫中。

以結果來看，這是一個用來說明「最後 1% 的程式碼，佔用掉 90% 的時間」很好的例子。這段程式碼最初的設計如下：

1. 開啟檔案。

2. 讀取所有的資料，再放進一個很大的 Byte 陣列中。

3. 把這個 Byte 陣列保存到資料庫的一筆記錄中。

這程式運作得很好。只要是大小合理的檔案，幾乎都是瞬間完成。不過還有幾個小問題，我必須一個一個解決。

如果我把一個 120MB 的大檔案送進 CityDesk，對它進行壓力測試，就會出現一個大問題。以目前的情況來說，在網站上丟出一個 120MB 的檔案，這種情況實在不太常見。事實上，這算是很罕見的情況。只不過也並非完全不可能。我們的程式碼雖然還是可以正常運作，但前後花了將近一分鐘的時間，而且在畫面上並沒有呈現出任何訊息——整個應用程式就好像凍結了起來，有一種被鎖死的感覺。這顯然不是很理想。

以 UI 的角度來看，這種長時間的操作，其實應該帶出某個進度列，再搭配一個取消按鈕才對。在理想的情況下，你應該可以繼續使用 CityDesk 執行其他操作，而檔案複製的工作，只要交給背景去執行就行了。想做到這些事的話，有三種很明顯的做法：

1. 只使用一個執行緒（thread），然後不斷的輪詢（polling）輸入事件。

2. 使用兩個執行緒，然後仔細做好同步的工作。

3. 使用兩個 process 行程，然後就可以稍微不那麼仔細、但還是要做好同步的工作。

根據我個人的經驗，第一種做法從來都不太管用。在檔案複製的過程中，還要確保整個應用程式裡所有的程式碼全都能安全執行，這實在是太困難了。而且 Eric S. Raymond 也說服了我，相信用執行緒的做法通常不如採用不同的 process 行程[2]。事實上，根據我多年的經驗，若採用多執行緒的設計方式，往往會製造出更多的複雜性，而且還會引入一種全新的、更危險可怕的海森堡臭

2　請參見 www.faqs.org/docs/artu/ch07s03.html#id2923889。

蟲（heisenbug；譯註：就是那種「一想去抓它、它就消失」的問題）[3]。第三種做法似乎是一種很好的解決方案，尤其是我們的底層資料庫本來就可以讓多使用者同時使用，就算同時存在很多個 process 行程，也完全沒問題。所以，這就是我打算在感恩節假期回來之後要做的工作。

這樣一來，問題好像就變得比較大條了。現在我們的工作，已經從「讀取檔案／保存到資料庫」轉變成更複雜的工作了：先啟動一個子行程，用**它**來讀取檔案保存到資料庫中，並在子行程內加入一個進度列和取消按鈕，然後再添加某種機制，讓子行程可以在檔案處理完之後通知父行程，以便顯示結果。另外還有一些其他的工作，例如把指令行參數傳遞給子行程，確保視窗的焦點確實符合預期的行為，還有使用者在檔案複製過程中突然關掉系統的情況，這些全都要一一進行處理。我猜所有這些工作做完之後，我的程式碼大概會增長十倍，才能很優雅處理好那些很大的檔案，而且恐怕只有 1% 的使用者，會用到那些額外的程式碼。

當然，某些程式設計師一定會有意見，說我這個子行程架構還不如原本的架構，因為實在太「臃腫」了（多了很多額外的程式碼）。多出這麼多程式碼，肯定更容易出錯。但這樣的做法根本就是矯枉過正。他們會說，在某種程度上，這正好可以說明 Windows 為什麼是個比較差的作業系統。「還要弄一個進度列是怎樣？」他們會很輕蔑的說道。只要按一下 Ctrl+Z，然後再反覆執行「ls -l」，看檔案的大小有沒有持續變大就好啦！

這個故事告訴我們，有時候為了解決 1% 的問題，需要付出 500% 的努力。而且我很確定，先生，這並不是軟體業獨有的現象，因為我最近正好也在處理一些辦公室施工的專案。上個禮拜，我們的承包商終於完成 Fog Creek 新辦公室的收尾工作[4]，包括在前門裝上閃亮的藍色壓克力板、周圍還要包上鋁製飾邊，然後每 20 公分都要用螺絲固定起來。如果你仔細看下面這張照片，就會看到每扇門周圍都有鋁製飾邊。門關起來的時候，就會有兩條縱向的鋁製飾邊並排在一起。照片裡也許不容易看得出來，但中間那兩條靠在一起的鋁製飾邊，上面的螺絲**其實**並沒有**完全**對齊。這些螺絲的位置，大概都差了 2 公分左右。做這個工作的師傅量得很仔細，但他是在地上安裝門邊的飾條，並沒有把門先裝上去對對看，結果門一裝上去——哎呀——螺絲顯然沒對齊呀！

3　關於海森堡臭蟲（heisenbugs）更多的資訊，請參見 c2.com/cgi/like?HeisenBug。

4　請參見 www.joelonsoftware.com/articles/BionicOffice.html。

這種事或許也不是那麼罕見；我們辦公室就有很多螺絲都沒對齊。麻煩的是，一旦鑽了孔，再修改的成本就會高得離譜。由於螺絲的正確位置只差了幾公分，所以你也不能只是鑽個新孔；整扇門恐怕都要換掉才行。這顯然太不值得了。像這樣為了解決 1% 的問題，卻要付出 500% 的努力，這恰好可以用來解釋，為什麼這個世界上大多數的人工製品，都只能做到 99% 完美，很難做到 100% 完美。難怪我們的建築師總是對亞利桑那州那些超級昂貴的房子讚不絕口，因為那裡的每根螺絲可都是有對齊的嘞！

這也就可以歸結出軟體的其中一個屬性；大多數人應該都能認可，那應該可以算是一種**工匠技藝**吧。如果軟體是由真正的工匠所打造，每一根螺絲都會是對齊的。就算你做了某些罕見的操作，應用程式還是能表現出很明智的行為。相較於做出程式碼主要的功能，更花功夫的反倒是讓某些罕見的情況，也能做出完全正確的反應。哪怕需要多花 500% 的努力，也要處理掉那 1% 的問題。

像這樣的工匠技藝，當然非常昂貴。只有當你為一大群人開發軟體時，才能負擔得起這樣的成本。很抱歉，保險公司所開發的內部 HR 應用程式，永遠都無法達到這種工匠技藝的程度，因為根本**沒有足夠的使用者**來分攤那些額外的成本。不過，對於熱縮膜軟體公司來說，工匠技藝的程度高低，正是能否取悅使用者並提供長期競爭優勢的根本，所以我很願意花時間把這件事做好。請容許我多花點功夫吧，你的等待一定是值得的。

17
電腦科學的
三大誤解

2000 年 8 月 22 日，星期二

我不想潑大家冷水，但我坦白說，電腦科學有三個重要的想法其實是錯誤的，而且大家也已經開始注意到了。如果忽視這幾個錯誤的想法，後果請自行負責。

我敢肯定還有更多其他錯誤的想法，但這三個最讓我受不了：

1. 「搜尋」這件事最困難的部分，就是找出足夠多的結果。

2. 反鋸齒文字看起來比較好看。

3. 網路軟體應該要讓網路資源的行為，表現得像本地資源一樣。

呃……我只能說，

1. 錯了。

2. 錯了。

3. 錯錯錯了！

我們就來快速瀏覽一下吧。

搜尋

大多數關於搜尋的學術工作，全都非常積極**想要解決**一些像是「如果你搜尋的是 car，但你想找的文件裡寫的是 automobile，那該怎麼辦？」這樣的問題。

事實上，各種學術研究裡有超級多關於**詞幹提取**（*stemming*）這類的概念，會把你搜尋的詞「去共軛」（de-conjugated），所以在搜尋「searching」時，應該也可以找出其中包含「searched」或「sought」這些單詞的文件。

所以當 Altavista 這樣的大型網路搜尋引擎首次問世時，他們一直都在誇耀自己可以找出無數的結果。如果在 Altavista 搜尋 Joel on Software，就可以找到 1,033,555 個頁面的結果。這當然幾乎都是一些沒用的結果。目前已知整個網際網路，大概就有 10 億個頁面。搜尋之後只能從 10 億個頁面減少到 100 萬個頁面，Altavista 的搜尋結果對我來說簡直毫無用處。

「搜尋」**真正的**問題，其實是如何**對結果進行排序**。我要先為那些電腦科學家辯護一下，因為在他們真正開始針對整個網路如此龐大的語料庫建立索引之前，沒有人**注意到**這個問題。

但其實還是有人注意到了。Google 的 Larry Page 和 Sergey Brin 就發現，以正確的順序排列頁面，比抓出每一個可能的頁面更加重要。他們的 PageRank 演算法[1]就是對無數結果進行排序的一個好方法，你想要的結果很可能就出現在前十筆搜尋結果中。事實上，如果在 Google 搜尋 Joel on Software，你就會發現第一個應該就是你想要的結果。如果是在 Altavista，我想要的結果甚至在前五頁都沒出現，後面我就懶得再找了。

1　請參見 www.google.com/technology/index.html。

反鋸齒文字

早在 1972 年，MIT 麻省理工學院的「架構機器團隊」（Architecture Machine Group；後來併入了著名的媒體實驗室）就發明了反鋸齒技術。他們原始的構想是，如果你使用的是低解析度的彩色顯示器，不如利用灰色陰影來創造出解析度的「錯覺」。下面就是它看起來的樣子：

Aa Aa

你可以注意到，左側的文字漂亮又銳利，右側的反鋸齒文字則在邊緣處顯得比較模糊。如果你斜著看或往後退一點，由於電腦顯示器的解析度有限，左邊的文字還是可以看到奇怪的「階梯狀」邊緣，但是反鋸齒處理過的文字，邊緣看起來就會比較平滑、更加好看。

所以，這就是為什麼每個人都對反鋸齒的做法興奮不已的理由。現在這樣的做法，簡直無所不在。微軟的 Windows 甚至還提供了一個可勾選設定，可以讓系統裡的所有文字全都啟用此功能。

這有什麼問題嗎？如果你嘗試閱讀一段反鋸齒處理過的文字，就會發現它看起來很模糊。其實我也沒想到會這樣，但事實就是如此。你可以比較看看下面這兩段文字：

Antialiasing was invented way back in 1972 at the Architecture Machine Group of MIT, which was later incorporated into the famous Media Lab.

Antialiasing was invented way back in 1972 at the Architecture Machine Group of MIT, which was later incorporated into the famous Media Lab.

左邊這段沒有做反鋸齒處理；右邊則是用了 Corel PHOTO-PAINT 做了反鋸齒處理的結果。說實在的，反鋸齒文字看起來真的很**糟糕**。

終於有人注意到這件事了：微軟的 Typography 團隊[2]創造了好幾種相當出色的字體（例如 Georgia 和 Verdana），這些字體就是「專為螢幕更好閱讀而設計」。基本上，他們並不是先建立一些高解析度的字體，然後再硬塞進像素網格中，而是先接受像素網格「先天的限制」，然後再設計出一種正好能適用的字體。不過確實也有人還**沒注意到**這件事：微軟的 Reader 團隊就用了一種他們稱之為「ClearType」的反鋸齒形式，號稱專為彩色 LCD 螢幕而設計，但很遺憾的是，即使在彩色 LCD 螢幕上，文字看起來還是很模糊[3]。

在我的讀者群中，應該有一些繪圖專業人士，在我收到他們大量的憤怒回應之前，我應該先提一下，反鋸齒在下面兩種情況下，依然是個很好的技術：第一種情況是標題與商標，在這種情況下，整體的外觀比長期閱讀的舒適性更加重要；而另一種情況，則是照片。如果想把一般拍攝的照片縮到比較小的尺寸，反鋸齒處理就是一種很好的做法。

網路透明化

自從網路出現以來，大家一直都在想辦法提供一個程式設計介面，讓大家能像存取本地資源一樣**存取遠端資源**，這一直以來都是網路計算的「聖杯」。這樣一來，大家就仿佛感覺不到網路的存在，好像網路就變「透明」了。

網路透明化其中的一個例子，就是著名的 RPC（Remote Procedure Call；遠端程序調用）[4]，這個系統設計的目的，正是為了讓你可以調用網路上另一台電腦所運行的程序（副程式），就仿佛是在本地電腦中運行的一樣。許多人都為此投入了大量的精力。另一個例子也是以 RPC 為基礎，那就是微軟的 DCOM（分散式元件物件模型；Distributed Component Object Model）[5]，你可以用它來存取另一台電腦裡的物件，就好像物件是放在你所使用的電腦中一樣。

2　關於微軟 typography 更多的資訊，請參見 www.microsoft.com/truetype/default.asp。

3　「First ClearType screens posted」（第一次採用 ClearType 字體發文的畫面），Microsoft.com，2000 年 1 月 26 日。請參見 www.microsoft.com/typography/links/News.asp?NID=1135。我寫了這篇文章之後，ClearType 成為了微軟 Windows XP 裡的一項標準功能，而且有了極大的改進。

4　關於 RPC 更多的資訊，請參見 searchwebservices.techtarget.com/sDefinition/0,,sid26_gci214272,00.html。

5　關於 DCOM 更多的資訊，請參見 www.microsoft.com/com/tech/dcom.asp。

這聽起來蠻合乎邏輯的，對吧？

其實是不對的。

存取另一台機器裡的資源，與存取本地機器裡的資源，兩者之間存在三個非常主要的區別：

1. 可用性（Availability）

2. 延遲（Latency）

3. 可靠性（Reliability）

當你想要存取另一台機器時，無論那台機器或是網路，都有可能是不可用的。而且由於網路速度有限（你的 modem 數據機也許只有 28.8kbps 的速度），這就表示你的請求有可能需要花一點時間才能取得回應。而你正在與另一台機器進行通訊時，那台機器也有可能突然當機，或是網路突然斷線（例如你的貓扯到了網路線）。

任何可靠的軟體，只要使用到網路，都必須考慮到這些情況。如果程式設計介面把所有這些東西全部都隱藏起來，這肯定就是製作出爛程式的絕佳做法。

這裡就有個簡單的例子：假設我有一些軟體，需要把檔案從某一台電腦複製到另一台電腦。在 Windows 平台上，以前的「透明」做法就是調用常用的 CopyFile 方法，只要使用檔案的 UNC 名稱（例如 \\SERVER\SHARE\Filename）就可以了。

如果網路一切正常，這樣的做法效果非常好。但如果檔案有 1GB，而且還必須用 modem 撥接上網的方式來存取網路，那就會出現各種問題。在傳輸這種 GB 級的大型檔案時，整個應用程式就會像是被凍結了起來。想要顯示進度也沒辦法，因為當初發明 CopyFile 時就已經假設速度一定很「快」。如果網路斷了線，也無法進行續傳。

實際上，如果你想在網路上傳輸檔案，最好還是使用 FtpOpenFile 之類的 API 及其相關函式。沒錯，這些函式確實與複製本地檔案的做法不同，而且比較難使用，但這些函式全都是以「網路與本地並不相同」為前提，它可以讓你顯示進度，而且網路若無法使用或突然斷線，也能做出優雅的處理，況且還可以進行非同步操作。

結論：下次如果有人想賣你某個軟體產品，讓你能像存取本地資源一樣存取網路資源，請全速往反方向逃離。

18
兩種文化

2003 年 12 月 14 日，星期日

到目前為止，Windows 和 UNIX 就功能上來說，相似之處還是多於不同之處。
這兩邊最主要的程式設計做法都是相同的，從指令行、GUI 到 Web 伺服器皆
是如此；兩者對於系統資源的組織方式，比如檔案系統、記憶體、socket、
process 行程和執行緒，幾乎也全都是相同的。這兩種作業系統所提供的核心
服務，也沒有什麼東西會限制住你創建出各種不同類型的應用程式。

剩下的就是文化上的差異了。是的，我們都會吃東西，但有些地方用筷子夾生
魚片配米飯，有些地方則是用手拿麵包配生菜夾肉片。文化上的差異並不表示
美國人的胃就無法消化壽司、日本人的胃就無法消化大麥克，也不表示吃壽司
的美國人或吃漢堡的日本人一定不多；但是第一次在東京下飛機的美國人，很
多人都會有一種異樣的感受，覺得這地方**實在好奇怪**，這其實就是文化上的差
異。至於什麼**「我們其實都一樣、我們都知道什麼是愛、我們都會工作、都會
唱歌，也都會死亡」**這些哲學上的鬼東西說再多也沒用，美國人就是**用不習慣**
日本人的廁所啦。

UNIX 和 Windows 程式設計師之間，有什麼文化上的差異呢？雖然有許多很細
膩、很微妙之處，但很大程度可以歸結成一件事：在 UNIX 文化下，寫程式時
重視的是「要對其他程式設計師有幫助」，在 Windows 文化下重視的則是「要
對其他非程式設計師有幫助」。

這當然是一種非常簡化的說法，但實際上這還真的是蠻大的區別：我們在設計程式時，究竟是為了其他的程式設計師，還是為了其他的一般使用者？至於其他所有的說法，全都只是一些註解而已。

經常引起爭議的 Eric S. Raymond 剛寫了一本關於 UNIX 程式設計的大作，名為《*The Art of UNIX Programming*》（***UNIX 程式設計的藝術***），非常詳細探索了他自己所屬的文化[1]。你可以直接買紙本書來閱讀，或是你覺得 Raymond「反白癡」（anti-idiotarian）的政治立場太過激進[2]而不想給他錢，你甚至可以在線上免費閱讀[3]，而且你大可放心，作者絕不會收到你為他辛勤工作所付出的任何一分錢[4]。

我們來看個小例子。UNIX 的程式設計文化極度重視所設計的程式要能夠在指令行裡直接調用，而且要能夠利用參數來控制程式行為的每個面向；其輸出也要能夠被其他的程式擷取，輸出的格式也有一定的規範，通常都是機器可讀取的純文字。這種程式很有價值，因為很容易就可以被其他的程式設計師，合併到其他程式或更大的軟體系統中。再舉個小例子，在 UNIX 文化中有一個核心價值，Raymond 稱之為「沉默是金」，也就是程式只要完全按照你的要求成功完成，就不應該提供任何的輸出[5]。無論你只是用指令行輸入了 300 個字元來建立一個檔案，還是構建並安裝了某一個複雜的軟體，或甚至是把一艘載人火箭送上了月球，都是一樣的做法。只要成功完成了，就不用輸出任何內容。如果使用者只看到系統跳出下一個命令提示符號，就可以推斷一切都很正常、沒有出什麼問題。

這就是 UNIX 文化其中一個很重要的價值，因為你設計程式主要是為了給其他程式設計師使用。正如 Raymond 所說，「嘮叨的程式，往往無法與其他程式順利配合。」相較之下，在 Windows 文化中，你設計程式的目的則是為了瑪姬阿

1　Eric Raymond，《*The Art of UNIX Programming*》（UNIX 程式設計的藝術，Addison-Wesley，2003）。

2　Eric Raymond，「Draft for an Anti-Idiotarian Manifesto」（反白癡宣言草案，第 2 版），Armed and Dangerous，2002 年 10 月 16 日。 請 參 見 armedndangerous.blogspot.com/2002_10_13_ armedndangerous_archive.html#83079307。

3　請參見 www.faqs.org/docs/artu/。

4　4. Eric Raymond，「Eric S . Raymond——Surprised By Wealth」（Eric S . Raymond ——對財富感到驚訝），Linux Today，1999 年 12 月 10 日。請參見 linuxtoday.com/news_story.php3?ltsn=1999-12-10-001-05-NW-LF。

5　Raymond，《*The Art of UNIX Programming*》（UNIX 程式設計的藝術），第 20 頁。

姨，而瑪姬阿姨很可能無法分辨，程式究竟是因為執行成功而沒有產生輸出，還是錯誤太嚴重無法輸出任何東西，或是因為自己輸入錯誤而沒有產生任何的輸出。

同樣的理由下，UNIX 文化總是比較喜歡讓程式保持在文字介面[6]。他們不太喜歡 GUI 圖形界面；他們的 GUI 程式都很像是在文字介面程式上，塗上一層乾淨的口紅似的，而且他們也不喜歡二進位格式的 binary 檔案。這是因為文字介面比 GUI 介面更容易讓其他的程式進一步加以運用；GUI 介面幾乎不可能讓其他程式加以運用，除非做了某些特別的安排（比如內建某種腳本語言）。這裡又可以再次看到，UNIX 文化重視的是要建立「可以讓其他程式設計師使用」的程式碼——如果設計的是 Windows 程式，大概很少會把這樣的想法當成必須做到的目標。

這也並不是說，所有 UNIX 程式都是專門只為程式設計師而設計。絕對不是這樣的意思。但**這個文化**特別重視一些對程式設計師有用的東西，這也就解釋了很多很多的事情。

假設你有一名 UNIX 程式設計師和一名 Windows 程式設計師，分別交給他們一項工作，去建立同一個給一般人使用的應用程式。UNIX 程式設計師首先會建立一個可由指令行或文字介面來驅動的核心，也許事後才會想到，可以建立一個 GUI 圖形介面來驅動這個核心。這樣一來，應用程式所有的主要操作，就可以提供給其他程式設計師使用，讓大家都可以在指令行裡調用這個程式，並讀取到文字形式的執行結果。Windows 的程式設計師則更傾向於先從 GUI 著手，也許事後才會想到，可以添加某種腳本語言，以便自動操作這個 GUI 圖形介面。這樣的想法其實還蠻正常的，因為在這種文化中，99.999% 的使用者都不是程式設計師、也沒打算成為程式設計師。

事實上還是有一個很特別的 Windows 程式設計師團隊，他們所寫的程式碼主要是給其他的程式設計師使用：那就是微軟內部的 Windows 團隊。他們所做的事情，主要是建立某種可實現各種功能的 API，讓 C 語言可進行調用，然後讓別人去建立 GUI 應用程式，再去調用那些 API。Windows 使用者介面裡所能執行的任何操作，都可以找到相應的 API；只要使用任何合理的程式語言，都可以寫程式碼去調用這些程式設計介面，以完成相應的操作。舉例來說，

6　同上，第 105 頁。

微軟的 IE 本身只不過是一個 89KB 的小程式，其中包含了許多非常強大的元件，只要是熟門熟路的 Windows 程式設計師，都可以自由使用這些元件，而且這些元件幾乎全都設計得很靈活又強大。遺憾的是，由於程式設計師們看不到這些元件的原始程式碼，因此只能按照微軟的元件開發者預先的設計、透過微軟可接受的方式來使用這些元件，而且即使這樣做了，也不一定總是行得通。有時候出現某些問題，通常都會說是調用 API 的人搞錯了，但其實看不到原始程式碼，根本就很難、甚至不可能釐清責任的歸屬，所以要進一步解決問題就更困難了。而在 UNIX 的文化價值觀下，由於可以看到原始程式碼，因此也造就出一個更容易開發的環境[7]。有時候 Windows 開發者會告訴你，他花了四天的時間去追蹤一個錯誤，只因為他以為 LocalSize 送回來的記憶體大小，應該與他當初用 LocalAlloc 所請求的記憶體大小是一樣的才對；這類問題只要能看到函式庫的原始程式碼，十分鐘之內就能解決了。為了說明這件事，Raymond 還特別提到了一個很有趣的故事，只要是用過 binary 形式函式庫的人，一定都會覺得心有戚戚焉[8]。

所以，你現在應該比較能夠理解，這些宗派上的爭論了吧。UNIX 比較好，因為你可以直接到函式庫裡找出問題。Windows 比較好，因為瑪姬阿姨可以確定她的 email 確實已送出。其實，並不是哪個一定**比**哪個好；只不過是價值觀不同而已。UNIX 的核心價值，就是要為其他程式設計師把事情做好，而 Windows 的核心價值，則是要為瑪姬阿姨把事情做好。

我們再來看看另一個文化上的差異。Raymond 說，「經典的 UNIX 文件，都會寫得很簡潔又完整……這樣的風格其實是假設，大家都是很主動的讀者，有能力根據所提到的內容，推斷出一些很明顯但是沒說出來的東西，而且大家心裡都會很有信心，相信自己這些推論是沒問題的。你一定要仔細閱讀每一個字，因為同一件事很少會說兩遍。」哦天呀，我想他其實是**在教年輕的程式設計師寫出更難懂的 *man* 說明頁面**吧。

對於一般使用者來說，這樣是絕對行不通的。Raymond 可能會說這是一種「把人家當成傻瓜的高傲態度」，但 Windows 文化瞭解一般使用者並不喜歡閱讀[9]，就算他們真的去讀你的文件，也只會讀很少量的內容，因此你必須一再

7　Raymond，《*The Art of UNIX Programming*》（UNIX 程式設計的藝術），第 379 頁。

8　同上，第 376 頁。

9　Joel Spolsky，《*User Interface Design for Programmers*》（程式設計師的使用者介面設計，Apress，2001）。請參見 www.joelonsoftware.com/uibook/chapters/fog0000000062.html。

反覆解釋……確實沒錯，一份良好的 Windows 說明文件，其特點就是任何一個主題都可以讓一般讀者獨立閱讀，而不需要預先瞭解其他的主題。

為什麼會發展出如此截然不同的兩種核心價值呢？這就是 Raymond 的書如此出色的另一個理由：他深入探討了 UNIX 的歷史和演變，並帶領新的程式設計師快速瞭解 1969 年以來長期積累的文化歷史。最早 UNIX 剛出現，並逐漸形成其文化價值，**當時還不存在所謂的一般使用者**。當時的電腦很昂貴，CPU 時間也很寶貴，學習電腦的意思就是要學習如何設計程式。這也難怪所出現的文化，特別重視一些對其他程式設計師有用的東西。相較之下，Windows 只有一個目標：盡可能多賣幾套增加獲利。賣得越多、賺得越多。「讓每個辦公室、每一個家庭都有一台電腦」就是這個團隊最明確的目標，於是他們據此建立了 Windows、設定了他們的工作目標，並確定了他們的核心價值。讓所有的非程式設計師都能輕鬆使用，正是電腦要進入每個辦公室、每個家庭的唯一途徑，因此「使用性」凌駕了一切，**成為**了一種文化規範。程式設計師只不過是一小群使用者，被擺到很後面才考慮也是蠻正常的。

這種文化上的分歧是很屬害的，因此 UNIX 從沒有真正在桌面市場取得任何的進展。**瑪姬阿姨真的沒辦法使用 _UNIX_，因為大家一再努力想幫 _UNIX_ 製作出瑪姬阿姨會用的漂亮前端介面，但最後全都失敗了**；其理由也很簡單，因為對此付出各種努力的程式設計師，全都還是沉溺在 UNIX 的文化之中。舉個例子來說，UNIX 有一種價值觀，就是把策略與機制 [10] 分離開來，若回顧歷史，這樣的機制其實是來自 X 的設計者 [11]。這同時也直接導致使用者介面出現各種分裂的看法；沒有人能夠針對桌面 UI 該如何運作、針對所有的細節達成一致的看法，而且**大家也都覺得**這樣沒什麼問題，因為他們的文化就是特別重視多樣性；可是，對於瑪姬阿姨來說，同樣是剪下和貼上的動作，在不同的程式裡竟然必須使用不同的做法，這實在**太不像話**了。因此，從 UNIX 開發者開始想要製作出優良的 UI，到如今已過了 20 年，目前最大 Linux 供應商的 CEO 還是告訴大家，一般家庭使用者還是用 Windows 就可以了 [12]。我聽說曾有經濟學家宣稱，永遠都別想在法國這樣的地方重建出一個矽谷，因為法國的文化對於失

---

10 Raymond，《_The Art of UNIX Programming_》（UNIX 程式設計的藝術），第 16-17 頁。

11 請參見 www.x.org/。

12 Munir Kotadia，「Red Hat recommends Windows for consumers」（紅帽向消費者推薦 Windows），ZDNet UK，2003 年 11 月 4 日。參見 news.zdnet.co.uk/software/linuxunix/0,39020390,39117575,00.htm。

敗的懲罰太重，企業家們都不願意冒險了。也許同樣的概念，對 Linux 來說也是適用的：它也許永遠不可能成為桌面作業系統，因為它本身的文化價值觀，就是它本身最大的阻礙。像 OS X 就是個明證：Apple 終於幫瑪姬阿姨建立了一套 UNIX 桌面系統，因為 Apple 的工程師和管理者都很堅定支持「為一般使用者服務」的文化（我總是很霸道稱它為「Windows 文化」，但從歷史來看，這種文化其實起源於 Apple）。他們拒絕了 UNIX 文化裡「以程式設計師為中心」的基本規範。他們甚至改掉了一些核心目錄的名稱（「bin」和「lib」被改成比較常見的英文單詞「applications」和「library」──這簡直就是離經叛道呀！）。

Raymond 確實很努力，把 UNIX 與其他作業系統進行了對照比較，但這也是這本優秀書籍最薄弱的部分，因為有時他真的不知道自己在說些什麼。每次當他談到 Windows 時，我們都可以看出他對於 Windows 程式設計的瞭解，恐怕全都是從報紙讀來的，而不是真正設計過實際的 Windows 程式。這倒也沒什麼關係；畢竟他不是 Windows 程式設計師；我們可以體諒這一點。但他對於所屬的文化有那麼深入的瞭解，也很清楚這個文化重視的是什麼樣的價值，卻對於文化裡的一些普世價值（殺死老太太、程式當掉──這**絕對是壞事**），和他所屬的文化裡「特別為其他程式設計師著想」這一類比較特別的部分（吃生魚片、使用指令行參數──**這類喜好隨個人而異**），竟然完全沒去留意這兩者之間的差別。

只接受單一文化的程式設計師實在太多了，他們就像是從沒離開過明尼蘇達州聖保羅市的典型美國孩子，無法清楚區分「文化價值」和「人類核心價值」之間的差別。我遇過太多嘲笑 Windows 程式設計的 UNIX 程式設計師，他們總認為 Windows 是異端、非常愚蠢。Raymond 也經常落入這樣的陷阱，只會貶低其他文化的價值，而不考慮這樣的文化是從哪裡來的。Windows 程式設計師很少有這樣的偏執；整體上來說，他們都比較喜歡解決問題，而比較不喜歡一些意識形態的東西。至少，Windows 程式設計師都會承認自己文化裡的缺陷，然後很務實地說，「你看，如果你想把文書處理程式賣給很多人，就一定要在大家的電腦中都能順利執行，如果因為這樣，我們就必須把設定保存在邪惡的註冊表，而不能保存在優雅的 ~/.rc 檔案中，那就這樣幹吧。」事實上，在 UNIX 世界裡到處充滿各種自以為是的文化優越感、四處「鼓吹」Windows有多麼愚蠢、多麼難用，但 Windows 世界裡的人大多比較務實（「再怎麼說，

我還是要謀生呀」）。我想這也許是因為，UNIX 這個文化總覺得自己好像被圍困，走不出伺服器與愛好者的市場，很難進入主流桌面市場。這種「弱勢者的傲慢」，大概是《**UNIX 程式設計的藝術**》這本書最大的缺陷。不過，這倒也不是什麼大問題啦。總體來說，這本書對於程式設計的許多方面，充滿了各種令人驚歎的有趣見解，因此我願意在那些意識形態言論偶爾出現時假裝不在意，因為這本書其餘的部分，確實有很多普世通用的理想值得學習。事實上，我願意向任何平台、任何文化裡懷有任何目標的開發者推薦這本書，因為它所宣揚的概念，有很多都可以算是普世價值。比如 Raymond 特別指出，CSV 格式實在不如 /etc/passwd 格式；雖然他是想要幫 UNIX 說點好話，給 Windows 漏點氣 [13]，但你知道嗎？他是對的。/etc/passwd **確實比** CSV 更容易解析；你如果讀過他的書，就會知道為什麼了；而且，你還能因此成為一個更好的程式設計師喲。

---

13 Raymond，《*The Art of UNIX Programming*》（UNIX 程式設計的藝術），第 109 頁。

19

讓使用者「自動」
送回當機報告！[1]

2003 年 4 月 18 日

我曾為美國最大其中一家 ISP（網路服務供應商）開發客戶端軟體。大概有**上百萬**人會使用我們的軟體，因此即便是最罕見的錯誤，也有可能影響到成千上百的使用者。我們在最新的 beta 測試版中，使用了一種自動化當機資料收集技術，可以從「事發現場」收集到當機報告，並匯整到我們的問題追蹤資料庫，讓開發者可以看到這些資料，進而解決一些只會在某些場合出現的問題。這種做法通常都會抓出一些我們在測試實驗室裡永遠不會發現的問題，因為我們實在不太可能重現出客戶所擁有的每一種奇怪的 PC 配置。因此，每次我決定要按下最新程式碼的發佈按鈕時，其實都非常有信心。我記得有一次我還告訴我爸，「這次的 beta 測試版看起來蠻棒的；昨天我們在整個北美地區，只出現 12 次當掉的情況。」

12 次，是嗎？為什麼不是其他數字，比如說，13 次？

沒有哦。就是 12 次。由於你很清楚知道，世界上任何地方**每一次當掉**的情況，因此你就會很有信心，而這樣的信心，對於那種會在各種不同情境下使用的高品質產品來說，真的非常重要。在消費性軟體產業中，你實在無法指望客戶主動告訴你任何當機的相關訊息——他們其中有許多人的技術背景根本就不

1　這篇文章最早刊登在 *STQE* 雜誌。

夠，而且大多數人也懶得花時間，除非你把整個程序完全自動化，否則他們寧可把時間拿去做自己更重要的事，也不會花時間為你提供有用的當機報告。

現在我有了自己的公司，因此我可以確定，我們的程式碼幾乎全都會自動向開發團隊回報各種問題。即使是我們只為內部使用而寫的軟體，也會在程式當掉時通知開發團隊。我會分享多年來從「事發現場」收集當機報告的一些方法，以及所學到的一些經驗與教訓。

收集資料

好，現在你的程式掛掉了。現在幾乎每一種程式設計環境，都會提供一些相應的做法，讓你可以處理程式掛掉的情況（可參見本章最後面所提供的一些範例）。這時候我們並不會讓程式直接掛掉，而是顯示出一個自動化當機報告對話框；這個對話框的內容，一定要盡量簡短、切中要點：

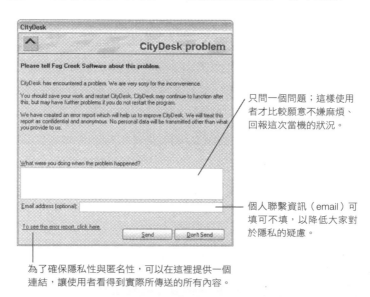

只問一個問題；這樣使用者才比較願意不嫌麻煩、回報這次當機的狀況。

個人聯繫資訊（email）可填可不填，以降低大家對於隱私的疑慮。

為了確保隱私性與匿名性，可以在這裡提供一個連結，讓使用者看得到實際所傳送的所有內容。

多年來我學到一件事，就是你問的問題越多，大家回答的可能性就越低。因此，我只會詢問最少量真正有助於診斷的問題。幾乎任何其他重要的資訊（例如使用的作業系統是什麼版本、有多少 RAM 等等），其實都可以用自動化的方式取得。

最重要的是一定要強調,所提交這份當機報告的匿名性和隱私性。如果人家正在處理一些具有機密性的資料,只要心裡有所懷疑,怕我們會上傳他們的敏感資料,就不會願意提交當機報告了;因此,我們可以提供一個連結,讓使用者可以點擊該連結,查看我們所要傳回來的內容。為了消除掉不當行為的疑慮,你應該很詳盡地告訴大家,你會傳輸哪些自動收集的資訊。

下一個問題是,究竟應該收集哪些資料,才能夠協助我們的開發者找出程式當掉的原因?這時候經常會出現一種「**乾脆全部抓過來**」的誘惑——包括所有的系統資訊:使用者系統裡每個 DLL 和 COM 控制元件的版本,甚至完整的核心傾印(core dump)內容。

身為一個開發者工作了這麼多年,我還是一直不太清楚究竟該如何處理那些核心傾印內容,因此我覺得其實並不需要收集那些資料。我發現,只要知道程式碼是在哪一行當掉,這幾乎就足以解決所有程式當掉的問題了。至於極少數資訊不足的情況,你還是可以用 email 聯繫其中一位遇到過問題的使用者,詢問到一些可能很有用的資訊。

收集如此少的資訊,好處就是當機報告的整個過程很迅速,使用者比較不會覺得煩。如果回傳大量的資料,光是檢查所有 DLL 和 COM 控制元件的版本號,可能就會用掉相當長的時間;如果你是用 modem 撥接上網的方式來傳送資料,肯定更花時間;況且這些功夫很少能提供有用的資訊。就算你發現某種當掉的情況,只會在微軟系統某個版本的 DLL 出現,那又怎麼樣呢?你還是必須修改自己的程式碼,才能解決程式當掉的問題。

我們會自動收集的資料

- 我們的產品確切的版本

- 作業系統版本和 IE 的版本(Windows 很多部分的功能,其實是由 IE 及其元件所提供,而且這對於 GUI 應用程式來說也很重要。)

- 當掉的程式碼相應的檔案和行號

- 錯誤訊息;這應該是一個字串

- 此類錯誤相應的唯一數字碼

- 「使用者做了什麼動作」的相關說明

- 使用者的 email 地址

如果使用者提供了 email 地址，開發者就可以直接點擊資料庫裡的回覆按鈕；開發者如果需要更多的資訊，就可以直接發送 email 向使用者詢問。資料庫會針對此問題相關來往的郵件，自動保留一份副本，放進問題報告中。

把資訊送回老家

由於網路的普及，如今要把資訊送回老家，最好的方式就是透過 Web 網路。只要發送標準的 HTTP 請求，幾乎就可以穿過客戶任何類型的防火牆，讓你順利取得錯誤報告。現在幾乎每一種程式設計環境，都有內建函式庫可發送 HTTP 請求並取得回應。舉例來說，Windows 的 WININET 函式庫裡就有內建的函式，可使用 IE 的網路傳輸程式發送 HTTP 請求並取得回應。這些函式最棒的就是，即使使用者在瀏覽器裡設定了代理伺服器（這是在一般防火牆內很常見的做法），WININET 還是可以自動穿過代理伺服器，而不需要任何額外的操作。

收到報告之後，我們的伺服器就會回應一個非常簡短的 XML 檔案，表示已收到報告，並附上一段給使用者看的訊息。如果是 Web 應用程式，那就更簡單了：只要在網頁裡放個表單，使用者就可以利用這個表單，把資料提交給你的伺服器了。

某些類型的應用程式，可能無法立刻送出當機報告，但它還是可以嘗試先把當機報告的資料寫入檔案或註冊表，等使用者下次啟動該程式時，再把當機報告發送回來。我把這種技術稱之為「**延後傳送（*delayed transmission*）**」。雖然報告的時間會稍微延後，但優點是當掉的情況如果太嚴重，應用程式當下或許無法傳送錯誤報告，但在這樣的做法下，還是有機會讓你在之後收到當機的報告。

所有的當機報告都是透過單一網址，送進 Fog Creek 的公開伺服器。我們的問題追蹤資料庫只能透過這個唯一的網址，接收到各種問題報告。事實上，這個網址就是我們的資料庫唯一公開的存取方式；其他存取方式全都鎖起來了，所以大家都只能夠提交問題，而無法進入資料庫。FogBUGZ 的問題報告看起來就像下面這樣：

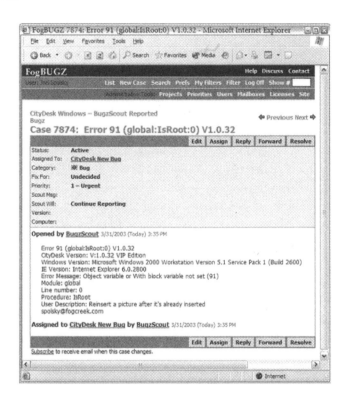

我們原本可設定系統自動把問題報告發送給開發團隊的某一位指定成員，但最近我們發現，與其讓問題報告打斷大家的工作，還不如設定一個名叫「CityDesk 新問題」的虛擬人物。每相隔一段時間，我們就會搜尋一下這個虛擬人物所收到的所有問題，然後篩選一下當機報告，再決定要解決哪些問題。只要是打算解決的問題，我們都會指派給真人來處理。

分辨出重複的當機狀況

自動收集當機資訊時，有一件很重要的事，就是同樣的當機狀況有可能會在很多人身上發生很多次，而你肯定不希望每次**重複**的當機狀況，都變成你資料庫裡的一個新問題。我們會根據當機資料其中的某些關鍵元素，組合成一個獨特的辨識字串，來解決這個問題。未來再次遇到程式當掉的情況時，只要具有相同的辨識字串，就會自動合併到現有的案例中，而不會變成一個新的案例。這樣一來，程式設計師就可以輕鬆查看同類當機狀況所有的重複記錄了。

我們在建構這個字串時特別謹慎，希望讓不同的人遇到同樣的當機狀況時，可以生成相同的辨識字串。經過一些實驗之後，我們發現最好的方式就是在字串裡納入錯誤編號、檔案名、函式名、行號和我們的軟體版本。在前面 FogBUGZ 的螢幕截圖中，可以看到裡頭的辨識字串是 **Error 91（global:IsRoot:0）V1.0.32**。這也就表示，錯誤編號 91 發生在名為 global.bas 的檔案中，出現在第 0 行的 IsRoot 函式內，所執行的軟體為 1.0 版，小版本號為 32。順便說一句，我們的內部版本並不會提供給客戶，在這種情況下我們一定是用偶數的小版本號；而提供給客戶的所有版本，一定是用奇數的小版本號，所以我一眼就能看出這個特定的當機狀況，肯定是發生在內部開發者、而不是發生在外部的客戶身上。

辨識字串的格式設計，有可能還蠻棘手的。過去我們會在這個字串裡，放入整個當機錯誤訊息的文字內容。但我們很快就發現，錯誤訊息有可能被翻譯成不同的語言。所以每一種當機報告，經常都會出現英語、德語、西班牙語、法語和其他一些我無法分辨的語言！後來我們把錯誤**訊息**改放進當機報告的**內文**中，才解決這個問題，不過我們還是會把唯一的錯誤**編號**放在**標題**中，因為它並不會隨語言而異，而這樣一來重複的情況確實就少多了。

我們也會用下面的方式來設定標題，以便輕鬆搜尋出特定的問題。我們會在標題內使用**檔名：函式名：行號**（注意其中冒號）的格式，因此只要搜尋「：函式名：」就可以輕易搜尋出特定函式相關的問題。基於同樣的理由，我們也

在版本號前加上字母 V，這樣就可以直接搜尋 V1、V1.0 或 V1.0.32 了。如果沒有加上字母 V，在搜尋版本 1 的時候，標題內如果正好有個數字 1，這樣的問題報告也會被找出來。

一旦發現已知的問題，我們就可以把某個標誌從「持續回報」改為「停止回報」，接下來只要是相同辨識字串的當機報告，全都會被忽略掉。我們甚至可以針對將來送回此類當機報告的使用者，發送一則簡訊給他們。如果後來找到了可解決問題的做法，也可以利用這種方式通知使用者（例如「嘿！下次保存之前，別忘了先摸摸頭再摸摸肚子喲！」）。

之所以會出現重複的問題報告，其中有一個常見的原因，就是當機處理程式本身也掛掉了。不過這倒也**不一定**是當機處理程式有問題——有可能是因為真正造成當機的問題太嚴重，搞亂了某些東西，害**其他**程式也跟著出現一些奇怪的行為。

除錯

在 beta 測試期間，我們都會盡可能立即查看每一份當機報告；不過產品一旦正式發佈，開發者也開始著手下一個主要版本之後，通常就沒時間仔細查看每一份送回來的當機報告了。我們通常都會等待幾個月，再看看最常見的當機狀況是什麼，然後再去處理最常發生的當機狀況。這種做法的缺點就是，使用者可能經歷很多次當機的問題之後，你才會做出反應，而且時間往往已過了好幾個月；這時就算再去問使用者，他們恐怕也想不起當時的細節了。但我發現，只要是發生很多次的相同當機問題，總有使用者可提供足夠線索，說明他們當時做了什麼事，這樣我們就能在實驗室裡重現問題了。事實上，即使很難重現當時出問題的狀況，只要能知道程式碼是在哪一行當掉，多半還是可以判斷究竟出了什麼問題。有一次，我還嘗試用計算的方式反查程式碼，想根據程式邏輯找出重現的步驟。嗯，如果這樣會當掉，這個值一定是負數。如果它是負數，這個 IF 陳述一定為真。我就這樣一路倒推回去，最後終於搞清楚什麼樣的變數值組合會讓程式當掉，進而瞭解到什麼樣的情況，必然會出現這樣的變數值組合。

分門別類

無論你的軟體多麼堅若磐石，一旦建立自動化當機回報系統，你就會收到源源不絕的當機報告。因此，良好的分類技巧——判斷哪些問題最需要處理，哪些問題可暫時忽略——就變成很重要的事了。

只要調查一下所收到的報告，通常就會發現各式各樣的跡象，顯示其中有些問題或許永遠都不用去解決。舉例來說：

- 使用者的電腦或記憶體有問題。

- 使用者自行手動編輯程式裡的檔案，以進行一些實驗。

- 使用者使用的是老舊的作業系統（如 Windows 95），廠商已不再維護該作業系統，本來就很容易出現各種當機的情況。

- 使用者用超少的記憶體來執行我們的程式，磁碟和記憶體可能都已經快滿了。

有時你就是無法搞清楚，究竟是什麼東西害程式當掉，尤其是那種**只發生過一次**的問題。事實上，我的做法就是根本不去**看**那種只發生過一次的問題。我們還有更大的問題要處理。如果問題在當初的「事發現場」都無法重現，更別說要在實驗室裡重現問題了。

這些作法適合你嗎？

所以，你現在已經看過前面的說明，你覺得自己適合採用這種當機報告的做法嗎？答案某種程度取決於你的使用者。

如果你開發的是公司內部使用的軟體，自動化當機報告對你來說或許就沒有很大的價值。公司內部軟體通常是為了解決特定的問題，相對於現成軟體來說，成本是很高的。一旦問題解決了，就不值得再為這個特定專案多花功夫了。就算程式每個星期都會當掉一次，這樣雖然很煩，但花好幾千美元請開發者解決這個問題，從商業的角度來看也沒道理。這種問題能解決或許**很不錯**，但卻**無利可圖**。對一些懷有理想主義的軟體開發者來說，開發內部專案經常會讓他們覺得很沮喪，因為他們的程式只要「足夠好」，他們的經理就會叫停了。最重要的業務問題一旦被解決了，就算品質還可以更好，任何額外的工作報酬率還是零。不過由於許多企業軟體的開發者，並沒有任何 QA 或測試人員可以提供協助，這時候自動化當機檢測的做法，反而會變成他們取得問題報告唯一的辦法。

另一方面，如果你在開發的是熱縮膜軟體或消費性軟體，「品質」顯然就會變成一種競爭的優勢。你的軟體必須在各種惡劣的環境下依然能夠順利運行。消費者的個人電腦，**各種狀況簡直千奇百怪**。沒有任兩台機器是完全相同的。不同機器的硬軟體配置，總是略有不同。而且許多個人電腦公司在產品出廠時，經常會事先預裝很多垃圾軟體。許多消費者也會興高采烈下載、安裝各種他們所看到的每一個全新閃亮軟體，其中有些很屬害的程式，還會注入到運行中程式的 process 空間。而且大部分家庭使用者對於電腦都不夠瞭解，連想讓系統持續正常運行都有點困難。在這樣一個惡劣的環境下，自動化當機報告就是達到市場要求品質的唯一途徑。你可以打造出一個強大的系統，來處理各種情境下程式當掉的狀況，然後直接從事發現場回報問題，再把問題分門別類進行追蹤，這樣的做法不但可以取悅你的客戶，而且你所交出來的程式品質，也會讓你的客戶更加覺得，花錢買你的軟體實在太值得了。

程式當掉的處理方式

Visual Basic 程式碼當掉的處理方式

因為典型的 Visual Basic 6.0 事件驅動程式有很多入口點（你所要處理的每一個事件，都有一個相應的入口點），所以要抓出程式碼內**任何地方**都有可能當掉的問題，唯一的方法就是在**每一個函式內**添加錯誤處理程式碼。下面就是我們**所有的**函式，全都應該要採用的基本結構：

```
Private Sub cmd_Click()
On Error GoTo ERROR_cmd_Click

    ... 這個函式真正的程式碼 ...
     Exit Sub

ERROR_cmd_Click:
    HandleError "moduleName", "cmd_Click"
End Sub
```

如果每一個函式都要添加這段程式碼，這應該是很痛苦的一件事；還好我們可以利用一個名為 ErrorAssist（http://www.errorassist.com）的公用程式，把錯誤擷取程式碼自動添加到所有的函式中。無論在什麼情況下，只要調用一個名為 HandleError 的全域函式，它就會把我們自定義的一個當機對話框顯示出來了。

Windows API 程式碼當掉的處理方式

Win32 API 有一個叫做「**結構化異常處理**（*structured exception handling*）」的概念。只要一出現程式當掉的情況，Windows 就會先搜尋看看，目前的程式碼有沒有設定**處理函式**（*handler function*），**來負責處理一些「未處理的異常」**（*unhandled exception*）。如果有設定的話，就直接調用該處理函式。如果沒設定的話，它就會跳出那個經常把使用者嚇一跳的「此程式執行了非法操作」對話框。

如果想要設定處理函式，來處理那些「未處理的異常」，你必須做兩件事。第一、按照以下的形式，實作出你自己的處理函式：

```
LONG UnhandledExceptionFilter(
  STRUCT _EXCEPTION_POINTERS *ExceptionInfo
);
```

第二，調用 SetUnhandledExceptionFilter 函式，在參數裡送入一個指針，指向你剛才寫好的那個 UnhandledExceptionFilter 函式。

如果你想用 C++ 程式碼完成同樣的事情，另一種方法就是利用一組 __try/__catch，把主程式的入口點包起來。請注意這裡的兩個底線，它可以讓編譯器有能力處理一些低階錯誤（例如 dereferencing 取消參照 null 指針）所造成的結構化異常，而不像 try 和 catch 只能處理一些你自己所拋出的普通 C++ 異常。

只要在 Windows 平台 SDK 或 MSDN 裡搜尋 *Using Structured Exception Handling*（**使用結構化異常處理**）就能取得更多詳細的資訊。

ASP 應用程式當掉的處理方式

微軟的 Internet Services Manager（網際網路服務管理器）可以讓你設定一個自定義的錯誤處理頁面（用 HTML 或 ASP 都可以），只要是 On Error 語句沒處理到的腳本錯誤，全都會交給它來處理。比較特別的是，如果 ASP 應用程式當掉或出現任何類型的未處理錯誤，頁面就會重定向到「500;100」這類錯誤的錯誤處理程序。而在所有的 ASP 應用程式中，我們都會設定一個 ASP 頁面，來擷取「500;100」這類的錯誤。

在這個頁面裡，通常會有下面這段很重要的 VBScript 程式碼：

```
Set objASPError = Server.GetLastError
```

這樣你就可以拿到一個叫做 objASPError 的物件，其中包含一大堆剛才當機時相關的有用資料（包括相關的檔案與相應的行號）。

每一台裝有 IIS 的電腦，都有預裝一個可用來處理 ASP 錯誤的示範程式碼：請查看 \windows\help\iishelp\common 目錄，就可以找出一個名為 500-100.asp 的檔案。這個檔案只會把 ASP 錯誤的詳細資訊，直接顯示給一般使用者看。你可以把 500-100.asp 這個檔案當成起點，建立自己的自定義訊息頁面，其中可以放入一個表單，然後再把當機資料放在某些隱藏元素內。這個表單應該要有一個 action 屬性，可以把所有的錯誤資訊提交到另一個網頁。

II 開發者的管理

20
面試教戰守則

2004 年 6 月 4 日，星期五

來個臨時測驗吧。

有一群胡作非為、支持無政府主義、倡導自由性愛、捍衛香蕉權利的叛亂份子，在巴亞爾塔港**劫持了愛之船，並威脅七天之內若無法滿足他們的要求，他們就要讓全部 616 名乘客與 327 名船員，連同這艘船一起沉入海底。**他們要什麼呢？沒有任何標記的 100 萬美元小面額紙鈔，以及 WATFIV 的 GPL 實作版程式。WATFIV？就是那個十分令人景仰的 WATerloo Fortran IV 編譯器。（自由性愛倡導者與香蕉權利捍衛者居然達成了一致的看法！真是太令人驚訝了！）

你身為 Festival Cruise 程式設計部門的首席程式設計師，必須判斷能否在七天之內，從無到有打造出一個 Fortran 編譯器。你有兩名程式設計師，可以為你效力。

你能辦到嗎？

「嗯，我想，這要看情況，」你悠悠的說。寫這本書的好處之一，就是我可以隨便說你講了什麼話，反正你也拿我沒轍。

不過，是要看什麼情況呀？

「嗯，我的團隊可以使用 UML 生成工具嗎？」

這有那麼重要嗎？三個程式設計師要在七天內做出 WATerloo Fortran IV 耶！這時候使用 UML 工具究竟是有幫助，還是會扯後腿？

「我想應該不會扯後腿吧。」

好，那你還需要什麼？

「我們會有 19 吋螢幕嗎？會有喝不完的蠻牛嗎？」

又來了，這很重要嗎？你能不能辦到，還要看有沒有咖啡因？

「我想應該不是吧。哦對了。你說我手下只有兩個程式設計師？」（注意注意！有意思的要來了。）

是的。

「誰呀？」

是誰有差嗎？

「當然！如果整個團隊不對盤，絕對合作不起來。我知道有些超級程式設計師，一週之內就可以**靠自己獨立製作出 *Fortran* 編譯器**，但也有**很多**程式設計師，就算給他們六個月，他們還是連列印網頁最上方橫幅圖片的程式碼都寫不出來。」

我們終於講到正題了！

大家嘴巴上都承認，「人」是一個軟體專案最重要的部分，但其實沒有人真正知道，關於這方面到底應該**要做**些什麼。如果想要擁有優秀的程式設計師，你一定要做的第一件事，就是**聘用**合適的程式設計師；這也就表示，你必須有能力搞清楚誰才是合適的程式設計師，而這件事**通常**都是在面試過程中完成的。所以本章所要談的就是「面試」。

下面就是你僱用員工的典型做法。首先，你會拿到一大堆的履歷。然後你會全部檢查過一遍，先丟掉那些看起來不太出色的。也許是我太膚淺，但我往往會先丟掉那些錯誤很多的履歷；因為我覺得，履歷很草率的話，工作習慣應該也會很草率。（有一次，有位招聘人員給了我一份履歷，說要來應徵所謂的 Windows 程式設計師，但他的履歷竟然把作業系統寫成了「MicroSoft Window」）不過更重要的是，我會在查看履歷時，試著去找一些能看出他「有

被篩選過」的經歷；換句話說，我會去找一些證據，證明這個人以前經歷過某些特別困難的篩選過程，而且還通過了考驗。舉例來說，很難申請到的大學就是一個很好的跡象。你或許知道某些公司在僱用員工方面特別挑剔；如果你在應徵者的履歷中看到這些公司，這個人或許就更值得進一步瞭解。只開放極少數志願役加入的精銳部隊，也是一個很好的跡象。基本上，你要找的就是耶魯大學畢業後進入微軟工作的傘兵（例如像我這樣的人囉）。

當然，你不會只憑這些判斷，就把人錄取進來。

下一步通常就是電話面試：你會打電話給應徵者，討論某個特定的程式設計問題，時間大約半小時。舉例來說，「XML 解析器你會怎麼寫呢？」

大概會有四分之三的應徵者，在電話面試過程感覺不太靈光。這種人你必須一遍又一遍向他們解釋某些東西。他們也不會有任何自己的想法。你會滿腦子只想大喊「白痴！」只要先剔除掉這些很明顯的白痴，你在現場親自面試時就可以省下不少時間和金錢。

最後，就是現場親自面試了。你應該盡可能想辦法，至少讓六個人去面試每個應徵者，而且其中至少要有五個人，是將來會與應徵者共事的人（也就是其他的程式設計師，而不是那些經理）。你知道有一些公司只靠幾個資深經理來面試所有的應徵者，錄不錄取他們說了算。這種公司往往很難找到非常優秀的員工。在單一次的面試過程中，想要假裝一下實在太容易了，尤其如果是找非程式設計師來面試程式設計師，更是如此。

六個面試官其中只要有兩個人認為某人不值得僱用，那就不要僱用這個人。這也就表示，一旦有兩個人都認為不該錄取這個應徵者，技術上來說你就可以提前結束「當天」的面試了；這樣的做法其實還不錯，但為了避免太過於殘酷，你或許不應該事先告訴應徵者，當天會有多少人對他進行面試。我也聽過某些公司的做法，可以讓任何一個面試官直接結束掉應徵者的面試。我覺得這有點太激進了；也許我可以接受某些資深人員直接拒絕掉某位應徵者，但我絕不會只因為某個年輕同事不喜歡，就把應徵者拒絕掉。

不要嘗試同一時間面試一大群人。這樣會很不公平。每一場面試都應該由一位面試官和一名應徵者組成，然後要在一個門可以關上的房間裡進行面試，房間裡應該有一塊白板。我可以用我豐富的經驗告訴你，如果你進行面試的時間少於一小時，你是沒辦法做決定的。

在面試過程中，你會看到三種人。在天平的一端，是沒什麼歷練的平凡人，這種人甚至缺乏最基本的工作技能。這種人很容易就能找出來剔除掉，通常只要快速問兩、三個問題就可以了。在天平的另一端，則是才華橫溢的超級巨星，他們會因為好玩，就在某個週末幫 Palm Pilot 寫出一個 Lisp 編譯器。至於天平中間的部分，則有大量「可能行可能不行」的人，這種人看起來或許可以對某些東西做出貢獻。訣竅在於，要把「超級巨星」和這種「可能行可能不行」的人區分開來，因為你其實並不想僱用這種「可能行可能不行」的人。這樣的人，還是不要比較好。

面試結束之後，你就要準備對應徵者做出殘酷的決定。決定的結果只有兩種：「**錄取**」或「**不錄取**」。不會有其他的決定。**絕對不要說**，「可以錄取，但不要進我的團隊。」這是很冒犯的說法，根本就是在暗示應徵者不夠聰明，無法與你共事，但他也許足夠應付別的團隊那些失敗者了。如果你發現自己很想說「可以錄取，但不要進我的團隊」，那就請你直接把這句話翻譯成「不錄取」，這樣就沒你的事了。就算應徵者有能力完美做好特定的工作，但是他到了另一個團隊恐怕就活不下去，這樣也是「**不錄取**」就對了。在軟體領域中，各種事情總是變化得如此頻繁而迅速，因此你所要找的人必須能夠成功完成你所交代的任何程式設計工作。如果你因為某種原因，找到某個非常非常擅長 SQL 的白痴學者，可是他完全沒辦法學習任何其他的技能，那就一樣「**不錄取**」。因為就算他能解決你某些短期的痛苦，也會換來很多長期的痛苦。

永遠都不要說「也許吧，我分不出來」。如果你實在分不出來，那就表示「**不錄取**」。這真的比你想像還簡單。分不出來？那就拒絕掉吧！你只要有一絲絲猶豫不決，就代表「**不錄取**」。永遠都別說「好吧，我想應該可以錄取，但我有點擔心……」這同樣也是「**不錄取**」。直接把各種胡說八道的說法翻譯成「不錄取」就對了。

為什麼我對這件事如此強硬？因為拒絕掉一個很好的應徵者，總比錄取一個很糟糕的應徵者要好得多了。一個很糟糕的應徵者，一定會花掉你大量的金錢與精力，而且還會浪費其他人的時間，來補救這個人所造成的問題。如果之後還要解僱掉你錯誤錄取進來的人，可能還要花好幾個月的時間，而且過程非常艱難，尤其是他如果決定提起訴訟，那就更麻煩了。在某些情況下，要解僱某人甚至有可能是完全沒辦法。不好的員工會讓好員工士氣低落。他們有可能是非常糟糕的程式設計師，但**做人非常好**，也有可能**真的很需要這份工作**，所以你

會不忍心解僱掉他，或是無法在不激怒所有人的情況下解僱掉他。總之，這種情況實在太糟糕了。

從另一方面來說，如果你拒絕掉一個很好的應徵者，我的意思是，**我想**從某種意義上來說，這樣好像不太公平，可是，嘿！如果他們真的很棒，一定會有**很多**公司要他去上班，你就別擔心了。你也不用怕自己拒絕掉太多人，結果都找不到任何人。在面試的過程中，這並不是你要考慮的問題。當然，要找出優秀的應徵者非常重要。但你一旦真的在面試某人，就要假裝你還有 900 多人，等在門口外排隊。無論要找出優秀的應徵者看起來有多麼困難，都不要降低你的標準。

好吧，我還沒有告訴你最重要的事——你怎麼知道要不要錄取某個人？

原則上來說，其實很簡單。你要找的人，必須

1. 夠聰明

2. 能把事情做好

就這樣。這就是你要找的人。記起來吧。每天晚上睡覺前念一次給自己聽。在簡短的面試過程中，你根本沒有足夠時間搞清楚，所以別再浪費時間問應徵者被困在機場時能否一笑置之，或是想搞清楚他們對於 ATL 和 COM 的程式設計究竟是真懂還是裝懂。

夠聰明但**不能把事情做好**的人，通常都擁有博士學位，並在大公司工作，然而並沒有人會聽他們的話，因為他們根本完全不切實際。他們寧願花時間考慮一些問題相關的學術價值，也不願意想辦法讓產品按時出貨。這種人是可以分辨出來的，因為他們特別喜歡針對兩種截然不同的概念，指出兩者之間理論上的相似性。舉例來說，他們會說，「試算表其實就只是程式語言的一種特例」，然後再花一週的時間寫出一份激動人心、精彩絕倫的白皮書，說明試算表可做為一種程式語言的理論計算語言特性。是很聰明沒錯，但是根本沒有用處。要識別出這種人還有另一種方法，就是他們很喜歡出現在你的辦公室，手裡端著咖啡杯，想要針對 Java 與 COM 函式庫的相對優點，展開一段長時間的對話，而且時間正好就選在**你準備要發佈測試版的那一天**。

能把事情做好但**不夠聰明**的人，經常會做一些愚蠢的事，仿佛總是沒想清楚，然後再讓其他人不得不來收拾他們的爛攤子。因此他們會變成公司的淨**負債**，因為他們不但沒有做出貢獻，還佔用了其他人的時間。他們這種人經常會大塊大塊複製別人的程式碼，卻很少自己寫程式，因為這樣就能完成工作，他們才不管做法聰不聰明呢！

你要如何在面試的過程中，看出一個人**夠不夠聰明**呢？第一個好跡象，就是你不必一遍又一遍解釋各種東西。整個談話的過程，應該會進行得很順利。通常應徵者所說的話，就能顯示出他真正的洞察力、頭腦與思維的敏銳度。因此，面試過程有件很重要的事，那就是要創造出一種情境，讓人可以向你展示他們有多聰明。公司裡的那些「吹牛大王」，往往是最糟糕的面試官。這種人會一直喋喋不休，幾乎都不留時間給應徵者好好說話，結果只聽到應徵者說一些「是呀，**真的，我完全同意你的看法**」之類的話。這種吹牛大王只會把每一個人都錄取進來，因為他們會認為每個應徵者都很聰明，因為「他們的想法都跟我很像！」

第二種最糟糕的面試官，就是那種「機智問答」型的面試官。這種人認為所謂的聰明，就是「懂很多事情」。他們只會問一大堆程式設計相關的瑣碎問題，然後答對就加一分。譬如我們來看看，下面這個地球上最糟糕的面試問題：「Oracle 8i 裡的 varchar 和 varchar2 有什麼差別？」這問題太可怕了。知不知道這種瑣事，和你要不要錄取某人，這兩件事再怎麼想都不可能有何關聯。誰知道那兩個東西有什麼差別呀？況且只要上網一查，15 秒左右就能查到了呀！請記住，所謂的聰明**並不是**「知道一些瑣碎問題的答案」。不管怎麼說，軟體團隊總希望能僱用到**有天資、有悟性**的人，而不是只懂特定知識的人。大家可以帶到工作中的任何知識技能，無論如何幾年內都會過時，因此我們最好能僱用有能力學習任何新技術的人，而不是正好知道如何讓 JDBC 與 MySQL 資料庫溝通的人。

總體來說，最能夠瞭解一個人的方式，就是讓他們多說話。你可以丟給他們一些開放式的問題。

那麼，你應該問什麼東西呢？

問什麼東西呢？

$我$個人的面試問題列表，源自於我在微軟的第一份工作。實際上，微軟有好幾百個很有名的面試問題。大家都有一整組自己真正喜歡的問題。你也應該開發出自己專屬的一整組問題，以及個人的面試風格，以協助你做出「錄取／不錄取」的判斷。下面就是我使用過蠻成功的一些技術。

面試之前，我會先仔細閱讀應徵者的履歷，並用一張紙條大略寫下面試的計劃。這裡只會把我想問的一些問題先列出來。下面就是面試程式設計師蠻典型的一個計劃：

1. 簡介

2. 關於應徵者最近所做專案的問題

3. 不可能的問題

4. 程式設計方面的問題

5. 你滿意了嗎？

6. 你還有任何問題嗎？

我會非常、非常小心，盡可能避免掉任何「有可能讓我對應徵者產生先入為主觀念」的東西。如果他們都還沒走進房間，你就先認定他們應該很聰明，只因為他們擁有麻省理工學院的博士學位，那他們接下來一小時所說的話，大概都沒辦法改變你最初的成見。如果因為他們上的是社區大學，你就認為他們是笨蛋，那無論他們後來說了什麼，都很難消除你最初的印象。面試就好像一個非常非常微妙的天平——你實在很難只根據一個小時的面試，就來評判一個人，尤其是遇到錄不錄取很難判斷的情況時。但如果你事先對應徵者有了某些看法，這就會像是在天平某一邊放了個大砝碼，整個面試過程也就沒用了。有一次，就在面試之前，有個招聘人員跑進我的辦公室。「你一定**會愛上**這個人的，」她說。如果是**男生**這樣說，我一定會很火大。早知道我就應該跟她說，「好吧，如果你很確定我一定會愛上他，那你為什麼不直接錄取他，我就不用浪費時間去面試他了呀。」但我當時太年輕又太天真，所以還是去面試了這個人。當這個人說出一些不太聰明的東西時，我自己心裡就想，「哎呀，總沒有

人是完美的嘛。」我當時顯然是用了一種太過於樂觀的態度，來看待他所說的一切。雖然他其實是一個很蹩腳的應徵者，但我最後還是選擇了「**錄取**」他。你知道怎麼樣嗎？所有面試過他的其他人，全都決定「**不錄取**」他。所以，千萬不要聽信招聘人員的話，不要在面試之前四處打聽，而且在大家各自獨立做出決定之前，絕對不要與其他面試官談論任何關於應徵者的事。這才是科學的做法。

1. 簡介

面試的簡介階段，主要是為了讓應徵者放輕鬆一點。我會問他們搭飛機的過程還愉快嗎？然後我會花大約 30 秒，告訴他們我是誰，還有面試將如何進行。我一定會向求職者保證，我們真正感興趣的是他們解決問題的過程，而不是實際的答案。

2. 最近所做的專案相關問題

接下來我會問一個問題，讓應徵者談談最近所從事的專案。面試大學生時，我會問問他們的畢業論文（如果有的話），或是他們所修過的課，有沒有遇過他們真正喜歡的長期專案。比如有時我會問，「你上學期最喜歡上哪一門課？不一定和電腦有關也沒關係。」如果是面試一些有工作經驗的應徵者，你可以讓他們談談上一份工作，說說自己最近被指派的任務。

你只要提出一些開放式的問題，然後坐下來好好傾聽就可以了；如果他們有點卡住，你就偶爾說一下「那個東西我蠻有興趣，請再多講一些吧」這樣就可以了。

在開放式的問題中，你應該找些什麼東西呢？

一：**找尋熱情**。聰明人對於自己所從事的專案總是充滿熱情。他們在談論到相關話題時，總是興致勃勃的。他們說話會變得很快、很有活力。就算是很激動地**表現出負面的想法**，也是一個好跡象。「我的前一任老闆什麼事都只會用 VAX 電腦來做，因為他只懂 VAX。真是個蠢蛋！」我們身邊確實有太多的人，只會用某種方式做事，而不會去想有沒有別的做法。像這樣的人，的確很難推動他們心中的熱情呀。

有些糟糕的應徵者根本就心不在焉，在面試過程中完全不會表現出熱情。如果應徵者對某個東西充滿熱情，有一個很好的跡象就是他們在談論那個東西時，會暫時忘了他們其實正在面試。有時應徵者剛進來面試的時候，會顯得非常緊張——這當然是很正常的事，我完全不會在意。但後來你們一談到什麼「電腦單色藝術」（Computational Monochromatic Art），他就變得非常興奮，突然一下子就完全不緊張了。像這樣就很棒。我喜歡那種對自己在意的東西很有熱情的人。（如果你想知道什麼是「電腦單色藝術」，拔掉你的螢幕就可以看到一個例子了。）你可以針對某個東西，試著挑戰他們一下（然後等他們說出心中認定為真理的東西，再回他們說，「不會吧！這不可能吧！」），如果他們真的很在意，就算五分鐘前還在冒冷汗，他們還是會忍不住為自己辯護，只因為他們實在太在意，在意到甚至忘記你很快就會做出決定他們生死的重大決定。

二：優秀的應徵者在任何層次上，都會很小心把事情解釋清楚。 我曾經因為應徵者談到自己之前的專案，卻無法用一般人可以理解的方式來解釋，而拒絕掉這個人。工程專業的學生經常會假設，大家都知道什麼是貝茨定理、什麼是皮亞諾公理。如果他們開始做這樣的事，我就會請他們停一下，然後說：「你可以幫我一個忙嗎，也許就當做只是個練習，你可以用我奶奶能理解的語言解釋一下嗎？」這時候很多人還是會**繼續**使用各種行話，完全無法讓人理解。**砰！** 基本上你不會想僱用這種人的，因為他們實在不夠聰明，搞不清楚怎麼讓其他人理解他們的想法。

三：如果談到團隊型專案，你可以找找看他有沒有扮演過領導角色的跡象。 應徵者可能會說，「我們在做 X，但老闆說要 Y，然後客戶說要 Z。」這時候我會問，「那**你**做了什麼？」其中一種很好的回答方式，或許是「我和團隊其他成員一起寫了一份提案……」至於**很糟糕的答案**則是，「呃……我也無能為力呀。這種狀況根本就不可能解決。」還記得嗎？要「**夠聰明**」，還要「**能把事情做好**」。要判斷某人能否**把事情做好**，唯一的方式就是看他們過去的經歷，有沒有要把事情做好的傾向。事實上，你甚至可以直接請他們舉個例子，說一下自己最近是否曾擔任領導的角色，完成某件事情——比如「克服掉某個制度上的慣例」之類的經歷。

3. 不可能的問題

好，我的面試計劃裡第三個東西，就是**不可能的問題**。這個很有趣喲。我的想法是提出一個他們沒辦法準確回答的問題，只是為了看看他們如何處理而已。「西雅圖有多少個驗光師？」「華盛頓紀念碑的重量有幾噸？」「洛杉磯有幾家加油站？」「紐約有多少個鋼琴調音師？」

聰明的應徵者應該會意識到，你並不是在考他們的知識，然後他們就會很熱情地跳起來，想要找出一些粗略的答案。「嗯，我們來看一下，洛杉磯的人口大概有 700 萬左右，每人平均大概有 2.5 輛車⋯⋯」當然囉，如果他們錯得很離譜也沒關係。重要的是，他們會不會很熱情地跳進這個問題中。他們可能會嘗試計算出一個加油站能容納多少汽油。「啊，加滿油要 4 分鐘，一個加油站大約有 10 台加油的機器，每天的營業時間大約 18 個小時⋯⋯」他們可能會嘗試用佔地面積來進行計算。有時他們的創造力很可能會讓你大吃一驚，或是跟你要一份洛杉磯的**工商電話簿**。這些全都是很好的跡象。

如果是不太聰明的應徵者，往往會感到慌張又沮喪。他們只會盯著你看，就好像你剛從火星來到地球一樣。你必須引導他們一下。「好吧，如果你要建造一個像洛杉磯那麼大的新城市，你會在裡面建幾個加油站？」你可以給他們一些小提示。「加滿一桶汽油需要多長的時間？」可是，如果遇到這種不聰明的應徵者，你就只能拖著他們動起來，而他們卻只會傻傻坐在那裡，等著你來拯救他們。這種人肯定不會是解決問題的人，你絕對不會想找他們來為你工作。

4. 程式設計方面的問題

面試的這個階段，應該會佔用掉大部分的時間，這時候我會要求應徵者用 C（或任何他們所熟悉的語言）寫一個小函式。下面就是我會問的一些典型問題：

1. 就地反轉整個字串

2. 反轉整個聯結串列（linked list）

3. 計算出某個 Byte 其中有幾個 bit 為 1

4. 二分搜尋法（binary search）

5. 找出字串裡最長的連續相同字元

6. `atoi`（把字串轉為數字）

7. `itoa`（把數字轉成字串；這問題很棒，因為必須用到 stack 堆疊或 `strrev`）

不要出那種需要超過十行程式碼的問題；你沒有那麼多時間。

我們就來仔細看看其中幾個問題吧。第 1 題：就地反轉字串。我一生中面試過的每一位應徵者，這個問題第一次都會做錯。他們沒有一個例外，一開始都會嘗試配置另一個 buffer 暫存區，然後把字串以反轉的方式放進那個 buffer 暫存區。問題是，誰來配置這個 buffer 暫存區？誰來釋放這個 buffer 暫存區？我向好幾十個應徵者提出這個問題之後，發現了一個有趣的事實：大多數自認為很瞭解 C 的人，其實都不是真的很瞭解記憶體或指針。他們就是沒搞懂。令人驚訝的是，這些人竟然都是以程式設計師為業，但事實就是如此。問這個問題時，這裡有幾個可用來判斷應徵者的方法：

他們的函式夠快嗎？看一下他們調用了幾次 `strlen`。我看過有人寫出 $O(n^2)$ 的演算法，但使用 `strrev` 的話，應該只要 $O(n)$ 才對，之所以會那樣，主要是因為他們會在迴圈裡一再反覆調用 `strlen` 之故。

他們有使用指針來做運算嗎？這是一個很好的跡象。許多「C 程式設計師」竟然不知道怎麼用指針來做運算。一般來說，我並不會只因為缺乏某項技能，就把應徵者拒絕掉。然而我也開始意識到，要理解 C 語言裡的指針，這並不是一種技能，而是一種悟性。在資訊科學系大一的課程裡，學期剛開始總有大約 200 個孩子來修課，這些人在四歲時都曾經用 BASIC 在 PC 裡寫過某個複雜的冒險遊戲。他們在大學裡學 Pascal 學得很開心，直到有一天他們的教授介紹了指針，突然之間，**大家開始搞不懂了**。他們就是突然之間什麼都搞不懂了。全班大概有 90% 的人會改修政治學，然後告訴他們的朋友說，他們資訊系班上沒幾個長得漂亮的同學，所以他們才跑去改修其他的課。**其實也不知道為什麼，大多數人好像天生大腦裡，就是少了那塊能夠理解指針的部分**。指針需要某種複雜形式的雙重間接思考方式，有些人就是做不到，但這對於良好的程式設計來說非常重要。有許多「腳本專家」就從來沒學過指針，只懂得把片段的 JavaScript 程式碼複製到他們的網頁中，後來可能又跑去學 Visual Basic，但他們永遠無法製作出你所需要的高品質程式碼。

我們再來看第 3 個問題，計算出某個 Byte 其中有幾個 bit 為 1。你並不是想看他們有沒有學過 C 語言裡那些位元級（bitwise）運算方式，因為那些東西你只要一查就知道怎麼用了。需要的話，你也可以直接跟他們說要怎麼用。比較有趣的是，看他們怎麼寫出一個副程式，來計算某個 Byte 裡所有的位元，然後再要求他們能不能讓速度更快一點。真正聰明的應徵者會建立一個查找表（畢竟只有 256 種可能），這個表只要建一次就好了。如果是不錯的應徵者，你們就可以針對不同的空間使用與速度做取捨，進行一些非常有趣的對話。你可以再推他們一把：跟他們說，你不想在初始化階段花任何時間來建立查找表。聰明的應徵者甚至有可能建議使用某種快取方案，讓各種不同情況在第一次算出結果時存入查找表，這樣若之後再次用到，就不必再算一次了。至於那種真的非常非常聰明的應徵者，甚至會嘗試設計出某種方法，利用出現過的情況找出某種特定的模式，再以此為捷徑計算出整個查找表。大致上的想法就是，讓他們可以逐步修改程式碼，進行最佳化調整，並提出各種改進的構想。

你可以讓應徵者安心一點，讓他們知道你很清楚，沒有編輯器確實很難寫程式碼，所以他們的草稿就算很潦草，你也可以體諒。而且你也很清楚，沒有編譯器很難寫出沒有錯誤的程式碼，關於這點你也會考慮到。

優秀的程式設計師，都會顯現出某些跡象：他們往往都會採用某種變數命名的慣例，甚至會採用某種原始的命名慣例。優秀的程式設計師會比較傾向於使用非常短的變數名稱，來作為迴圈的索引。如果你看到有人把迴圈的索引命名為 CurrentPagePositionLoopCounter，那就表示這個人一生中肯定沒寫過多少程式碼。你可以在 C 語言裡找看看有沒有一些良好的習慣，例如把常數放在「==」的左側（例如，if (0==x) 而不是 if (x==0)），這樣可以防止一不小心就讓「=」變成指定變數值的作用，而不是檢查真偽值的效果。有些程式設計師認為這樣的寫法感覺很尷尬，認為編譯器應該要為你抓出這些錯誤，所以我也不是說你一定要用 0==x 的寫法，但如果你看到這樣的寫法，或許就是個不錯的跡象。優秀的程式設計師下意識裡就知道 while 迴圈裡的不變量應該是什麼。他們不用想就知道，如果是用 C 語言遍歷整個陣列，一定是用 while（index < length），而不是 <=。如果是 C++，他們就會把解構函式（destructor）設為 virtual 虛擬函式。

優秀的程式設計師在寫程式碼之前就會先做好計劃，尤其是涉及到指針的話。舉例來說，如果你要他們反轉一個聯結串列（linked list），優秀的應徵者總會在旁邊畫點東西，把所有的指針與相應的指向全都畫出來。他們一定會這麼做

的。如果不先畫出這些用箭頭指來指去的小框框，人類實在不太可能寫出反轉聯結串列的程式碼。只有那種糟糕的程式設計師，才會馬上就開始寫程式碼。

5. 你滿意了嗎？

在他們的函式裡，你難免會看到一些問題。所以我的面試計劃裡，就有了下一個問題：剛才那段程式碼，你滿意了嗎？你可能想問，「好吧，哪裡還有問題呢？」像這樣丟來丟去的開放式問題，永遠都問不完。當然，所有的程式設計師都會犯錯，這沒什麼好奇怪的；只不過，要有能力找出問題才行。使用字串函式時，大部分的大學生都會忘記用 null 來做為新字串的結尾。而且幾乎在任何函式裡，他們都有可能會犯下「數字差一」的錯誤。有時他們會忘記分號。他們的函式一遇到長度為 0 的字串，就會出現錯誤；如果 malloc 失敗了，就會出現嚴重的「一般保護錯誤」（GPF；General protection fault）等等。你會發現應徵者第一次寫出來的東西沒有任何問題，這種情況非常非常少見。如果是這樣的話，這個問題就更有意思了。如果你說「這段程式碼還有問題」，他們應該就會再次仔細檢查程式碼，然後你就可以看到，他們能不能以一種溫和而堅定的方式，斷定這段程式碼確實完美無瑕。

6. 你還有任何問題嗎？

做為面試的最後一步，你可以再問一下應徵者還有沒有任何問題。請你不要忘了，就算是你在面試他們，優秀的應徵者在工作選擇方面，肯定還有很多其他的選擇，他們也只不過是利用這一天的時間，來判斷是否值得為你工作。

有些面試官會想要看應徵者能不能問出一些「聰明」的問題。就我個人而言，我並不在乎他們問了什麼問題；到了這個時間點，我其實已經做出了決定。這些應徵者在一天之內要和我們公司裡五、六個人進行面試，如果非要他們在最後的階段，都能向這五、六個人各自提出不同的、精彩絕倫的問題，那也是強人所難，所以如果沒提出任何問題，那也是 OK 的。

我總會在面試結束前留下大約五分鐘的時間，向應徵者推銷一下這個公司與這份工作。這其實非常重要，就算你決定「**不錄取**」也是一樣。如果你夠幸運，確實找到了一個非常好的應徵者，此時你當然會想盡一切的努力，確保他們願意為你工作。但就算他們是一個糟糕的應徵者，你還是希望他們喜歡你的公司，留下積極正面的印象。

啊，我想起來了，我答應過要給你一些真的很糟糕的問題範例，好讓你知道要避免問出這種問題。

⌄

不該問的問題

首先，請不要問一些不合法的問題。在美國，任何關於種族、宗教、性別、國籍、年齡、兵役資格、退役狀況、性取向或身體殘疾相關的問題，全都是不合法的。如果他們的履歷裡說他們 1990 年曾在軍隊服役，就算只是愉快的交談，也不要問他們當時是不是在科威特。因為這樣是不合法的。如果履歷說他們曾就讀以色列理工學院，即使只是閒聊，也不要問他們是不是以色列人；就算你老婆是以色列人，就算你真的超愛油炸鷹嘴豆餅（falafel），這樣問也不行。因為這樣是不合法的。

接著，假如你實際上並不關心或歧視某個東西，但你的問題有可能會讓人覺得你好像很關心或歧視某個東西，只要是這樣的問題，一律都要避免掉。我能想到最好的例子，就是問人家是不是已婚或已經有孩子了。這可能會給人一種印象，好像你認為有孩子的人就不會在工作上投入足夠的時間，或是他們一定會請產假。基本上，堅持只問一些與面試工作完全相關的問題就對了。

最後，請避免問一些腦筋急轉彎之類的問題，例如像是「你要怎麼用六根等長的木棍，排出四個相同的正三角形」。這類問題大部分都是看了答案之後才會恍然大悟——你如果知道答案就會覺得沒什麼，但不知道的話怎麼樣也猜不出來。如果你知道這類問題的答案，充其量只不過是因為你以前聽過這個腦筋急轉彎問題罷了。因此，身為一個面試官，就算應徵者碰巧發揮了特定的跳躍性思維，你還是無法判斷他們是否「夠聰明、能把事情做好」，無法取得任何有用的資訊。

如果在面試結束時，你可以確定這個人「**夠聰明**」又「**能把事情做好**」，而且其他四、五個面試官也都同意，你錄取他應該就不會錯了。但如果有任何的疑慮，你最好還是再等待看看有沒有更好的人選吧。

21

激勵和獎勵，
也有可能壞事

2000 年 4 月 3 日，星期一

微軟前人力資源經理 Mike Murray 幹過不少蠢事，其中有件事還蠻有名，就是他上任後不久，推出了所謂的「Ship It」獎。他的想法是，只要你的產品出貨了，就可以得到一塊字典大小、用透明合成樹脂做的大墓碑。這原本應該是為了獎勵你工作的成果，但現在被他這樣一搞，就好像變成——如果你不好好工作，就拿不到這塊透明合成樹脂嘍！說不定你會開始懷疑，以前沒有這塊透明合成樹脂時，微軟的**軟體都是怎麼上市的呀？**

Ship It 計劃是在公司的某次大型野餐會，在大量的內部宣傳和歡呼聲中宣布的。活動開始前幾週，預告海報就會遍布整個公司園區，上面有比爾蓋茨的照片，還有「這個人為什麼在微笑？」的文案。我也不確定那是什麼意思。比爾在微笑，是因為我們現在軟體只要一出貨就有獎勵，所以他很高興嗎？但在公司的野餐會上，員工們很顯然都覺得自己被當成小孩子對待。到處都是噓聲。Excel 程式設計團隊還舉起一塊巨大的牌子，上面寫著「Excel 團隊為什麼在打哈欠？」這個 Ship It 獎被大家極度鄙視，甚至 Douglas Coupland 的經典著作《*Microserfs*》[1] 裡還有一篇（非小說類）章節，描述到一群程式設計師嘗試用噴燈融掉這塊獎座的事 [2]。

1　Douglas Coupland，《*Microserfs*》（ReganBooks，1996 年）。

2　同上，第 10 頁。也可以在網路上直接查看 www.wired.com/wired/archive/2.01/microserfs_pr.html。

把公司裡最頂尖的員工當成幼稚園裡的小朋友對待，這並不是微軟獨有的現象。幾乎每家公司都有這種帶有侮辱性和貶低意味的獎勵計劃。

在我工作過的兩家公司裡，每年壓力最大的時候，就是一年兩次的績效評估。基於某種原因，Juno 和微軟的 HR 部門肯定都是參考同一本呆伯特式管理書籍，複製了其中的績效評估系統，因為這兩家公司的做法竟然完全相同。首先，你要對你的直屬主管進行「匿名式」的向上評價（好像這樣大家就會坦誠以告似的）。然後，你可以再填寫「自我評估」表（可填可不填），而你的主管對你進行績效評估時，也會「參考」這個表。最後，你會在一大堆很難量化的各類項目（像是「與他人合作良好」）得到 1 到 5 之間、實際上大概都是 3 或 4 這樣的分數。主管們會往上提報獎勵的建議，但其實這些建議全都會被忽略掉，因為每個人所得到的獎金幾乎都是完全隨機的。這個系統從沒考慮到大家各自具有不同的獨特才能，其實這些才是團隊運作良好的真正要素。

績效評估的壓力特別大，有好幾個原因。我有好幾個朋友，尤其是那些才華洋溢、但按照傳統標準看不出來的朋友，往往都只會得到很爛的績效評估結果。舉例來說，我有個朋友簡直就是個信心催化劑，他是一個很有活力的郵輪總監，每當事情變得很艱難時，他總是能激勵所有人。他也是讓團隊凝聚的黏著劑。但他往往會受到負面的評價，因為他的主管並不理解他所做的貢獻。我另一位朋友在各種策略上非常有洞察力。他只要跟其他人聊聊事情該怎麼做，這些人往往就能把事情做得更好。他自己更傾向於花更多時間嘗試新技術；以這

方面來說，他對於團隊其他成員的價值可以說是無價的。但是若以程式碼行數來看，他寫的程式碼數量低於平均，而他的主管又愚蠢到沒有發現他其他方面的貢獻，以至於他也總是得到負面的評價。負面的評價顯然對於士氣會產生毀滅性的影響。事實上，就算給人正面的評價，如果評價**不如**本人所預期的那麼正面，也會對士氣產生負面的影響。

評價對於士氣的影響，並不是對稱的：雖然負面評價很打擊士氣，但正面的評價也不見得能對士氣或生產力產生什麼正面的效果。獲得正面評價的人，本來就工作得很有成效了。對他們來說，正面評價反而會讓他們覺得，自己做得很好只是為了得到正面的評價而已——就好像他們只是 Pavlov 實驗裡的狗一樣，只是為了獎勵而工作，而不是真正在意自己工作品質的專業人士。

這就是問題所在。大多數人都認為自己做得很好（其實並非如此）。這只不過是我們的心理對自己所玩的一個小把戲，為了讓生活變得好過一點而已。所以，如果每個人都認為自己做得很好，而評價倘若很**公正**（其實要做到並不容易），**大多數人應該都會對自己的評價感到失望**。這樣的結果對於士氣的影響，其成本實在很難以估算。如果團隊進行績效評估時非常誠實，大家往往都會經歷一週左右士氣低迷、悶悶不樂的情況，甚至有人會因而離職。因為評分低的人通常會嫉妒評分高的人，因此團隊成員之間也會產生嫌隙，進入到 DeMarco 和 Lister 稱之為「**團隊自殺**」（*teamicide*）的過程，一不小心就會對整個氣氛凍結的團隊造成傷害[3]。

Alfie Kohn 曾在《**哈佛商業評論**》一篇如今已成經典的文章裡寫道：

> ……在過去的三十年裡，至少有二、三十篇研究結論顯示，那種「期待工作成功完成就能獲得獎勵」的人，表現並不如那種「根本不期待獲得任何獎勵」的人[4]。

3　Tom DeMarco 和 Timothy Lister，《*Peopleware: Productive Projects and Teams*》（人才管理之道：有生產力的專案與團隊，第二版，Dorset House，1999），第 132–139 頁。

4　Alfie Kohn，「Why Incentive Plans Cannot Work」（為什麼激勵計劃行不通），哈佛商業評論，1993 年 9 月 1 日。請參見 www.hbsp.harvard.edu/hbsp/prod_detail.asp?93506。

他的結論是，「**激勵（或賄賂）在職場上根本行不通。**」DeMarco 和 Lister 更進一步明白指出，任何形式的職場競爭、獎勵和懲罰計劃，甚至是「只要做對事馬上給獎勵」這種老式伎倆，實際上都是弊大於利。特別強化某人**正面的表現**（例如公司發獎牌的愚蠢儀式）其實有一種隱含的意味，就好像這些人只是為了透明合成樹脂獎座才這樣做；而且這也意味著這些人不夠獨立，除非有糖吃否則不做事；這簡直就是一種侮辱，也把人看得太扁了吧。

大多數軟體經理其實別無選擇，只能接受現有的績效評估系統。如果你正好處在這個位置，要防止團隊自殺唯一的辦法，就是讓你團隊裡的每個人，都能得到一份滔滔不絕、看到眼淚都快噴出來的動人評價。但如果你確實有其他選擇，我建議你一定要想辦法避免任何形式的績效評估、激勵獎金，或是愚蠢的本月最佳員工計劃。

22

不用測試人員的
五大（錯誤）理由

2000 年 4 月 30 日，星期日

1992 年，James Gleick 對當時一些問題很多的軟體，提出了很多的質疑。當時微軟 Windows 版的 Word 新版本剛問世，Gleick 身為一個科普作家，就認為它很**糟糕**。它在週日的《**紐約時報**》雜誌寫了一長篇文章，只能用野火來形容，內容強力指責 Word 團隊對客戶的要求反應遲鈍，交出來的產品竟然有那麼多的問題。[1]

後來，他身為當地網路供應商 Panix 的客戶（恰好我也是用這家），他提到自己希望能有一種方式，可以自動分類、過濾郵件。在 UNIX 裡執行此操作的工具叫做 procmail，它既晦澀又難懂，**就算是**最硬底子的 UNIX 支持者也承認，它的介面實在有夠難以理解。

總之，Gleick 先生無意間打錯了幾個字，procmail 就把他所有的 email 全都刪光了。一怒之下，他決定創辦自己的網路連線公司。他聘請了程式設計師 Uday Ivatury，建立了 Pipeline 公司，在當時確實是領先業界：它是第一家提供圖形介面的網路連線提供商。

1　James Gleick，「Chasing Bugs in the Electronic Village」（在電子村落追逐問題），《紐約時報》雜誌，1992 年 8 月 4 日。在網路上即可直接閱讀：www.around.com/bugs.html。

到了現在，Pipeline 當然也有它自己的問題。最初的版本由於沒採用任何類型的錯誤修正協議，因此很容易出錯或整個當掉。就像所有軟體一樣，它也有一些問題。我在 1993 年時，跑去應徵 Pipeline 的工作。在面試過程中，我向 Gleick 先生提到了他所寫的那篇文章。「既然你已經站到了牆的另一邊，」我問，「現在你對於建立好軟體的各種艱難，有更多體會了嗎？」

Gleick 一點都沒有悔意。他完全否認 Pipeline 有任何的問題。他堅決否認自己的軟體和 Word 一樣糟糕。他跟我說：「約耳呀，總有一天你也會討厭微軟的。」我實在有點震驚，因為他不僅僅只是一個軟體使用者，身為軟體開發者這麼多年的經驗，竟然沒有讓他真正體會到，做出沒有問題又容易使用的軟體有多麼困難。所以我後來就趕快閃人，回絕了這份工作。（Pipeline 後來被地球上最奇葩的網路供應商 PSI 買斷，然後又毫不留情的把整間公司收掉了。）

只要是軟體，都會有一些問題。CPU 是非常非常挑剔的。他們會斷然**拒絕**處理一切沒有明確被教導如何處理的事情，而且總是用**最幼稚任性**的方式來加以拒絕。我的筆記型電腦不在家裡時經常會當掉，因為它找不到原本可以找到的網路印表機。這樣就給我當掉，也太**幼稚任性**了吧。這很可能只是因為某一行程式碼，其中有個極其細小、幾乎微不足道的問題。

這就是為什麼，你絕對需要擁有一個 QA 部門的理由。每兩個程式設計師，就需要一個測試人員（如果你的軟體需要進行很多複雜的配置，或是要在很多種不同作業系統下運作，那就需要更多測試人員）。每個程式設計師都應該與一個測試人員密切合作，根據需要盡可能多提供最新的構建結果，給測試人員進行測試。

QA 部門一定要獨立、要有足夠的權力，而且絕不能成為開發團隊的下屬單位；事實上，只要軟體不符合要求，QA 負責人就有否決權可以阻止軟體上市。

我第一份真正的軟體工作是在微軟，這家公司並不是以高品質程式碼而聞名，但它確實僱用了大量的軟體測試人員。所以我原本還以為，所有軟體組織一定都有測試人員。

很多公司確實有測試人員。但令人驚訝的是，很多公司並沒有任何測試人員。事實上，有很多軟體團隊甚至不相信測試這回事。

你可能會以為，在經歷過 80 年代的品質狂潮之後，如今有了 ISO-9000 等等各種沒什麼意義的國際「品質」認證和「六個標準差」等等這些流行用語，現在的管理者們應該都明白，擁有高品質的產品才能帶來更好的生意。事實上，大家確實都很瞭解。大多數人腦中都有這樣的品質概念。但大家還是會想出很多理由，不去僱用軟體測試人員，而這些理由全都是錯誤的。

我希望可以向你解釋清楚，為什麼這些想法全都是錯誤的。如果你很趕時間，跳過本章其餘部分也沒問題，只要記得出去幫團隊裡每兩名全職程式設計師僱用一名全職測試人員就對了。

以下就是我所聽過、不僱用測試人員最常見的藉口。

1. 問題都是因為程式設計師太懶惰所造成的

「**如**果我們僱用了測試人員，」那些喜歡幻想的人會這樣說，「程式設計師就會很草率寫出問題很多的程式碼。不找測試人員的話，我們就可以迫使程式設計師，一開始就寫出正確的程式碼。」

太扯了吧。如果你真的這麼想，你大概從沒寫過程式碼，要不然就是你對寫程式碼這件事太不誠實。程式之所以有問題，從定義上來看，就是因為**程式設計師**自己**沒有看到**所以才洩漏出去的問題。很多時候就是需要另一雙眼睛，才能看出問題。

我還在 Juno 寫程式碼的時候，每次都比較喜歡用同樣的方式執行我的程式碼；我會用我自己習慣的做法，非常依賴滑鼠進行操作。我們有一位非常出色、資質過高的測試人員，她的習慣與我略有不同：她更喜歡用鍵盤來做很多的事情（實際上她會用每一種可能的輸入組合，對整個介面進行嚴格的測試）。這樣很快就會發現**一大堆**的問題。事實上，有一次她真的告訴我介面完全無法使用，*100%* 有問題，但我自己這邊卻是完全正常。後來我看到她重現問題時，突然間有一種想敲腦袋的念頭。Alt 鍵！妳按的是 Alt 鍵！我怎麼沒想到要測這個東西呀？

2. 我的軟體全都放在網路上。 我很快就能解決問題

哈哈哈哈哈！好吧，的確如此，相較於過去的套裝軟體，在網路上發佈的軟體確實可以更快發佈問題修正程式。但即使是放在網站上的軟體，尤其是專案凍結之後，千萬不要低估了修正問題的成本。比較麻煩的是，當你在修正第一個問題時，有可能會引入更多的問題。更麻煩的是，如果你好好檢視一下新版本推出的整個流程，就會發現在網路上推出修正程式，有可能是一個代價很高昂的提議。除了會給人留下不好的印象之外，還有可能演變成下面第三個藉口的情況，導致整片網路鬼哭神嚎的結果。

3. 我的客戶會幫我測試軟體

啊，這就是「Netscape」最可怕的辯解方式呀。這家可憐的公司就是採用這種「測試」方法，結果對他們的聲譽造成了極其嚴重的損害：

1. 程式設計師大約完成一半時，不進行任何測試就在網路上發佈軟體。

2. 程式設計師**說**已經完成時，不進行任何測試就在網路上發佈軟體。

3. 前面兩個步驟，重複六到七次。

4. 把其中一個版本稱之為「最終版」。

5. 每當 CNET 提到某個令人尷尬的問題時，就發佈 .01、.02、.03 版本。

這家公司率先提出了「廣泛的 beta 測試」（wide betas）這樣的想法。**數以百萬計**的人會去下載這些尚未完成、問題很多的版本。在最初的頭幾年，幾乎所有使用 Netscape 的人，都在使用某個預發行版（prerelease）或測試版（beta）。以結果來說，大部分人都認為 Netscape 這個軟體確實有很多問題。即使最終版通常問題少很多，但還是有**很多**人使用那些問題很多的版本，以至於大多數人對 Netscape 的**平均**印象都很差。

此外，「讓你的客戶進行測試」這整件事最重要的意義在於，他們發現問題，而你會去解決問題。遺憾的是，無論 Netscape 還是地球上任何一家其他的公司，都沒有人力來篩選這 200 萬名客戶的問題報告，並判斷出其中真正重要的問題。當我嘗試在 Netscape 2.0 回報問題時，問題報告網站總是反覆當機，根本不讓我回報問題（當然囉，就算問題回報成功，我想最後還是會掉進黑洞、消失的無影無蹤吧）。但是 Netscape 還是學不乖。目前最新「預覽」版本 6.0 的測試人員就在新聞群組裡抱怨，問題報告網站**還是**沒辦法提交問題報告。都過了這麼多年！竟然還是同樣的老問題！

在那些數量龐大的問題報告中，我敢打賭其中大部分都可以分類到 5 至 10 個**非常明顯**的問題組別中。要不然的話，就只能像大海撈針一樣，也許裡頭埋藏了一、兩個特別有趣、很難發現的問題，好不容易有人不厭其煩把問題提交了進來，卻沒有人會去查看，結果問題就這樣淹沒在一片茫茫之中了。

這種形式的測試方式最糟糕的是，你的公司會給人留下非常糟糕的印象。當初 UserLand 發佈他們的旗艦產品 Frontier 第一個 Windows 版本時，我就跑去下載並跟著教程開始學習。遺憾的是，Frontier 當掉了好幾次。我完全按照教程的說明進行操作，但還是無法讓程式執行超過兩分鐘的時間。我覺得 UserLand 根本就沒人做過**最基本的**測試，至少也要確保**教程**是可以用的吧。對這個產品有了品質如此低劣的印象之後，我後來很長一段時間都對 Frontier 望之卻步，嚇得連碰都不敢再碰了。

4. 夠資格成為優秀測試人員的人，都不想只從事測試工作

這確實是個很沉痛的問題。想聘請到優秀的測試人員，非常困難。測試人員就像程式設計師一樣，「最優秀的人」總比「一般人」厲害**一個數量級**。在 Juno，我們有一個測試人員叫 Jill McFarlane，她一個人所發現的問題數量，就是**所有其他四名測試人員加起來的三倍**。我並沒有誇大其詞；我真的有去算。她的工作效率是一般測試人員的**十二倍**之多。當她要離職時，我還給 CEO 發了一封 email 說，「我寧願讓 Jill 一個禮拜只上兩天班，這樣都比整個 QA 團隊所有人一起上班還強。」

遺憾的是，大多數如此聰明的人往往會對日復一日的測試感到厭煩，因此最好的測試人員大概都只能撐三、四個月，然後就會去找下一份工作了。

要解決這個問題唯一的辦法，就是先認清這個事實，然後再加以處理。下面就是我的一些建議：

- 把測試工作當成「技術支援人員」升職的一種職涯安排。雖然測試工作有點沉悶，但它肯定勝過要在電話中面對那些憤怒的使用者，而且這或許也是讓技術支援的人才不要流失掉的一種做法。

- 可以讓測試人員去參加程式設計課程，開展他們的職涯規劃，並鼓勵一些比較聰明的人，試著運用一些程式設計工具和腳本語言，開發出一些自動化測試套件。這總比一次又一次測試同一個對話框要來得有趣多了。

- 你也要認清一個事實，那就是你最厲害的測試人員一定會流動得很快。你要更積極招聘新人，才能保持穩定的人員流入。不要只因為你的人員配置暫時還算完整就停止招聘，因為這種好日子不會持續太久的。

- 可以找一些「非傳統」的員工：讓一些聰明的青少年、大學生和退休人員來兼差也行。你只要有兩、三個一流的全職員工，加上一群來自 Bronx Science（紐約排名第一的高中）、趁暑假想賺點學費來打工的孩子們，這樣就可以建立一個非常優秀的測試部門了。

- 僱用臨時人員。你只要僱用大約十個臨時人員，對你的軟體進行幾天的測試，就足以發現大量的問題。其中或許有兩、三個臨時人員具備良好的測試技能，這樣就很值得與他們簽約，讓他們轉成全職工作。但你也要提前認清事實，有些臨時人員就是不適合擔任測試人員；只要送走他們就可以繼續前進了。這本來就是臨時人力仲介公司存在的目的。

下面還有一個**不要去做**的處理方式：

- 千萬不要告訴大學資訊科學系的畢業生，說他們可以來你公司工作，但「每個人都必須在 QA 工作一段時間，然後才能去寫程式碼。」我見過很多這樣的例子。但程式設計師並不會是很好的測試人員，而且你還可能會因此而失去一個很難再找到的優秀程式設計師。

最後，大家不僱用測試人員最愚蠢的藉口，第一名就是：

5. 我請不起測試人員！

這是個最愚蠢、也最容易被拆穿的藉口。**測試人員**再難找，也比程式設計師便宜得多，況且還便宜很多很多。如果不僱用測試人員，你就必須讓程式設計師自己進行測試。如果你覺得測試人員流動是壞事，那你就等著看年薪 10 萬美元的明星程式設計師流動的代價有多高吧！因為你總是跟他們說「發佈之前先花個幾週測試一下」，總有一天他會受不了，然後就跳槽到另一家更專業的公司了。程式設計師跳槽的損失，絕對夠你僱用三名測試人員**工作一整年**。

吝於僱用測試人員，簡直令人髮指、根本就是打錯算盤了！竟然有這麼多人認不清這點，我實在太驚訝了。

23

頻繁切換工作
肯定是壞事

2001 年 2 月 12 日，星期一

如果你要管理一個程式設計師團隊，一定要學會的第一件事就是工作分配。講白了其實就是「**派事給人做**」。如果用希伯來語，就是一般所說的「**倒檔案**」（file dumping，因為你會把一堆檔案倒進人們的懷裡）。至於要把哪些檔案倒進哪些人的懷裡，這件事如果做得好，你就能獲得難以置信的生產力優勢。如果做得不好，可能就會造成很棘手的情況，因為沒有人能完成工作，而且每個人都會抱怨「在這裡根本沒辦法做事」。

因為這本書是寫給程式設計師看的，所以我會先用一個程式設計問題，來給你的大腦暖暖身。

假設你要進行 A 和 B 兩個獨立的計算。這兩個計算各自都需要 10 秒的 CPU時間。你有一個 CPU，而在這個問題中，工作佇列（queue）裡並沒有任何其他的東西。

我們的 CPU，可選擇是否要採用「多工處理」的做法。因此，你可以先用「循序處理」的做法，先做完一個計算再做另一個計算：

計算 A										計算 B									
1	2	3	4	5	6	7	8	9	10	11	12	13	14	15	16	17	18	19	20

或是你也可以採用多工處理的做法：

1 ▣ **3** ▣ **5** ▣ **7** ▣ **9** ▣ **11** ▣ **13** ▣ **15** ▣ **17** ▣ **19** ▣

如果你採用多工處理的做法，我們先假設在這個特定的 CPU 中，工作一次需要 1 秒鐘，工作切換則完全不用花時間。

你比較想用哪一種做法？大多數人直覺的反應，都會覺得多工處理比較好。實際上這兩種做法，你都必須等待 20 秒才能得到兩個計算的答案。**但是你可以再想想**，這兩個計算各自需要多長的時間，才能得到結果。

不管採用哪一種處理做法，B 的計算（以黑色顯示）結果都需要 20 秒才能做出來。但我們再看看 A 的計算。如果採用多工處理的做法，結果需要 19 秒才能做出來……但如果採用循序處理的做法，A 的結果只需要 10 秒就做出來了。

換句話說，在這個精心設計的範例中，如果你採用循序處理的做法，*A、B 這兩個計算的平均時間就會比較短一點（15 秒，而不是多工處理的 19.5 秒）*。（實際上，這並不是故意設計的例子——這是根據 Jared 在他的工作中必須解決的一個真實問題而衍生出來的例子。）

方法	計算 A 耗時	計算 B 耗時	平均
循序處理	10 秒	20 秒	15
多工處理	19 秒	20 秒	19.5

之前我曾說過「工作切換完全不用花時間」。實際上，在真實的 CPU 中，工作切換還是需要花一點時間——基本上要有足夠的時間，把 CPU 暫存器（register）的狀態保存到外面去，還要再把另一個工作的狀態載入 CPU 暫存器。不過，實際上這點時間幾乎可以忽略不計就是了。但是為了讓這個問題更有趣一點，我們姑且假設工作切換需要半秒鐘好了。這樣一來，情況看起來就變糟了：

方法	計算 A 耗時	計算 B 耗時	平均
循序處理	10 秒	20 + 1 次工作切換 = 20.5 秒	15.25
多工處理	19 + 18 次工作切換 = 28 秒	20 + 19 次工作切換 = 29.5 秒	28.75

再來，如果工作切換需要整整一分鐘會怎麼樣？（我知道這樣很扯，只是算好玩的啦！）

方法	計算 A 耗時	計算 B 耗時	平均
循序處理	10 秒	20 + 1 次工作切換 = 80 秒	45 秒
多工處理	19 + 18 次工作切換 = 1099 秒	20 + 19 次工作切換 = 1160 秒	將近 19 分鐘！

工作切換所花費的時間越長，多工處理所受到的懲罰就越重。

如果不考慮別的，單就這東西本身來說，也沒有那麼驚天動地，對吧？也許很快我就會收到一堆白痴寄來各種憤憤不平的 email，指責我「反對」多工處理的做法。「難道你想回到那個必須先退出 WordPerfect 才能再執行 Lotus 1–2–3 的 DOS 時代嗎？」他們也許會這樣質問我。

但這不是我要說的重點。我只是希望你和我一樣，都同意在這樣的例子中：

1. **平均來說**，循序處理的做法可以更快取得結果。

2. 工作切換所花費的時間越長，多工處理所付出的代價就越大。

好吧，回到更有趣的話題，我們要管理的是人，而不是 CPU。這裡的重點是，如果你管理的是**程式設計師**，工作切換肯定需要非常非常、真的非常長的時間。這是因為程式設計這種工作，你必須同時把很多事情記在腦子裡。你一次能夠記住的東西越多，你的程式設計效率就越高。正在全速寫程式碼的程式設計師，腦子裡肯定同時記著無數的東西：包括各種變數名稱、資料結構、重要的 API，以及他們所寫的、所調用的各種公用函式名稱，甚至保存所有原始程式碼的子目錄名稱。如果你把程式設計師送去克里特島度假三週，他們就會把**這一切**全都給忘了。人腦似乎會把這些東西移出大腦的短期 RAM 記憶體，改存到備份磁帶上，然後就永遠都找不回來了。

工作切換究竟要多久的時間呢？好吧，我的軟體公司最近暫時拋開我們一直在做的工作（開發我們的產品 CityDesk），然後花了三個星期的時間，去幫助客戶解決一個緊急的狀況。回到辦公室之後，好像又花了我們**三個星期**，才恢復到全速開發 CityDesk 的狀態。

如果從個人層面上來看，不知道你有沒有注意到過，如果你把一個工作分配給某個人，他可以做得很好，但如果你同時把**兩個**工作分配給同一個人，他就有可能兩個工作都做不好？他可能只會做好其中一個工作，卻忽略掉另一個工作；他也有可能兩個工作都做得超級慢，慢到你覺得**蝸牛**都爬得比他快。這是因為程式設計這種工作，如果不得不進行工作切換，一定就需要花很長的時間。如果我必須同時處理兩個程式設計專案，我覺得我自己切換工作的時間，大約就要六個小時。一整天的工作時間也不過八個小時，所以這也就表示，多工處理的做法會讓我的工作效率降到每天只剩兩個小時。這真的會讓人感到非常沮喪。

事實證明，如果你把兩件工作交給同一個人，結果發現他只做其中一件工作，另一件只能在一旁「等死」，那你其實應該謝天謝地才對，因為他們這樣才能完成更多的工作，平均來說也會比較快完成所有的工作。事實上，這一課真正要學習的東西，就是**你絕對不應該讓一個人同時處理一件以上的工作**。請務必確認，大家都知道自己需要專心處理的是哪一件工作。優秀的管理者都會把「**消除各種障礙**」當成自己的責任，好讓每個成員都能專注於**一件工作**，真正做好這件工作。如果遇到突發的狀況，請務必先想想自己能不能把狀況搞定，因為你的程式設計師當下應該已深陷於專案工作之中，如果貿然叫他切換工作出來救急，代價絕對是極其昂貴。

24

你絕對不該做的事
第一集 [1]

2000 年 4 月 6 日，星期四

Netscape 6.0 終於迎來第一個公開 beta 測試版。他們的 5.0 版從來沒正式推出過。前一個主要版本是 4.0 版，那是大約三年前的版本。在網路世界裡，三年已經是**很長很長**一段時間了。在這段期間，Netscape 只能眼睜睜看著市場佔有率直線下滑。

我只是一昧批評他們兩次重要版本發佈的時間相隔那麼久，這樣好像也是有點偏頗。畢竟他們不是**故意**的，對吧？

呃……不對喔。他們是故意的。他們做了一個決定，犯了天底下所有軟體公司都可能會犯的、**最嚴重的策略錯誤：**

他們決定砍掉重練，重寫所有程式碼。

Netscape 並不是犯下這種錯誤的第一家公司。Borland 當初收購 Arago，就想把它變成 dBase for Windows，結果也犯了同樣的錯誤；最後專案註定要失敗，因為他們實在花了太久的時間，後來市場就被微軟的 Access 整碗端走了。沒想到後來他們又再次犯下同樣的錯誤，從頭開始重寫 Quattro Pro，結

1　沒有第二集了喲。用這個標題純粹只是好玩，模仿的是 Mel Brooks 的電影名稱《*History of the World : Part I*》（**世界史：第一集**），但這部電影其實與軟體或本文完全無關。

果寫出來的功能少到讓大家驚訝不已。微軟差點也犯下同樣的錯誤，因為他們曾在一個叫做 Pyramid 的專案中，嘗試把整個 Word for Windows 重新寫過，結果這個註定失敗的專案最後還是被停掉、整個被拋棄，甚至還被刻意隱瞞了起來。微軟還算幸運，他們在維護舊程式碼庫這方面的工作從沒停止過，因此至少還有東西可以出貨——這件事後來也就只成為一個財務上的問題，而沒有演變成策略上的一場災難。

我們都是程式設計師。程式設計師的內心，往往自認為是一個建築設計師，每次來到某個網站，最想做的第一件事就是把整個地方推平，然後再建造出一些宏偉的東西。修修補補、改善修正、種植花圃等等這類漸進式翻新的做法，我們一點也不感興趣。

程式設計師總想扔掉程式碼重新開始，這其實有個很微妙的理由。因為他們總認為舊程式碼一團糟。不過這裡有個蠻有趣的觀察點，說明**他們很有可能搞錯了**。他們總認為舊程式碼一團糟的原因，其實是因為一個最基本的程式設計法則：

「讀」程式碼比「寫」程式碼更加困難。

這其實就是程式碼重複使用如此困難的理由。這也是為什麼你團隊裡每個人總喜歡用不同的函式做相同的事情（例如把一個長字串拆分為字串陣列）。大家總喜歡自己寫函式，因為這比搞懂舊函式的工作原理更容易，而且也比較有趣。

做為這個原理必然的結果，你現在就可以去問任何一個程式設計師，看他們覺得自己正在處理的程式碼寫得如何。「簡直就是一團亂，」他們會這樣跟你說，「我最想做的就是把它整個砍掉重練。」

為什麼會亂成一團呢？

「好吧，」他們會說，「看看這個函式。它竟然有兩頁那麼長！有好多東西根本就不應該放在這裡！我都不知道這一大半 API 調用是做什麼用的。」

在 Borland 最新 Windows 版試算表軟體上市之前，媒體引用了很多 Borland 那位多姿多彩的創辦人 Philippe Kahn 的談話，他一直誇耀自家的 Quattro Pro 比微軟的 Excel 好很多，因為這個軟體是從無到有全新編寫出來的。全新的原始程式碼耶！說得就好像舊的原始程式碼**會生鏽似的**。

全新程式碼一定比舊的程式碼更好，這顯然是一種很荒謬的想法。舊的程式碼已經被許多人**使用過了**。它已經被許多人**測試過了**。有許多問題曾**被發現過**，而這些問題也已經全都被**修正過了**。舊的程式碼已經沒什麼問題了。它不會只因為放在硬碟裡太久，就跑出問題來。**正好相反**，親愛的！軟體難道會像車庫裡的老車一樣，放久了就生鏽嗎？軟體難道會像泰迪熊一樣，**如果不用新材料製作**，就不像新的那麼棒了嗎？

我們再回頭看看那個兩頁長的函式。是的，我知道，它只是一個顯示視窗的簡單函式，可是卻好像多長出了一些毛之類的東西，而且沒有人知道為什麼。好吧，我告訴你為什麼好了：這是之前在解決程式碼各種問題時，所遺留下來的東西。其中有一個問題是，Nancy 在沒有安裝 IE 的電腦上安裝這個軟體，就會出現某些問題，但這裡的做法解決了此問題。另一個問題是在超低記憶體條件下，軟體也會出現問題，而這個問題也是靠這裡的做法解決了。另外還有一個問題，就是當檔案放在軟碟中，使用者卻突然抽出磁碟片，這樣就會出問題；這個問題也是靠這裡解決的。這裡的 LoadLibrary 調用雖然長得很醜，但它可以讓程式碼在舊版的 Windows 95 中順利執行。

這些問題在現實世界中，每一個都需要好幾個禮拜才能找出來。程式設計師當初可能花了好幾天的時間，才在實驗室裡重現問題並予以解決。問題看起來好像很多，但解決的方式有可能只動到一行程式碼，甚至只動到幾個字元，而為了改動這幾個字元，程式設計師當初很有可能投入了大量的工作與時間。

如果你決定拋棄程式碼從頭開始，就等於是拋棄所有這些長期累積的知識。拋棄所有辛辛苦苦收集來的問題和解決的做法。拋棄多年來程式設計的工作成果。

你所拋棄的，其實是你的市場領導地位。你根本就是把兩、三年的時間，送給你的競爭對手當禮物；請相信我，在軟體業這可是**很長**的時間呀。

你會把自己置於極其危險的境地，因為你有好幾年的時間，只能交出舊版本的程式碼，完全無法進行任何策略變更，或對市場所需的新功能做出反應，因為你根本就沒有可出貨的新程式碼。這段期間你不如停止營業算了。

你其實是在浪費大量的金錢，寫一些原本就已存在的程式碼。

你有其他選擇嗎？舊的 Netscape 程式碼庫**真的很糟糕**，這好像已經是大家的共識了。嗯，糟糕是糟糕，但你知道嗎？在現實世界大量的電腦系統中，它還是可以運作得非常好。

如果程式設計師說他們的程式碼一團糟（他們總是這麼說），這其中有三種理由，根本就不成理由。

第一種理由，他們會說程式碼有架構上的問題，程式碼的架構設計根本不正確。負責網路的程式碼會突然跳出自己的對話框，但這應該是負責 UI 的程式碼來處理才對。其實，只要很小心移動程式碼的位置、做一些重構的工作、修改掉一些介面，這些問題就可以逐一解決。這樣的工作可以交給一個程式設計師來負責，他只要仔細一點，把所做的修改一次全部提交到程式碼版本管理系統中，就不會影響到其他人的工作。即使是相當大幅度的架構修改，還是可以在**不拋棄程式碼的情況下**順利完成。以 Juno 專案來說，我們曾在某個點花了好幾個月重新架構程式碼：實際上就是把程式碼移來移去，做一些清理工作，建立一些有意義的基礎物件類別，並在一些模組之間建立更清晰的介面。最後我們在現有的程式碼基礎下，小心翼翼完成了這項工作，不但沒有拋棄原本正常運作的程式碼，也沒有引入新的問題。

程式設計師認為程式碼一團糟，第二種理由通常會說，程式碼的效率太差了。據說 Netscape 負責渲染網頁的程式碼速度特別慢。但這其實只會影響到整個專案的一小部分，你完全可以針對這一小部分，做一些最佳化的修改，甚至把這一小部分全部重寫也沒問題。但你就是不必重寫整個專案。尤其是在速度最佳化方面，1% 的工作往往就可以讓你達到 99% 的效果。

第三種理由，他們或許會說，這程式碼實在是太醜了。我曾經參與過一個專案，其中真的有一種資料型別叫做 FuckedString。另外還有一個專案，一開始使用了一種命名慣例，只要是成員變數，一定是以底線「_」做為開頭，但後來又改成比較標準的「m_」做為開頭。所以後來有一半的函式是以「_」開頭，另一半則是以「m_」開頭，看起來實在有夠醜。不過坦白說，只要使用 Emacs 裡的巨集功能，五分鐘之內就能解決這個問題，根本不需要把所有程式碼砍掉重練。

很重要一定要記住的是，就算整個砍掉重練，你也**絕對沒有理由**相信，你一定會做得比第一次更好。首先，你目前程式設計團隊裡的成員，甚至有可能已經和當初開發 1.0 版的人完全不同了，所以你其實並沒有「更多的經驗」。大部分的舊問題，很可能全都會重新再犯一次，甚至還會引入一些原始版本沒有的新問題。

「做好就丟掉」這句老話，如果貿然套用到大型商業應用程式中，其實是很危險的。如果你寫程式碼只是為了做點實驗，只要一想到更好的演算法，或許就可以把上週寫好的函式直接丟掉了。這沒什麼問題。或許你想重構某個物件類別，讓它更容易使用。那也沒什麼問題。但是直接拋棄掉整個程式，根本就是一種危險又愚蠢的行為；如果當初 Netscape 有一些真正具備軟體業經驗的成熟人士在監督，或許他們就不會搬石頭砸自己的腳，落到今天如此嚴重的下場了。

後記

之前因 Netscape 而廣為人知的那些藝術家們，終於發佈了一個叫做 Mozilla 的東西，這是他們徹底重寫的開創性全新產品。在他們完成此產品的這段期間，他們的市場佔有率幾乎完全消失了。

25

冰山的秘密大揭露

2002 年 2 月 13 日，星期三

「我也不知道整個開發團隊出了什麼問題，」公司的 CEO 自言自語道。「我們剛開始啟動這個專案時，一切進展都很順利。剛開始前幾個禮拜，整個團隊瘋狂運轉，很快就做出了一個很棒的原型。但從那之後，整個步調好像就慢了下來。大家似乎也沒那麼拼了。」他挑了一支 Callaway 鈦合金一號發球木桿，然後叫桿弟去拿一杯冰鎮檸檬水。「也許我應該考慮開除掉幾個落後的人，這樣大家或許就會認真起來也說不定！」

這時候，開發團隊裡的人當然**什麼都不知道**，也不覺得有什麼問題。事實上，的確沒什麼問題。他們一直按照著時程表持續推進，各項工作也都在陸續進行中。

千萬別讓這樣的情況，發生在你的身上！我打算告訴你一個小秘密，讓你更瞭解那些非技術管理人員在想什麼，好讓你的日子更輕鬆一百萬倍。這其實很簡單。一旦你知道了我的小秘密，下次你和非技術管理人員合作時，就不會再遇到麻煩了（除非你們非要爭論一些高爾夫球桿恢復係數的問題）。

很明顯，程式設計師總是用某一種語言來思考，而 MBA 則是用另一種語言來思考。關於軟體管理的溝通問題，我已經思考好一段時間了，因此我很清楚，權力和回報往往只屬於少數人，而這些少數人都知道，如何在技術人員和管理人員之間做好翻譯的工作。

自從我開始從事軟體業工作以來，我所開發過的所有軟體，幾乎都是所謂的「推想型」（speculative）軟體。也就是說，這種軟體並非針對特定客戶而打造；之所以推出這樣的軟體，主要是根據推想、期待會有**無數人**購買這樣的軟體。不過也有很多的軟體開發者，並沒有這樣的福份。他們有的是擔任顧問工作，協助單一客戶開發某個專案，有的是公司內部的程式設計師，必須為公司會計部門做出某種複雜的功能（公司內部程式設計師所做的工作，一直讓我覺得很神秘）。

你有沒有注意到，在這些客製化專案中，各種超時、延誤、失敗或其他常見的痛苦，其原因基本上都可以歸結成一句話，「（X！）客戶根本不知道自己要的是什麼？」

以下就是這句話所衍生的三種不同版本：

1. 「那該死的客戶一直在改變主意。一開始，他要的是客戶端／伺服器的架構。後來他在 Delta 航空公司飛機上看到雜誌裡介紹 XML 這個東西，就決定一定要用 XML。而現在，我們又要改寫程式碼，讓一大群小型樂高 Mindstorms 機器人可以搭配使用。」

2. 「我們**完全按照他們想要的方式**打造程式……合約詳細記載了各種最細微的規格。我們也交出了與合約完全相符的成果。但最後把成果交給他們時，他們卻一個個垂頭喪氣的。」

3. 「我們那可悲的業務竟然簽了一份**固定價格合約**，要我們打造出基本上完全沒有具體說明的東西，而這個客戶的律師也很厲害，在合約裡設下了一項條款，就是唯有「客戶接受」之後，才需要付錢給我們」，結果我們只好派出一個由九名開發者組成的團隊，花了兩年的時間去做他們的專案，最後卻只得到 800 美元的報酬。」

如果有那麼一件事情，一定要用每分鐘 2500 轉的 DeWalt 重型鑽頭，鑽進每個菜鳥顧問的腦袋裡，那件事肯定就是：

客戶根本不知道自己想要什麼！
絕對不要期待，客戶知道自己想要什麼。

絕不要期待就對了！這種事就是打死都沒發生過。你一定要認清這個事實。

其實應該反過來，**反正**你一定要打造出某個東西，乾脆直接嘗試去做客戶一定會喜歡的東西，只要客戶最後看到成果時覺得有點驚喜，那就沒問題了。因此，**你**必須先做點研究。**你**必須靠自己想出某些設計，然後用一種令人滿意的方式解決客戶的問題。

你必須設身處地，站在客戶的角度為他們著想。想像一下，假設你剛把你的公司賣給了 Yahoo！，賺了 1 億美元，所以你做了一個決定，打算翻修一下你家的廚房。於是你聘請了一位建築設計師專家，然後跟他說，你想讓你家的廚房變得「像《Will & Grace》電視劇裡的廚房一樣酷」。其實你根本不知道該怎麼做。你完全不知道，自己想要的是維京爐具和 Subzero 冰箱──你的大腦裡根本不存在這些詞彙。你只希望建築設計師可以把這件事辦妥；這就是你僱用他的理由。

極限程式設計的擁護者會說，只要讓客戶**加入設計團隊**，就可以解決問題。客戶本身就是開發團隊的一員，因此可以參與設計過程的每一步。這樣的做法，我認為根本就超越了「**極限**」，有點太過極端了。這就像是我的建築設計師在設計廚房時，要求我一定也要在現場，而且每個小細節我都必須提供意見。可是這些事對我來說，其實還蠻無聊的；如果我真的想要成為一個建築設計師，我早就去了。

不管怎麼說，總之你肯定**不想**把客戶放進你的團隊裡，對吧？如果你堅持要客戶派個代表來加入團隊，客戶恐怕也只會派出會計部某個可憐的傢伙，來與你的程式設計師一起工作，只因為他是部門裡動作最慢的人，會計部暫時少了他也不會有什麼問題。而你則需要再花許多寶貴的設計時間，想辦法用一些簡單易懂的說法，來向他解釋許多事情。

其實你完全可以假設，你的客戶根本不知道自己想要什麼。你只需要根據自己對這個領域的理解，好好自行設計就可以了。如果你需要花時間去瞭解某些其他的領域，去找其他領域的專家來協助你當然沒問題，但軟體設計這件事，只靠你自己就足夠了。你只需要好好完成自己專長領域的工作，再建立一個良好的使用者介面，這樣客戶就會很滿意了。

之前我答應過你，要告訴你一個秘密，讓你可以針對你的客戶（或是非技術型管理者）所使用的語言，以及程式設計師所使用的另一種語言，做好兩種語言之間的翻譯工作。

你知道冰山有 90% 都是在水面下嗎？其實，大多數軟體也是如此──漂亮的使用者介面大概只會佔掉 10% 的工作，而佔掉 90% 的程式設計工作，則是在看不到的背後進行的。如果再考慮到大約有一半的時間，會用來解決後續各式各樣的問題，這樣一來 UI 使用者介面的工作就只佔 5% 了。要是再把範圍限制在 UI 視覺效果的部分（也就是在 PowerPoint 裡可以看到的部分），恐怕就只剩下不到 1% 了。

這件事倒也不是什麼秘密。真正的秘密是，**只要不是程式設計師，一般人根本不瞭解這件事。**

這個冰山的秘密，還可以推導出一些非常非常重要的推論。

重要推論一

如果你給一般人看程式的畫面，其中 90% 的使用者介面都很糟，他們就會認為這個程式大概 90% 都還沒完成。

我是在當顧問時學到這件事的，當時我正在為客戶的主管們示範一個 Web 應用程式專案。這個專案的程式碼，幾乎 100% 都完成了。不過我們還在等平面設計師，挑選出所需的字體和顏色，而且炫酷的 3D 頁籤也還沒繪製完成。因此，我們只用了普通的字體和黑白的顏色，而且畫面上還有一大堆又醜又浪費空間的留白，基本上看起來一點也不好看。但是，各功能幾乎 100% 都完成了，當時已經可以做出很多非常了不起的事情。

在示範過程中，究竟發生了什麼事呢？客戶在**整場會議**過程中，一直都在抱怨畫面的外觀。他們甚至連 UI 使用者介面都沒機會討論到。所有人都只關心畫面外觀的問題。「**這樣看起來就是很不成熟呀，**」他們的專案經理如此抱怨道。他們心裡所想到的，大概也就只有這些東西了。我們根本無法讓他們再進一步，去考慮實際的功能。其實這些畫面設計的工作，大概只需要一天的時間就能完成。如果單就他們所關注的東西來看，你可能會有一種錯覺──他們是不是以為，自己所僱用的是**畫家**呢？

重要推論二

如果你把一個介面美觀度 100% 的畫面展示給一般人看，他們恐怕就會認為，程式應該差不多已經完成了。

只要不是程式設計師，一般人都只會看畫面的外觀，眼中只看到許多的像素。如果這些像素「看起來很像」已經可以完成某件事，他們心裡就會想，「哦，都已經做到這樣了，要讓它**真正跑起來還能有多難**？」。

如果你為了跟客戶進行一些對話，先把 UI 的原型做了出來，這時候可能就會出現一個很大的風險，因為大家心裡可能會以為，你的工作差不多應該快要完成了。但你隨後又花了一整年時間，去完成那些「在背後進行、一般人看不到」的工作，由於沒有人知道你在做什麼，因此他們就會認為，你用了一整年卻什麼都沒做。

重要推論三

假設某家網路公司的網站只有四個頁面，但每個網頁都很精美又酷炫；另一家網路公司擁有 3,700 年的歷史資料，功能非常強大，但是整個網站只採用單調的灰階背景；這兩家網路公司相較之下，前者往往會得到比較高的評價。

哦，對了，網路公司早就不值錢了。就當我沒說好了。

重要推論四

如果在政治上有需要讓一些非技術相關的各單位經理或客戶「批准」專案，那就提供幾個不同版本的畫面設計讓他們做選擇吧。

你可以調整某些東西的位置，改變一下畫面的外觀和字體，或是移一下 Logo讓它變大或變小一點都可以。你也可以把一些無關緊要的其他事情交給他們，

讓他們覺得自己很重要、很有參與感。這樣一來他們就不會對你的時程進展，造成太大的影響。一個好的室內裝修師傅，經常會帶一些樣品和材料，來給他們的客戶做挑選。但他們絕不會找客戶討論洗碗機的擺放位置。不管客戶怎麼想，洗碗機就是一定要放在水槽邊才行。浪費時間去討論洗碗機應該放在哪裡，根本就沒有意義；這種事甚至**連提都不用提**，反正一定要放水槽邊就對了；你不妨讓客戶們的設計靈感，盡量用在一些無害的事情上，比如流理檯的檯面究竟要用意大利花崗岩、墨西哥瓷磚，還是用挪威木質砧板？這種事就算他們臨時改變主意，變來變去變 200 次也無所謂。

重要推論五

如果你要做展示，唯一重要的就是軟體的畫面。請務必展現出百分之百最美麗的畫面。

絕對不要以為，你可以**叫大家想像一下畫面有多酷**……也不要以為，大家會去看軟體的功能。不會這樣的。大家都只想看漂亮的畫面。

賈伯斯（Steve Jobs）就很清楚這一點。哦拜託，**他**超懂的好嗎。Apple 的工程師好像都很會製作超棒的畫面視覺效果，譬如你看 dock 裡那些超華麗的全新 1024×1024 圖示（雖然這些東西超級浪費硬碟空間）。Linux 桌面也有一群人，對半透明的 xterms 非常著迷，因為它可以呈現出很棒的畫面，但通常使用起來有點煩就是了。每次 Gnome 或 KDE 發佈新版本時，我都會直接去看新畫面然後說，「哦，他們這次把行星從木星改成土星了。酷哦。」至於實際上改了哪些東西，我才不管咧。

冰山管理法

還記得本章開頭的 CEO 嗎？他之所以很不高興，是因為他的團隊一開始就向他展示了很棒的 PowerPoint 畫面——只不過，那只是模型而已，是用 *Photoshop* 做出來的，甚至連 VB 都沒用上。現在大家其實都在忙著完成一些藏在畫面背後看不到的工作，所以看起來才會像是什麼進度都沒有似的。

像這樣的情況,你可以怎麼做呢?一旦你理解了冰山的秘密,要利用它就很容易了。你一定要知道,在暗暗的房間裡你用投影機展示出來的那些東西,大家都**只會看畫面**而已……如果你要展示軟體的 UI 使用者界面,只要是功能還沒完成的部分,UI 就要**看起來**像是還沒完成的樣子。舉例來說,只要功能還沒完成,工具列上的圖示就用塗鴉的方式來呈現。在打造 Web 服務時,你可能也要考慮採用這樣的做法:只要功能還沒完成,就不要把該功能放進首頁中。在這樣的做法下,大家就會隨著你逐漸打造出越來越多的東西,在首頁就可以看到,可用的選項從原本的 3 個逐漸增加到 20 個。

更重要的是,你也可以藉此方式,掌控大家對於時程進展的看法。你可以用 Excel 的格式,提供詳細的時程 [1],然後每個禮拜再給大家發一封自我鼓勵的 email,談談大家如何把完成度從 32% 推進到 35%,這樣看來 12 月 25 日要出貨應該**很有希望**才對。你一定要設法讓真實的進展狀況,主導大家心裡的想法,免得有人胡思亂想,開始懷疑專案停滯不前、沒有任何進展。還有,不要再讓你老闆用 Callaway 鈦合金一號木桿了,因為這樣很不公平。我知道你很希望他贏球,但 USGA 已經禁用這種球桿了。

---

1 請參見第 9 章。

26

「抽象必有漏洞」法則

2002 年 11 月 11 日，星期一

我們每天都在使用網際網路，而相應的工程技術中，藏著一個很關鍵的小小魔法。這個小小魔法，就藏在「TCP 協議」這個網際網路最基本的構建元素中。

TCP 是一種很**可靠**的資料傳輸方式。意思就是：如果你在網路上用 TCP 發送訊息，這個訊息一定會送達，而且內容不會被篡改或損壞。

我們很多事情都會用到 TCP（例如取得網頁內容、發送 email）。正是因為有 TCP 的可靠性，所以那些盜用東非人帳號所發出的超火辣 email，才能一字不差的送到你的手中。真是太開心了。

相較之下，還有另一種傳輸資料的方法，也就是所謂的 IP，它就比較**不可靠**了。沒有人能保證你的資料一定會送達，而且資料很可能在送達之前就先亂掉了。如果你用 IP 來發送一堆訊息，結果只有一半送達你也別太驚訝，而且訊息送達的順序，也有可能與發送的順序完全不同。訊息的內容，也有可能被別的東西替換掉，例如變成可愛的小猩猩圖片，或是標題看起來很像來自台灣的垃圾郵件，或是根本無法閱讀的一堆垃圾訊息。

我所說的小小魔法，就是下面這件事：TCP 是在 IP 的基礎上架構起來的。換句話說，TCP 必須靠著 IP 這個很**不可靠的工具**，很可靠地發送各種資料。

為了說明這為什麼算是一種魔法，你可以看看下面這個現實世界類比的場景（雖然有點荒謬）。

想像一下，假設我們要把一群演員從美國東岸的百老匯，送到美國西岸的好萊塢；我們會用開車的方式，載著他們跨越整個美國。但是，有時會遇到車禍，害某些可憐的演員半路掛掉。有時演員會在路上喝醉酒，跑去剃光頭或在鼻樑上刺青，結果變得太醜，根本沒辦法在好萊塢工作。另外，由於大家走的路線都不一樣，演員們抵達的順序經常也與出發的順序不同。現在我們再來想像一下，有一種名為「好萊塢快車」的新服務，它不但可以把演員送到好萊塢，而且還保證一定可以（a）安全送達（b）按照原順序（c）狀態完好如初。最神奇的是，好萊塢快車並沒有另外發明運送演員的新方法，他們依然是採用「開車跨越整個美國」這種不可靠的方法。實際上好萊塢快車的做法是，在每個演員送達時，先檢查其狀態是否完好如初，如果不是，就打電話給總部，要求重新派出該演員的同卵雙胞胎。如果演員送達的順序錯誤，好萊塢快車就會先重新排好順序。如果有個巨大的幽浮在前往 51 區的途中，墜毀在內華達州的高速公路上，導致高速公路無法通行，原本走那條路的演員全都會改道亞利桑那州，但好萊塢快車並不會告訴加州的電影導演，運送途中發生過什麼事。對導演來說，他只知道演員們好像來得晚了一些，但根本不會**知道**幽浮墜毀的事。

這 就 是 TCP 的 小 小 魔 法。電腦科學家喜歡把這東西稱之為「**抽 象**」（abstraction）：把某個很複雜的東西加以簡化，而那些很複雜的部分，全都藏到了背後看不到的地方。事實證明，許多電腦程式設計其實都是在建構各種抽象。比如什麼是字串函式庫？它就是一種抽象，讓我們以為電腦可以像操縱數字一樣，輕鬆操縱各種字串。什麼是檔案系統？它也是一種抽象，讓我們以為硬碟並不是一堆高速旋轉、可以在特定位置儲存原始位元資料的磁碟片；它讓我們以為所使用的是檔案夾包著另一個檔案夾的階層式系統，檔案夾裡放著許多檔案，而這些檔案全都是由字串所組成，每個字串則是由一個一個的 Byte 位元組所組成。

我們再回頭看看 TCP。之前為了簡單起見，我撒了個小謊，說不定你們有人看到都快瘋了，耳朵簡直都要冒煙了。我之前說，TCP 可以保證你的訊息一定會送達。但實際上並非如此。如果你的寵物蛇咬斷你電腦的網路線，當然就**沒有**任何 IP 封包可以穿過網路，TCP 對此完全無能為力，而你的訊息當然也就無法送達了。如果你不小心惹到公司裡的系統管理員，他可能就會整你一頓，例如把你的網路線插入某個超載的 hub 集線器，結果你的 IP 封包只有一小部分可以順利通過，雖然這樣 TCP 還是可以正常運作，但速度肯定會變得超級慢。

這就是我所謂的「**抽象必有漏洞**」。其實 TCP 是用一種「抽象」的方式,把下面那層不可靠的網路包了起來,但有時網路還是會讓「抽象」出現漏洞,這時候你就會感受到,「抽象」已經罩不住了、沒辦法保護你了。這只不過是我所說的「抽象必有漏洞」法則其中一個例子而已;事實上:

所有重要的「抽象」,某種程度都是有漏洞的。

抽象總會遇到失效的情況。有時只有一點點小漏洞,有時卻很多。只要有漏洞,就會出問題。只要使用了抽象,這種情況就會到處出現。下面就是一些例子。

- 有時我們會以迭代的方式,逐一操作某個超大型二維陣列裡的每個元素;即使像這麼簡單的事情,在操作時究竟要沿著橫向、還是要沿著縱向,這兩種方式的執行效能可能就會截然不同;這件事其實取決於二維陣列的排列方式,其中某個方向有可能比另一個方向更容易導致大量的分頁錯誤(page fault),而分頁錯誤處理起來絕對是慢很多的。即便是組合語言程式設計師,也有可能假設自己拿到的是一大塊完整可定址的記憶體空間,但作業系統會用硬碟空間來充當「虛擬記憶體」(virtual memory),這件事其實就是一種「抽象」,而「分頁錯誤」就是這個「抽象」的一個漏洞,因為只要出現分頁錯誤,存取記憶體的速度就會慢很多很多。

- SQL 語言其實也是一種抽象,它會把資料庫查詢的實際程序步驟打包起來,讓你只需要定義想取得的資料,資料庫就會自動搞清楚該如何進行查詢的實際程序步驟。但是在某些情況下,有些特定的 SQL 查詢,就是會比其他邏輯上等效的查詢方式慢上好幾千倍。其中一個比較有名的例子,就是在某些 SQL 伺服器中,「where a=b and b=c and a=c」執行速度就是比「where a=b and b=c」快得多(雖然所得出的結果是一樣的)。抽象的目的,就是希望你不必去關心程序步驟,只要關心規格就可以了。但有時候抽象還是會出現漏洞,導致性能上出現可怕的差別,這時候你只好利用查詢計劃分析器(query plan analyzer)研究一下究竟做錯什麼事,這樣才能搞清楚怎麼讓你的查詢跑得更快一點。

- 雖然有 NFS 和 SMB 這類的網路函式庫,讓你可以把遠端機器中的檔案「當成」本機檔案來使用,但有時連線總會變慢或完全斷線,這時候檔案就無法再像本機檔案一樣了;身為一個程式設計師,你一定要寫一些程式碼來處理這樣的問題。「遠端檔案用起來就像本機檔案一樣」這個抽象是

有漏洞的 [1]。下面就是 UNIX 系統管理員會遇到的一個具體範例。如果你把使用者的主目錄放在一個用 NFS 掛上來的路徑中（這就是一個抽象），而你的使用者建立了一個 .forward 檔案，想把他們所有的 email 自動轉發到其他地方（這又是另一個抽象），如果新的 email 送達時，NFS 伺服器停機了，這封 email 就不會被轉發（因為這時候找不到 .forward 檔案）。這個抽象的漏洞，真的就是會把一些 email 丟在地上不管了。

- C++ 的字串物件類別，其用意就是要讓你可以把字串當成第一級（first-class）資料。這個抽象主要就是想把「字串很麻煩」[2] 這個事實包起來，讓你在操作字串時可以像操作整數一樣簡單。幾乎所有的 C++ 字串物件類別，都會以多載（overload）的方式定義「+」這個運算符號，讓你可以用 **s + "bar"** 的寫法把字串串接起來。但你知道嗎？不管再怎麼努力，地球上就是沒有任何一個 C++ 字串物件類別，可以讓你使用 **"foo" + "bar"** 這樣的寫法，因為在 C++ 裡，像 "foo"、"bar" 這種以字面方式定義的字串（string literal），一定都只會是 char*，絕對不會是字串物件（譯註：所以也就沒辦法使用「+」這個運算符號了）。這時候抽象出現了漏洞，但程式語言卻沒辦法讓你堵住這個漏洞。（好笑的是，C++ 的進化史，簡直就是一段企圖堵住這個字串抽象漏洞的歷史。我實在不明白，他們為什麼不乾脆在程式語言裡，添加一個原生的字串物件類別呢？）

- 下雨的時候，你就是不能開快車，就算你的車有擋風玻璃、有雨刷、有頭燈、有車頂、有防起霧加熱器，所有這些東西都可以讓你不用在意外面正在下雨的事實（這些東西把天氣狀況抽象化了），可是，你還是必須注意有可能會打滑，有時候雨實在太大，很遠的前方你根本看不清楚，所以在下雨時你一定要慢慢開，因為無論再怎麼抽象，都無法讓你完全不管天氣的狀況，這就是「抽象必有漏洞」法則。

「抽象必有漏洞」法則這個東西其實很有問題，其中一個理由就是，這表示抽象並不像我們所想的那樣、可以真正簡化我們的生活。我在訓練某人成為一名 C++ 程式設計師時，如果可以不必去教他們 char* 和指針相關運算之類的東西，那豈不是太好了嗎？如果可以直接教 STL 字串，那不是單純多了嗎？但是總有一天，他們會寫出 **"foo" + "bar"** 這樣的程式碼，遇到一些真的很奇怪的事情，然後我就只好停下手邊的工作，無論如何到最後還是必須教他們

---

1 參見第 17 章。

2 參見第 2 章。

char* 相關的知識。或者有一天，他們想調用某個 Windows API 函式，文件裡說該函式有一個 OUT LPTSTR 參數，結果他們根本搞不懂怎麼用，只好再去學習 char*、指針、Unicode 和 wchar_t、TCHAR header 檔案這些東西，把這些漏洞一個一個補上。

在教人學習 COM 程式設計時，如果可以只教大家如何使用 Visual Studio 精靈程式與各種程式碼自動生成功能，那豈不是太容易了嗎？但是，之後如果出現任何問題，大家對於究竟發生什麼事根本就沒概念，更別說要進行除錯解決問題了。到最後我還是不得不教大家什麼是 IUnknown、CLSID、ProgIDS 和……哦，我的天呀！

在教人學習 ASP.NET 程式設計時，如果我可以教他們只要雙擊某個東西，然後再寫一些伺服器可執行的程式碼，這樣一來使用者點擊這些東西時，就會自己去執行程式碼了，這樣豈不是太好了嗎？事實上，原本 HTML 針對「點擊超鏈接」（<a>）和「點擊按鈕」（<button>、<input type="button">）這兩件事，各自有不同的寫法，但 ASP.NET 藉由抽象的方式，把兩者之間的差異包了起來。問題是：ASP.NET 設計者必須隱藏一個事實，那就是 HTML 無法透過超鏈結來提交表單。他們的做法就是把 onclick 放進超鏈結，然後再用幾行 JavaScript 來做相應的處理。但是，抽象必有漏洞。如果使用者禁用了 JavaScript，ASP.NET 應用程式可能就無法正常運作了，而且這時候程式設計師如果不知道 ASP.NET 把什麼東西抽象化了，根本就不知道哪裡出了問題。

由於「抽象必有漏洞」，因此每當有人做出某種神奇的程式碼自動生成工具，讓我們可以大幅提升效率，你還是會聽到有很多人說，「先學習如何手動完成，再使用那些節省時間的神器吧。」程式碼生成工具看起來就好像是幫我們抽象出某些東西，但就像所有其他的抽象一樣，終究還是會有一些漏洞，而有效處理漏洞的唯一方法，就是瞭解抽象的原理，搞清楚它究竟抽象了哪些東西。以結果來說，抽象可以幫我們省下一些工作的時間，但其實並沒有幫我們省下學習的時間。

所有這一切也就表示，即使我們擁有越來越高級的程式設計工具，各種抽象做得越來越好，但很吊詭的是，要成為一個熟練的程式設計師，卻越來越困難了。

我第一次在微軟實習的期間，寫了一些可以在麥金塔（Macintosh）上執行的字串函式庫。那只是一個典型的工作：寫出一個新版的 strcat，送回一個指向新字串末尾處的指針。只需要幾行 C 程式碼就可以搞定了。我用到的所有東西，全都寫在 K&R 關於 C 語言程式設計的那本薄薄的書裡。

到了今天，為了要做 CityDesk 這個軟體，我就必須瞭解 Visual Basic、COM、ATL、C++、InnoSetup、IE 內部結構、正則表達式、DOM、HTML、CSS 和 XML —— 相較於 K&R 的那些老東西，所有這些新東西全都是更高級的工具，但我終究必須先瞭解 K&R 的那些東西，否則我什麼都做不了。

十年前，我們或許會想像，在最新的程式設計典型做法下，程式設計應該會變得更容易才對。的確，我們多年來所建立的抽象，**確實**讓我們更有能力去處理更複雜的軟體開發工作（例如 GUI 程式設計和網路程式設計），其中有很多在十幾年前是很難去處理的。而這些偉大的工具（比如現代的物件導向語言），雖然可以讓我們以難以置信的速度完成大量工作，但突然有一天，我們卻要花兩週的時間，想辦法去找出抽象裡的漏洞。假設你要僱用一個程式設計師，主要進行的是 VB 程式設計的工作，如果你所僱用的人只會做 VB 程式設計，那肯定會出問題，因為每次只要一出現 VB 抽象的漏洞，他就會完全卡住、什麼都做不了。

「抽象必有漏洞」法則，一直在拖我們的後腿呀。

27

程式設計世界裡的 Palmerston 勳爵

2002 年 12 月 11 日，星期三

曾幾何時，你只要讀過 Peter Norton 所寫的一本書[1]，就能完全理解 IBM-PC 程式設計所有相關的知識。而過去 20 年來，世界各地的程式設計師一直做出各種努力，在 IBM-PC 上建構出一層又一層的抽象，讓程式設計變得越來越容易，各種功能也越來越強大了。

但「抽象必有漏洞」法則[2]也告訴我們，就算大家打造出各式各樣的抽象，照理說應該可以讓程式設計變得更容易，但身為一名優秀的程式設計師，你所必須搞懂的東西還是一直在增加。

想在程式設計的某個世界裡達到真正精通的程度，往往需要好幾年的時間。當然，也有很多聰明的小夥子，只花一個禮拜就學會 Delphi，過一個禮拜又學會 Python，再一個禮拜連 Perl 也學會了，於是就自認為已經精通了。不過他們並不知道，自己還缺了多少的東西。

自從 ASP 和 VBScript 剛問世以來，我就一直在使用了。VBScript 是世界上最小、最微不足道的一種語言，而 ASP 程式設計則有五種物件類別要學，其中

1　Peter Norton，《*Inside the IBM PC : Access to Advanced Features and Programming*》（深入 IBM PC：使用高級功能與程式設計，R. J. Brady 公司，1983）。

2　參見第 26 章。

大概只有兩種你會經常用到。可是直到現在我才終於感覺到，我總算搞懂如何架構出一個優良的 ASP / VBScript 應用程式最佳的做法。我終於知道，資料庫存取程式碼最好放在哪裡，還有使用 ADO 取得記錄集最好的做法，以及把 HTML 和程式碼分隔開來的最佳方式等等。我終於改用正則表達式、而不再寫那些只用一次的函式，來進行各種字串操作。就在上個禮拜，我也才剛學會如何從記憶體取出 COM 物件，以便重新進行編譯（而無須重新啟動整個 Web 伺服器）。

我們的 Fog Creek 公司規模太小，實在養不起專家，所以我們用 ASP / VBScript 製作出 FogBUGZ[3] 這個產品之後，為了寫出真正好用的安裝程式[4]，我利用自己多年在 C++ / MFC 和 Windows API 方面的經驗，加上還不錯的 Corel PHOTO-PAINT 技巧，建立了一個可以放在精靈程式畫面角落的一個小圖片。然後，為了讓 FogBUGZ 能與 Unicode 完美配合，我不得不用 C++ 和 ATL 寫了一個小小的 ActiveX 控制元件，這恰好用到了我多年的 C++ 和 COM 經驗，而我在 CityDesk 實作字元編碼相關程式碼時，當初花了一週左右所累積的學習經驗，在這裡也派上了用場。

所以當我遇到一個只會出現在 NT 4.0 的奇怪問題時，我只花了三分鐘就解決了，因為我知道怎麼利用 VMWare（我用 VMWare 弄了一台乾淨的 NT 4.0 虛擬機），而且我知道怎麼用 Visual C++ 來進行遠端除錯，我也知道查看 EAX 暫存器可以取得函式所送回來的值。如果是剛接觸這些東西的人，或許就要花一個小時或更長的時間，才能解決同一個問題，而我基本上已經學會大量的「東西」，因為我從 1983 年擁有第一部 IBM-PC（還有那本 Norton 的書）以來，就一直在學習這些「東西」了。

由於抽象必有漏洞，因此我們的學習曲線，往往會變得很像一根曲棍球棒：只要經過一個禮拜的學習，你就可以學到 90% 平常會用到的技能。但剩下的 10%，卻可能要好幾年的時間才能補齊。這就是真正有經驗的程式設計師，比那種「無論你要我做什麼，我都可以立刻拿起書來學習怎麼做」的人更加厲害之處。如果你正在打造一個團隊，先讓一些經驗不足的程式設計師去用一些抽象工具，寫一些大塊大塊的程式碼，這樣倒也不是不行，但如果你的團隊裡沒有一些真正有經驗的人，去處理一些真正困難的事，你的團隊肯定會出問題。

3　請參見 www.fogcreek.com/FogBUGZ。

4　請參見 www.joelonsoftware.com/news/20021002.html。

程式設計其實有很多不同的世界，每個世界都需要大量的知識，才能夠真正精通。以下就是我個人最瞭解的三個領域：

- MFC / C++ / Windows

- VBScript / ASP

- Visual Basic

這些全部加起來，基本上就是你所謂「Windows 程式設計」的世界。沒錯，我也寫過一些 UNIX 程式碼和 Java 程式碼，但我寫得並不多。我對於 Windows 程式設計的熟悉程度，不只源自於對基本技術的理解，還源自於對整個支援基礎架構的透徹瞭解。所以我敢說，我真的很擅長 Windows 程式設計，因為我很懂 COM、ATL、C++、80x86 組合語言、Windows API、IDispatch（OLE Automation）、HTML、DOM、IE 物件模型、Windows NT 和 Windows 95 內部結構、LAN 管理和 NT 網路（包括各種安全性相關技術——ACE、ACL 等等）、SQL 和 SQL 伺服器、Jet 和 Access、JavaScript、XML，以及斜邊平方之類的一些其他有趣知識。如果我無法讓 VB 裡的 StrConv 函式做出我想要做的事，我就會弄出一個 COM 控制元件，讓我可以透過 ATL 到 C++ 裡去調用 MLang 函式，整個過程完全不會停頓或猶豫。我可是花了很多年，才能做到這樣的境界。

程式設計還有很多其他的世界。從事 BEA WebLogic 開發的人都很瞭解 J2EE、Oracle 和各種 Java 方面的知識，而我甚至連列舉出這些相關知識都很困難，因為我並不是這個世界裡的人。麥金塔那些底子特別硬的開發者都很懂 CodeWarrior、MPW、作業系統版本 6 到 X 的 Toolbox 程式設計、Cocoa、Carbon，甚至還有像 OpenDoc 這種已過時的好東西。

不過，真的很少有人可以同時悠遊在一、兩個以上的世界裡，因為要學的東西實在太多了，除非你必須在各個不同世界裡工作超過好幾年，否則你根本無法真正理解所有的東西。

但唯有學習，是你一定要做的事情。

有些人去面試時，可能會因為缺乏 Win32（或是 J2EE、Mac 程式設計）之類的經驗，而被公司拒絕掉，然後心裡就覺得有點火大。他們之所以覺得火大，也有可能是因為那些白痴招聘人員，連 MSMQ 是什麼都不知道，卻打電話問他們是不是「有十年以上的 MSMQ 經驗」。

除非你做 Windows 程式設計真的做了好長一段時間，否則你極有可能會認為，Win32 只不過是一個函式庫，就像其他任何函式庫一樣，你只要讀本書好好學習一下，有需要再調用一下就可以了。你可能會認為，基礎程式設計（例如你的 C++ 專業技能）重要性應該佔 90%，而所有 API 的重要性只不過佔 10% 而已，你只要花幾個禮拜就可以學通了。對於這些人，我只能很謙遜地給你一個建議：時代已經改變了。現在這個比例已經倒過來了。

現在幾乎沒有人在研究那些只會把 Byte 移來移去的低階 C 演算法了。如今我們大多數人都會把所有的時間，花在調用各種 API、而不是做那些移動 Byte 的事情[5]。就算是一個很優秀的 C++ 程式設計師，如果完全沒有 API 的經驗，恐怕也很難寫出能善用 API 的程式碼，因為那些每天都會用到的東西，他大概只知道 10% 左右而已。如果整體的經濟大環境還不錯，這倒是無關緊要[6]。你還是可以找得到工作，雇主也還有能力付你薪水，讓你慢慢學習各平台的開發技能。但如果經濟大環境很差，每個職位空缺都有 600 個人搶著應徵，雇主當然就只會選擇那種已經是相關平台專家的程式設計師。比如有些厲害的程式設計師，就是有辦法說出怎麼用 Visual Basic 的程式碼，寫出 FTP 傳輸檔案的四種方法，甚至還能說出每一種方法的優缺點。

程式設計各個不同的世界，都是非常浩瀚而龐大的；每個世界裡都有各自不同的許多重要知識，但這也導致許多人特別喜歡挑起「哪個世界比較好」這類毫無意義的口水戰。下面就是某人在我的討論板上匿名發表的一則自鳴得意的評論：

> 這就是我很喜歡生活在「自由世界（free world）」的另一個理由。各種言論（幾乎）都很自由，而且也有「不用去管那些安裝程式、註冊表之類東西」的自由。

我想這個人真正想說的是，在 Linux 世界中，他們是不寫安裝程式的。好吧，我並不想讓你感覺受挫，但你的世界裡同樣有一些很複雜的東西：imake、make、config 檔案等等之類的東西，而且當你寫完程式碼之後，發佈應用程

---

5 請參見 www.joelonsoftware.com/articles/fog0000000250.html。

6 請參見 www.joelonsoftware.com/articles/fog0000000050.html。

式還要附上 20KB 的 INSTALL 檔案，裡頭充滿各種詼諧的指示，例如「你會需要 zlib 的」（**那是什麼鬼？**）或「這可能需要花點時間。去弄些 Runts 吧。」（我想，Runts 大概是某種糖果吧。）至於註冊表──我知道你不喜歡這種雖然很大但很有組織、可用來保存「名稱 / 值」的大型資料結構，但你卻要面對上千種不同的檔案格式（因為每一個應用程式各有一種），而且到處都是各式各樣的 .rc 檔案和 .conf 檔案。如果你打算改變設定，Emacs 就會要你去學習怎麼寫 lisp 程式，而且每個 shell 也都要學習各自的 shell 腳本語言，才能夠改變設定；像這種需要花時間學習的東西，簡直多到數都數不完。

只精通於一個世界的人，往往都會變得很偏頗，每次他們只要一聽到另一個世界裡某些複雜的情況，就會認為自己所在的世界裡並沒有這麼複雜。但其實每一個世界都有各自要面對的複雜情況。你只不過是因為已經很精通了，所以才覺得沒什麼。不同的世界實在太龐大太複雜，根本無法進行比較。Palmerston 勳爵（Lord Palmerston）曾說：「Schleswig-Holstein 問題實在太複雜，整個歐洲只有三個人真正瞭解。一個是 Prince Albert，他已經去世了。第二個是一位德國教授，他已經發瘋了。第三個就是我，但我已經全忘了。」軟體的世界是如此龐大、複雜、多面向，因此每當我看到某些還蠻聰明的傢伙在寫部落格文章，卻說著一些很空洞的東西，比如「微軟不擅長作業系統」，坦白說，我覺得這些話真的會讓他們看起來很愚蠢。你可以想像一下，好幾千個程式設計師在一二十年內寫了好幾百萬行的程式碼，建立了好幾百種各自不同的主要功能，我猜想應該沒有人可以真正完全理解其中大部分的東西，但即便如此，卻還是有人想對此做出總結性的評論，這不是很奇怪嗎？我甚至都不是在為微軟辯護；我只是想說，明明站在極度無知的立場，卻想要大手一揮做出概括性的總結，這簡直就是當今網路上最浪費時間的事。

至於我自己，倒是一直在思考一個問題，就是如何做出可以同時在 Linux、Macintosh 和 Windows 使用的應用程式，而不必為了做出 Linux 和 Macintosh 的版本，付出不成比例的代價。如果想做到這件事，就需要某種跨平台的函式庫。

Java 做出了嘗試，但 Sun 公司對於 GUI 並沒有真正足夠的理解，做不出真正流暢、接近原生感覺的應用程式。這就像是**星際爭霸戰**（*Star Trek*）裡的外星人，在外太空用望遠鏡觀察地球；他們也許可以很確切知道人類的食物長什麼

樣子，卻完全沒辦法感受到食物真正的**味道**[7]。Java 應用程式裡的各種選單，全都可以呈現在正確的位置上，但所有鍵盤相關的功能，全都與其他 Windows 應用程式的運作方式不同，而且內有分頁頁簽的對話框，看起來實在有點嚇人。而且無論你多麼努力嘗試，還是完全無法讓選單列看起來與 Excel 的選單列完全相同。為什麼呢？因為 Java 並沒有提供一種很好的方式，讓你可以在抽象失靈的時候，直接改用原生的做法。當你使用 AWT 進行程式設計時，你根本無法取得視窗的 HWND，也無法調用微軟的 API，當然更無法攔截到 WM_PAINT，而且還完全沒辦法用不同的方式來做到這些事。Sun 公司也說得很清楚，如果你嘗試這樣去做，那就不夠「純粹」了。既然你已經被污染，那就活該去死吧。

想用 Java 打造 GUI 的各種嘗試（例如 Corel 的 Java Office suite 和 Netscape 的 Javagator）在歷經一連串廣為人知的失敗之後，很多人到後來都認為，最好還是離這個世界遠一點比較好。不過，Eclipse[8] 運用原生的 widget 小部件，從無到有構建出自己的視窗函式庫，這樣一來就可以利用 Java 程式碼，寫出比較符合原生感受的介面外觀了。

Mozilla 的工程師們則決定用他們自己所發明的 XUL，來解決跨平台的問題。以目前的狀況來看，這東西確實讓我留下了深刻的印象。Mozilla 終於達到「嘗起來確實有食物的味道」這樣的境界。即使是我個人最喜歡的特殊用法──先按 Alt+Space 再按 N 來最小化視窗，竟然也可以在 Mozilla 裡使用；雖然他們所花的時間實在有夠久，但他們確實做到了。

當初創立 Lotus 並打造出 Lotus 123 的 Mitch Kapor，也決定在他的下一個應用程式裡，採用所謂的 wxWindows 和 wxPython 來提供跨平台支援[9]。

究竟哪一種比較好呢：XUL、Eclipse 的 SWT、還是 wxWindows？我也不知道。這些東西全都牽涉到非常龐大的世界，我根本無法做出真正的評估、分辨它們的好壞。光只是讀一讀教程說明，肯定是不足夠的。你必須先投入一、兩年的血汗，才能真正瞭解它夠不夠好，還是你無論多努力，都無法做出嘗起來真正像食物的味道。遺憾的是，對於大多數專案來說，通常在你寫出第一行程

7　「The Squire of Gothos」，星際爭霸戰電視連續劇（Paramount Studio，1967 年 1 月 12 日）。在 www.voyager.cz/tos/epizody/19squireofgothostrans.htm 可以看到詩歌形式的完整文字記錄。

8　請參見 www.eclipse.org/。

9　請參見 blogs.osafoundation.org/mitch/000007.html。

式碼之前，你就必須先決定要採用哪個世界的東西，而此時恰好是你掌握最少資訊的時刻。在我們過去的工作經驗中，有時不得不忍受某些非常糟糕的架構，因為當初第一批程式設計師其實也是利用該專案，邊做邊自學 C++ 和 Windows 程式設計。我們有一些最古老的程式碼，其實是當時尚未理解事件驅動程式設計做法的情況下所寫出來的。我們的核心字串物件類別（沒錯，我們當然有自己專用的字串物件類別）簡直就是一個可以放進教科書的範例，因為其中幾乎包含所有一般人在設計 C++ 物件類別時可能犯下的錯誤。當然到最後，我們還是對這些舊程式碼做了很多清理與重構的工作，但它確實困擾了我們好一段時間。

所以現在我會建議：在你的新專案團隊中，至少要有一個以上、具備多年經驗的軟體架構師，他必須對於所使用的程式語言、物件類別、API 和平台等方面，擁有很扎實的基礎，否則千萬不要啟動這個新專案。如果你可以選擇平台，請選擇你的團隊最擅長的平台，即便這個平台並不是最符合趨勢、最有生產力的平台，你們也應該這麼做。而當你在設計各種抽象或程式設計工具時，也請務必加倍努力，一定要想盡辦法堵住所有的漏洞。

28
衡量

「感謝您致電 Amazon.com，請問有什麼可以為您效勞的嗎？」然後——咔嚓！你被斷線了。這感覺實在很煩。你傻傻等了 10 分鐘，好不容易才接通，卻莫名其妙被斷線了。

這種事真的很奇怪嗎？根據 Mike Daisey 的說法，亞馬遜（Amazon）會根據每個小時接聽電話的數量，對客服人員進行績效評分[1]。如果想拉高績效評分，最好的方式就是立刻掛斷客戶的電話，因為這樣就能拉高每個小時接聽電話的數量了。

你說，這只是個離譜的特例而已？

當初 Jeff Weitzen 接管 Gateway 時，曾經制定出一個新政策，想要節省一些客服電話的費用。「只要跟客戶交談超過 13 分鐘，就無法獲得每個月的獎金，」Katrina Brooker 這樣寫道[2]。「因此，員工們便開始做一些讓客戶主動掛斷電話的事：假裝電話有問題、假裝斷線了，或是經常直接把新零件或新電腦寄給客戶（這樣反而花掉公司更多的錢）。結果毫無意外，Gateway 原本擁有業內最好的客戶滿意度，現在卻掉到了平均水準以下。」

1　Mike Daisey，《*21 Dog Years: Doing Time @ Amazon.com*》（在亞馬遜工作 21 年的狗日子，Free Press，2002 年）。

2　《*Business 2.0*》（商業 2.0，2000 年 4 月）。

每次你只要一想要衡量知識工作者的績效，結果好像都很慘烈，然後你就會出現 Robert D. Austin 所說的「**衡量功能障礙**」（measurement dysfunction）。他的書《*Measuring and Managing Performance in Organizations*》（**組織裡的績效衡量與管理**）[3] 可說是針對這個主題非常出色又透徹的調查成果。管理者都很喜歡實施某種績效衡量系統，也很喜歡根據這些績效衡量系統，把薪酬與績效綁在一起。但由於做不到 100% 的監督，因此員工們就有了「只按照衡量標準做事」的動機，最後只會關心衡量的標準，再也不會去關心工作真正的價值或品質了。

軟體組織比較傾向於獎勵那些「寫出大量程式碼」、「解決大量問題」的程式設計師。如果想在這樣的組織裡有突出的表現，其實最好的做法就是先提交大量有問題的程式碼，再把問題一一解決，而不是額外多花一點時間，一開始就寫出正確的程式碼。如果你想解決這個問題，於是就用懲罰的方式阻止程式設計師丟出問題很多的程式碼，這時候你又會製造出另一種不正當的誘因，讓他們開始隱藏自己的問題，或是乾脆不告訴測試人員他們又寫了哪些新程式碼，以免被發現更多的問題。這種遊戲你是贏不了的。

財富 500 強公司的 CEO 通常是用基本工資搭配股票選擇權，來做為他們的報酬。股票選擇權通常價值好幾千萬、甚至好幾億美元，因此基本工資幾乎都變得無關緊要。以結果來看，有些 CEO 就是會竭盡全力抬高股票的價格，甚至讓公司破產倒閉也在所不惜（我們可以在這個月的頭條新聞中，一次又一次看到這樣的新聞）。就算股票只是短暫上漲，他們還是會這樣做，因為他們可以在高點賣出股票。公司的薪酬委員會的反應通常都太遲鈍，不過他們最近有個妙招，就是要求這些高級主管必須一直持有股票，直到離開公司為止。真是太了不起了。這下子他們又有了新的誘因，暫時先去炒高股價，然後再盡快撤離公司、大賺一筆。這種遊戲你還是玩不過他們的。

你也可以完全不管我說了什麼；自己去讀 Austin 的書吧！這樣你也許就會明白，為什麼只要無法百分之百監督員工（一般幾乎都是這樣），肯定就無法避免這種「衡量功能障礙」。

3　Robert Austin，《*Measuring and Managing Performance in Organizations*》（組織裡的績效衡量與管理，Dorset House，1996 年）。

我長期以來一直都在說，激勵與獎勵並不是個很好的主意[4]，就算你覺得自己**有辦法**衡量出誰做得好、誰做得不好，但 Austin 還是用他自己的方法來證明，其實你根本無法衡量出真正的績效，所以，激勵與獎勵的做法更不可能管用了。

4　請參見第 21 章。

III 約耳觀點：
隨興思考一些
不那麼隨興的主題

29

Rick Chapman
想找出誰是蠢蛋？[1]

2003 年 8 月 1 日，星期五

就我所知，每一家高科技公司裡，一直都在進行著「技客」（geeks）和「西裝客」（suits）之間的戰爭。

而我所要談的這本書，內容充滿軟體行銷奇才兼超級西裝客 Rick Chapman 想要宣揚的各種想法，因此我想在你開始閱讀這本很棒的新書之前，先花點時間告訴你一些技客們的想法。

就當做跟我玩個遊戲，好嗎？

請用最刻板的印象想像一下，有一個臉色蒼白、愛喝蠻牛、喜歡吃中國菜、愛打電動、常逛 Slashdot、很會使用 Linux 指令行的呆子。由於只是個刻板印象，你當然可以自由想像，這個人或許是個小矮子或小胖子，反正不管怎麼樣，這個人**肯定不是**感恩節回家探望媽媽時、會去找高中同學踢足球的那種人。此外，既然只是個刻板印象，我就不再多解釋他究竟是**他還是她**了。

---

1 本章出自 Merrill R.（Rick）Chapman 書裡的序言，《*Search of Stupidity：Over 20 Years of High-Tech Marketing Disasters*》（找尋蠢蛋：20 多年來的高科技行銷災難，Apress，2003 年）。

這就是我們刻板印象中的程式設計師，而他的想法大概是這樣：「微軟生產了一堆劣質的產品，但行銷實在做得太好，所以每個人都會去買他們的東西。」

你可以再問他，對自己公司裡的行銷人員有何看法。「他們真的很蠢。昨天我還在休息室跟一個愚蠢的菜鳥業務大吵了十分鐘，很明顯她完全不知道 *802.11a* 和 *802.11b* 有何區別。切！」

你覺得行銷人員都是在做些什麼事呢？你問這個年輕的技客。「這我不知道。他們除了來找我幫他們修正那些白痴規格表之外，大概就是跟客戶一起去打打高爾夫球，或是去做一些其他的事情吧。如果我能做主的話，一定把他們通通開除掉。」

有一個名叫 Jeffrey Tarter 的好人，過去常常發佈一份名為「Soft-letter 100」的年度百大個人電腦軟體廠商名單。以下就是 1984 年前十名的情況[2]：

排名	公司	年營業額
#1	Micropro International	$60,000,000
#2	Microsoft Corp.	$55,000,000
#3	Lotus	$53,000,000
#4	Digital Research	$45,000,000
#5	VisiCorp	$43,000,000
#6	Ashton-Tate	$35,000,000
#7	Peachtree	$21,700,000
#8	MicroFocus	$15,000,000
#9	Software Publishing	$14,000,000
#10	Broderbund	$13,000,000

好吧，微軟排名第二，不過它當時只是年營業額相近的幾家公司其中之一。

2　Jeffrey Tarter，「*Soft*letter*」，2001 年 4 月 30 日，17:11。

現在我們再來看看 2001 年的同一份列表：

排名	公司	年營業額
#1	Microsoft Corp.	$23,845,000,000
#2	Adobe	$1,266,378,000
#3	Novell	$1,103,592,000
#4	Intuit	$1,076,000,000
#5	Autodesk	$926,324,000
#6	Symantec	$790,153,000
#7	Network Associates	$745,692,000
#8	Citrix	$479,446,000
#9	Macromedia	$295,997,000
#10	Great Plains	$250,231,000

哇！也許你有注意到，過去前十名的**每一家公司**，除了微軟之外全都不見了。另外你也可以注意到，微軟的年營業額**遠大於**第二名的公司，而且大得實在太離譜了。Adobe 就算只吃到微軟掉出來的餅乾屑，公司營業額說不定就會多出一倍。

光是微軟一家公司，**幾乎就囊括**整個 PC 軟體市場。具體來說，微軟一家公司的營業額，就佔了**前 100 大軟體公司**總營業額的 69%。

這就是我打算在這裡談的東西。

這一切全都只是因為行銷做得太好，就如同我們想像中那位技客的說法嗎？還是說，這就是非法壟斷的結果？（其實這樣的說法有點避重就輕：那微軟又是怎麼**取得**這種壟斷地位的呢？總不能說是天上掉下來的吧。）

根據 Rick Chapman 的說法，答案其實很簡單：微軟是名單上唯一一家從來沒犯過愚蠢、致命錯誤的公司。姑且不論這是憑藉卓越的智力、還是純粹的運氣，回首過去微軟所犯下的最大錯誤，大概就是那個會跳舞的迴紋針吧。但

那其實也沒有多麼糟糕，**對吧**？我們通常只會嘲笑它一番，再把它關掉，然後每天無時無刻還是繼續使用 Word、Excel、Outlook 和 IE。但是，其他那些曾經擁有市場領導地位、卻眼睜睜看著自己一敗塗地的軟體公司，你總是可以指出他們所犯下的一、兩個巨大失誤，所以整個公司才會把船開往冰山撞去。Micropro 浪費太多時間去重寫印表機架構，卻不去升級他們的旗艦產品 WordStar。Lotus 浪費了一年半的時間，想讓 Lotus 123 可以在 640kb 的機器上運行；結果等到他們完成時，Excel 已經開始出貨，而 640kb 的機器卻已經成為過往雲煙了。Digital Research 的 CP/M-86 設定了過高的瘋狂價格，因而失去了成為 PC 作業系統實質標準的機會。VisiCorp 則是把自己告倒了。Ashton-Tate 身為一個平台供應商，卻不斷激怒 dBase 的開發者，破壞彼此間極其重要卻又極其脆弱的關係，最後直接造成了公司的失敗。

我是一個程式設計師，所以我當然更傾向於把所有這些愚蠢的錯誤，歸咎到業務行銷人員身上。因為上面所說的各種巨大失誤，幾乎全都是因為業務行銷人員在做決策時，對於基本技術事實不夠理解所造成的。百事可樂的推手 John Sculley 加入到 Apple Newton 的開發團隊時，他當時並不知道全國電腦科學專業每個大學生都知道的一件事：手寫辨識功能在當時是**做不到的**。而在同一時間，比爾·蓋茲（Bill Gates）卻正在召集程式設計師們開會，懇求他們建立一個可以在所有產品內重複使用的 RTF 編輯控制元件。如果叫 Jim Manzi（他就是讓一堆 MBA 企管碩士接手 Lotus 的西裝客）來參加那個會議，他恐怕只能兩眼放空，然後問說，「什麼是 RTF 編輯控制元件？」因為他從沒領會（grok）過任何技術，因此絕對無法帶領公司走向正確的技術發展方向；事實上，剛才那句話用了 grok 這個詞，或許他就已經無法領會真正的意思了。

如果你問**我**，或許是我有偏見，但除非**讓程式設計師掌舵**，否則軟體公司肯定不會成功。至少到目前為止，各種證據都可以支持我的看法。但那些非常愚蠢的錯誤，其實也有很多是程式設計師自己搞出來的。Netscape 重寫了整個瀏覽器，卻不去改進舊有的程式碼庫，結果這個重大決定花了他們好幾年的時間，這段期間他們的市場佔有率就從大約 90% 下降到大約 4% 左右，而那根本就是**程式設計師自己的想法**。當然，這家公司裡那些不懂技術又缺乏經驗的管理層，其實也沒搞懂那**為什麼**是個很糟糕的爛主意。我們只知道有一大群程式設計師，堅持捍衛他們的想法，無論如何一定要把 Netscape 徹底重新寫過。「那些舊有的程式碼真的很糟糕耶，約耳！」是呀，你說得對。程式設計師熱愛乾

淨的程式碼，確實是很令人欽佩的事，但這些人絕不能靠近任何商業決策的100 英尺範圍內，因為對他們來說，乾淨的程式碼很顯然……呃……比準時推出軟體還重要。

所以我最後還是要對 Rick 稍微做出讓步：如果你想在軟體業獲得成功，你的管理團隊一定要徹底理解並熱愛程式設計，然後，當然也必須非常理解並熱愛這個事業。想要找出一個同時在兩方面都具有很強才能的領導者，顯然是一件很困難的事，但 Rick 在本書親切記錄了許多致命錯誤，而找出這樣的領導者，恐怕才是避免犯下那些致命錯誤的唯一辦法。所以這本書各位不妨讀一讀、笑一笑，然後你如果發現自己的公司是一個蠢蛋在經營，那就快去把你的履歷整理一下吧！你可以在微軟公司附近開始找房子了。

30

這個國家的狗要
負責什麼工作？

2001 年 5 月 5 日，星期六

我們究竟是有多天真呀？

我們原以為貝佐斯（Bezos）只是把公司的利潤拿去**再投資**，所以才一直看不到公司有獲利。

到了去年，大約就是現在這個時候，第一批大型網路公司的倒閉潮，開始陸續上了新聞。Boo.com、 Toysmart.com 都倒閉了。公司快速擴張變大的想法已經不再管用。許多穿著 Dockers 長褲的 31 歲年輕人開始發現，只單純複製貝佐斯的做法，根本算不上一個商業計劃。

過去幾個禮拜，整個 Fog Creek 感覺異常安靜。我們正在完成 CityDesk 收尾的工作。雖然我很想告訴大家更多關於 CityDesk 的訊息，不過這東西還要再等一陣子。所以，我先來講一些關於狗飼料的事好了。

狗飼料？

上個月，Sara Corbett 向我們大家訴說了一個「迷失的男孩」（Lost Boys）的故事[1]；有一群年紀介於 8 到 18 歲的蘇丹難民，在與家人分離之後，被迫從蘇丹來到衣索比亞，後來回蘇丹又來到肯亞，來回長途跋涉超過一千英里。其中有一半的人在途中不幸死去——有人餓死、有人渴死，還有人被短吻鱷咬死。到了冬季中旬，這些人總算獲救，被送到了北達科塔州的法戈（Fargo）等地。他們從機場坐車前往新家的途中，有人還指著窗外問，「那些樹叢裡會有獅子嗎？」後來他們來到了超市：

> Peter 碰了碰我的肩膀。他手裡拿著一罐 Purina 牌的狗飼料。「不好意思，Sara，你能告訴我這是什麼嗎？」在他身後是一堆寵物食品，堆到幾乎快碰到天花板。「呃……那是狗的食物，」我回答時稍微有點遲疑，因為我不知道過去八年只能吃粥的一個孩子，聽到這會怎麼想。「啊，我知道了，」Peter 邊說邊把罐頭放回貨架，看來好像很滿意我的回答。然後他繼續推著他的推車，走了幾步又轉過頭來，一臉疑惑的看著我。「你能告訴我嗎？」他說，「這個國家的狗，要負責什麼工作嗎？」

狗的工作？是這樣的，Peter。法戈的食物很充足，連狗飼料也不缺。

這真是令人沮喪的一年。

其實一**開始**還蠻有趣的。所有人全都一頭栽進 B2B、B2C 和 P2P，就好像加入一個幸福的大家庭，桌上的甜甜圈愛吃多少就有多少，到處充滿歡樂的氣氛。但是請等一下，這還不是最有趣的部分；最有趣的是，後來各種最糟糕的商業計劃陸續失敗，股票也從 316 跌到了 3/16。「新經濟」簡直就像個大嘴巴，烏

1　Sara Corbett，「The Long Road From Sudan to America」（從蘇丹到美國的漫漫長路，《紐約時報》雜誌，2001 年 4 月 1 日）。文章內容可參見 www.nytimes.com/2001/04/01/magazine/01SUDAN.html?pagewanted=all（必須先完成免費註冊程序）。

鴉嘴果然厲害！啊，我是不是太**幸災樂禍**了？不過很有意思的是，《*Wired*》雜誌再一次證明，任何東西只要上了它的封面，就會在短短幾個月之內，被證明是個既愚蠢又錯誤的東西。

這次的「新經濟」，真的被《*Wired*》搞死了。**早知道**就別上這個雜誌的封面才對。對於各種技術、公司或各種迷因來說，《*Wired*》的封面簡直就像死亡之吻，這麼多年來，他們的封面曾經吹捧過 smell-o-rama 這個嗅覺技術，也報導過一些註定失敗的遊戲公司，還曾經說過 PointCast 會取代 Web[2]……不，等一下，PointCast 不是**已經**在 1997 年 3 月被 Web 取代了嗎？但大家還是不信邪，這次不但把「新經濟」放上封面，還拿**一整期的內容**來介紹「新經濟」[3]，結果害那斯達克指數 NASDAQ 就像學飛的羊一樣重挫暴跌。

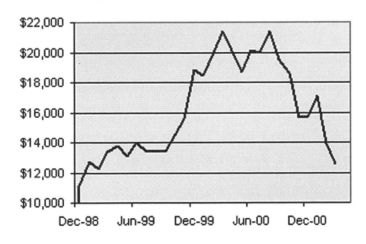

哦，真不好意思。你有買 *Wired* 指數嗎？

不過，我們的幸災樂禍，也該到此為止了。現在的情況，真的越來越讓人感到沮喪；雖然我知道，經濟並沒有**正式**陷入蕭條，但我還是覺得很沮喪，倒不是因為有那麼多愚蠢的新創公司倒閉了，而是因為目前這個時代的思潮、整個時代的精神實在令人感到沮喪。現在已經沒有甜甜圈可吃，那就改吃狗飼料吧。

2　Craig Bicknell，「PointCast Coffin About to Shut」（PointCast 快要可以蓋棺論定了）， Wired 新聞，2000 年 3 月 29 日。請參見 www.wired.lycos.com/news/business/0,1367,35208,00.html。

3　Peter Schwartz 和 Peter Leyden，「The Long Boom : A History of the Future, 1980-2020」（長期繁榮：1980-2020，未來的歷史），*Wired*，1997 年 7 月。請參見 www.wired.com/wired/archive/5.07/。

「吃自己的狗飼料」就是我們目前正在做的事，畢竟生活還是要繼續。雖然每個人走路都垂頭喪氣的，好像在哀悼自己所投入的**時間**，感慨自己竟然為了 SockPuppet.com 的股票選擇權，毀了自己的健康與愛情，但日子終究要繼續過下去。產品開發週期還是必須往前走，而身在 Fog Creek 的我們，產品開發週期也來到了必須「吃自己的狗飼料」的階段。所以我們現在暫時變成 Dog Creek 軟體公司，這樣也已經有好一段時間了。

「吃自己的狗飼料」其實是我們在電腦業所使用的一個古怪說法，指的就是「**實際使用你自己的產品**」這樣的一個程序。我差點就忘了這是個效果非常好的做法，還好在一個月前，我把 CityDesk 的某個版本帶回家裡（當時覺得大概再三週就可以出貨了），準備用它來建立一個網站。

哎呀！過程出了一些問題，害我無法繼續用下去，我必須先解決這些問題，才能繼續使用。我們所做過的所有測試（小心翼翼拉下每個選單，再查看是否能正常運作），竟然都沒發現這些問題，但我現在確實無法使用一些原本可使用的功能。我只是像客戶一樣去使用這個產品，結果竟然沒多久就發現了問題。

還不只如此。我真正使用了之後，只不過一個星期天的下午，我就找到了 45 個問題──我甚至沒用到太多功能，只是建了一個很簡單的網站而已。其實我還蠻懶的；實際上我所花的時間，應該不超過兩個小時。除了產品最基本的功能之外，其他功能我甚至連試都沒試過。

星期一早上我一進公司，就把整個團隊請到茶水間裡集合。我把這 45 個問題告訴了他們。（持平來說，這些問題有很多並不是真正的大問題，只是沒達到應有的方便程度而已。）然後我建議每個人至少用 CityDesk 建一個像樣的網站，看能不能找出更多的問題。「吃自己的狗飼料」其實就是這個意思。

下面就是我所找到這類問題的例子。

我猜一定有很多人會用複製貼上 HTML 程式碼的方式，把現有的網頁匯入 CityDesk。這個功能沒什麼問題。可是當我嘗試從**紐約時報**網站匯入真實的即時頁面時，我卻必須花一整天耐心編輯 HTML，把所有的 IMG（外部圖片）連結找出來，然後從網路下載所有的圖片，再把這些圖片匯入 CityDesk，並把 IMG 連結全部改成引用內部的圖片。也許你很難相信，但這網站的一篇文章大約就有 65 個 IMG 連結，分別指向 35 張不同的圖片，其中有好幾張還是只有 1 個像素的佔位圖片，用網路瀏覽器下載起來很麻煩。而且 CityDesk 有個

很有趣的強迫症，會自動把匯入的圖片名稱改成依序排列的編號，而且要找出哪個編號對應哪張圖片很麻煩，總而言之，我就是需要花一整天，才能把某個頁面匯入 CityDesk。

這實在有點令人沮喪，所以我乾脆跑去花園除草。（要是草都除乾淨了，我還真不知道該做些什麼，來緩解我心裡的壓力。感謝老天，還好我們付不起錢叫別人來除草。）就在那時，我突然靈光一閃。嘿，我可是程式設計師耶！與其花那麼多時間匯入頁面、調整圖片，我還不如去寫個自動執行此操作的副程式！事實上，我寫個副程式所要花的時間，很可能還**比較少**呢。後來我匯入一個頁面只需要半分鐘左右，不再需要一整天，而且基本上也不會出什麼錯。

哇！

這就是為什麼你要「吃自己的狗飼料」的理由。

Michael 自己一開始嘗試匯入某些網站時，也是很快就發現大約 10 個我曾提過的問題。舉例來說，我們發現有些網站會使用很複雜的圖片名稱，結果在匯入時無法轉換成檔案名，因為這些名稱包含了問號之類的字元，這在 URL 裡是合法的，但做為檔案名稱卻是不合法的。

有時你就是要下載軟體後才會發現，自己簡直難以相信軟體竟然有那麼糟，連要完成一些非常簡單的工作都有困難。其實這很可能是因為，軟體開發者連自己都沒使用過的緣故。

我還有一個「沒吃自己的狗飼料」更有趣的例子。你要不要猜一猜，Juno 的線上客服在內部使用的是哪個 email 產品？（也許你還不知道，我曾在 Juno 客戶端軟體團隊工作了好幾年。）

嗯，你猜他們用的是 Juno 自家的軟體嗎？因為你知道他們有一套……呃……**自家的產品**？

答錯了。公司裡確實有一些人（例如公司總經理）會在家裡使用 Juno。但我們其他的 175 人，全都是用微軟的 Outlook。

而且我們的理由很充分！ Juno 的客戶端軟體並不是很好用的 email 客戶端軟體；這兩年來我們所做的唯一工作，就是讓這套軟體可以用更好的方式展示各種廣告。我們很多人都認為，如果**一定非要使用這個產品**，就算只是為了讓自己不那麼痛苦，也應該要把它做得更好一點才對。但總經理堅持我們一定要在

六個不同時間點彈出廣告，直到後來他回到家，看了那六次彈出的廣告，才悠悠的說，「你知道嗎？也許廣告彈出兩次就夠了。」

AOL 註冊會員的人數，正在以驚人的速度持續增加，其中部分的原因就是它提供了比 Juno **更好的使用者體驗**，而我們卻不理解這件事，只因為我們並沒有去「吃自己的狗飼料」。而且我們之所以沒有去「吃自己的狗飼料」，主要是因為覺得很難下嚥，而且整個公司管理陷入了功能失調的狀況，我們根本不被允許去解決這個問題，要不然至少也應該做到能嚥得下去的程度吧。

總之，我們的 CityDesk 現在看起來**好多**了。我們已解決所有的問題；後來我們又發現更多的問題，不過現在全都解決了。我們加了一些之前忘了加、但顯然很必要的功能。我們離真正出貨的目標越來越近了！萬歲！值得慶幸的是，我們可以不必再與其他 37 家公司競爭了，因為那些公司雖然擁有 2500 萬美元的風險投資，卻只能免費贈送產品，才能換取你的同意，在你的頭頂上秀一個大大的廣告。在這個「後新經濟」時代，每個人都很想搞清楚，自己可以少付多少錢。如果你夠聰明，就知道這個「**後新經濟**」並沒有錯。而所有那些關於「dot com」沒完沒了的新聞，其實只能說明一件事，那就是現在的商業新聞編輯實在很缺乏創造力。抱歉了，fuckedcompany.com，一個月前看起來也許還挺有趣，但現在看來簡直就是一場悲劇。我們還是會繼續專注改進我們的產品，專攻我們的核心業務，傾聽客戶的意見，並繼續吃我們自己的狗飼料，而不是飛遍全國各地，一心一意只想籌集更多的創投資金。

31

就算只是基層人員，
也能做好某些事情

2001 年 12 月 25 日，星期二

照說本書應該談的是軟體管理。但有時你根本沒權力，無法透過行政命令，讓公司做出變革。如果你只是個基層的程式設計師，你當然無法用命令的方式，要求大家一定要建立時程表，或是建立 bug 資料庫。就算你是個管理者，或許你還是會覺得很無力，因為管理開發者就好像在養貓一樣（只是沒那麼有趣而已）。要是你只對大家說「要這樣做、那樣做」，實際上大家並不會真的照做。

也許你是在那種約耳測試 [1] 分數很低的組織裡工作，各種亂象實在讓人沮喪。無論你的程式碼寫得有多好，總有一些同事會寫出一些很糟糕的程式碼，你都不好意思說了。管理層對於應該去寫什麼樣的程式碼，可能也會做出一些錯誤的決定，害你不得不浪費自己的才能，去幫 AS / 400 版的兒童退休計劃遊戲進行除錯的工作。

1　請參見第 3 章。

我想，這樣你乾脆辭職算了。但你還是選擇讓自己繼續困在那裡，想必是有某種特殊的理由。也許是因為你的股票選擇權還沒拿到手，也許是你在家鄉找不到**更好**的工作，也許是你的老闆挾持了你所愛的人做為人質。總之，你必須在一個爛團隊裡求生存，而這一切實在很讓人火大。不過，其實你還是有一些策略，可以從底層改善你所在的團隊，我就來分享其中的一些策略好了。

策略一：做就對了

其實只靠一個人，也可以做很多事情，來改善整個專案。沒有每日構建伺服器？架一個吧。用你自己的機器設定好排程工作，在每天晚上自動進行構建工作，再把結果用 email 發送出來。進行構建工作的步驟太多嗎？寫個 `makefile` 吧。沒有人做使用性測試嗎？用一張紙或一個 VB 原型，找收發室的人幫你進行走廊使用性測試吧。

策略二：善用病毒式行銷的力量

約耳測試有很多策略，都只需要一個人自己來做即可，就算是在一個不合作的團隊中，也沒問題。其中有一些策略，如果做得很好，也會逐漸散播到團隊中其他的成員。

舉例來說，假設你的團隊裡沒有人願意使用 bug 資料庫[2]。請別讓這個問題阻礙了你。你就先做給自己用好了。如果你在自己的程式碼裡發現問題，就把你的問題輸入資料庫。如果你發現問題確實應該找其他人解決，就用你的 bug 資料庫把問題分派給他們。如果你的問題追蹤軟體還不錯，應該就會向他們發出一封 email。這樣的話，如果他們不解決問題，你就可以**持續向他們發送** *email*。最後，他們就會看出問題追蹤的價值，然後開始嘗試使用這個系統。如果 QA 團隊拒絕把問題輸入問題追蹤系統，你只要拒絕掉任何從其他管道送過來的問題報告就可以了。你大概需要跟大家說三千遍，「你聽好，我真的很想解決這個問題，但我事情太多，一定會忘記的。你可以幫我把問題輸入到系統中嗎？」然後他們就會開始使用資料庫了。

---

2 請參見 www.joelonsoftware.com/articles/fog0000000029.html。

你的團隊裡沒有人想用原始碼版本控制系統？如果有必要的話，你就在自己的硬碟裡，建立你自己的 CVS 程式碼儲存庫好了。就算沒有人要跟你合作，你也可以不管其他人，自己獨立一個人提交你自己的程式碼。然後，當有人遇到原始碼版本控制系統可以解決的問題時（比如有人原本想輸入 **rm *~** 卻不小心輸入了 **rm * ~**），他們就會來找你幫忙。最後大家就會意識到，其實他們自己也可以採用這樣的做法。

策略三：建立一個追求卓越的小圈圈

團隊不制定時程表[3]？沒有規格[4]？那你就自己做吧。如果你花個一、兩天時間，針對自己所要做的工作，寫個最基本的規格和時程表，這樣是不會有人埋怨的。

多想想辦法，把一些更好的人弄進團隊。你可以去參與招聘和面試的活動[5]，多招募一些優秀的應徵者加入團隊。

找出一些願意改進、有能力改進的人，讓他們站到支持你的這一邊。即使在一個糟糕的團隊裡，還是會有一些蠻聰明的人，他們只是缺乏經驗、沒寫過出色的程式碼而已。好好幫他們一把。讓他們有機會學習。還要去讀一讀他們所提交的程式碼。如果有人做了什麼愚蠢的事，也不要發出那種鄙視人的 email，說他提交的東西有多蠢。這樣只會讓他們不爽、一昧只顧著找藉口。你只要回報說出了問題，好像是某次提交後問題就開始出現，這樣就可以了。給他們一點時間，讓他們自己去搞清楚，究竟是什麼原因造成了問題。等到他們自己找出了問題，這過程中所學會的東西，就更不會忘記了。

3　請參見第 9 章。

4　請參見第 5 章。

5　請參見第 20 章。

策略四：別讓蠢蛋拖累大家，
讓他拖累他自己就好

即使是最好的團隊，也總會有一、兩個蠢蛋。如果在你的團隊裡，也有好幾個糟糕的程式設計師，他們寫的爛程式碼就是會搞爛你的好程式碼，而其他優秀的程式設計師也只好花時間清理那些糟糕的東西，總之這種事就是會讓人覺得很沮喪。

身為一名基層人員，你能做的就是牽制住這些蠢蛋，把傷害降到最低。有時候這些天兵就是會用兩個禮拜寫出一堆超級爛的程式碼，搞出一大堆問題。你會很想把那些東西直接砍掉重練，再花個 15 分鐘重新寫出正確的東西就好了。但是，請一定要忍住，務必抵擋住這樣的誘惑。因為你現在終於有了一個絕好的機會，說不定可以拖住那些蠢蛋好幾個月。你只要把他們程式碼裡的問題，持續回報出來就可以了。這樣一來他們也就別無選擇，只能繼續忙碌**好幾個月**，直到你再也找不出更多問題為止。而在那幾個月期間，他們就無法再對其他地方造成任何損害了。

策略五：遠離干擾

所有能讓人感到愉快的工作環境，其實都很類似（個人專屬辦公室、安靜的工作環境、好用的工具、很少的打擾，而且不用經常去開會）。而所有能讓人感到不愉快的工作環境，則各有各的問題。

壞消息是，幾乎所有的公司，都不太可能改變原有的工作環境。公司或許被長期租約綁住，所以不管環境再爛，CEO 也無能為力。這就是為什麼很少有軟體開發者能擁有個人專屬辦公室的理由。這件事至少會在兩個方面，對公司造成傷害。第一，這樣就更難僱用到頂尖開發者，因為這些人（在其他條件相同的前提下）都會比較喜歡工作環境條件更好的公司。第二，各種不同程度的干擾，只會大幅降低開發者的工作效率，因為開發者會發現自己總是無法進入狀況，就算好不容易進入狀況，也無法持續維持那樣的好狀況。

你可以嘗試找出一些能擺脫此類環境的方法。比如你可以帶著筆記型電腦到公司的食堂去，因為那裡通常有很多的桌子，而且一整天大部分的時間都是空無一人（這樣就沒人找得到你了）。你也可以把一整天的會議室預訂下來，然後關在裡頭寫你的程式碼，之後你就可以憑藉這段時間所提交的程式碼，證明你只要一個人關在房間裡，就可以做出更多更優異的工作成果。下次如果再遇到緊急狀況，你的經理問你需要什麼資源，才能在明天之前完成工作，這時候你就知道該說什麼了。他們會主動幫你找一間辦公室。而且很快他們就會開始覺得，只要為你做出什麼樣的安排，就能讓如此有成效的情況，可以一直持續保持下去。

可以的話，晚一點上班，然後再晚一點下班。公司其他人都回家之後的那段時間，工作起來往往最有效率。或者，如果你所在的開發團隊大家都經常晚到，你也可以在上午 9 點就開始工作。在其他人進辦公室、開始打擾你之前的兩個小時，通常可以比其他時間做出更多的工作成果。

不要一直開著你的 email 或其他通訊軟體。如果有必要的話，每小時檢查一次email 就可以了，**千萬不要一直開著**，讓它有機會隨時打斷你的工作。

策略六：成為團隊的無價資產

如果你並不是個真正優秀的貢獻者，前面那些策略恐怕沒有一個行得通。如果你的程式碼寫得還不夠多、不夠好，卻不好好去寫程式碼，還跑去搞什麼 bug 資料庫，那你恐怕只會惹人嫌而已。如果大家覺得你太過於注重流程，實際上卻一事無成，這樣的名聲一旦建立起來，你的職業生涯大概就完蛋了。

有一次，我在某家新公司工作，擔任最基層的程式設計師，當時我發現這家公司的約耳測試分數大概只有 2 左右，因此我決心要導正這個問題。不過我也知道，先留下良好的第一印象是很重要的事。所以我把每天的前七個小時，都用來寫程式碼，以滿足大家對我的期望。只要能扎扎實實提交出許多好程式碼，很容易就能讓你獲得開發團隊其他成員的認同。不過在回家之前，我每天下午都會預留一個小時來想辦法改善流程。我利用那段時間，解決了一些原本讓我們的產品難以除錯的問題。我建立了每天重新構建的機制，也建立了一個 bug

資料庫。我也解決了各種讓開發變困難的長期煩惱。我會針對整天所要做的工作，寫出一些規格。我還寫了一份文件，一步一步說明如何從無到有建立一台開發用的機器。我也針對一個十分重要、但沒有相關文件的內部語言，徹底完成了相應的文件。整個流程慢慢逐漸變得越來越好。一開始除了我之外，沒有一個人建立過規格或時程表，但之後我（和我後來所負責的一個團隊）終於可以在約耳測試裡得到 10 左右的分數了。

就算你不是主要負責人，你還是**可以**讓事情變得更好，不過你必須做到像凱撒的妻子一樣：不容他人懷疑。否則貿然這樣做的話，你恐怕只會樹敵而已。

32
兩個故事

1999 年底，Dave Winer 啟動了一個名為 EditThisPage.com 的線上服務，並建立了他自己的部落格網站 Scripting News，然後他又邀請大家採用他部落格相同的格式，建立自己的網站。碰巧我當時正好對自己在某家公司裡的經歷感到十分火大，這家公司簡直浪費公司裡優秀的人才，只因為他們採用了可怕的「肇事逃逸」型管理方式（定義：在某一段期間內，對很多小事進行密集的管理，但隨後又進入長期的完全忽視狀態）。因此，我依照部落客的偉大傳統，寫了這篇經典的約耳咆哮文——偽裝成企業管理建議的一則個人痛苦故事。

謝天謝地，在那段期間我還沒有任何讀者，所以我可以毫無掛礙直接點名，甚至不怕冒犯西雅圖地區的億萬富翁；要知道光是他們所擁有的私人汽車，其價值就已經超過我個人所有銀行帳戶加上退休金的總和了。啊，真是個美好的黃金時代呀。

2000 年 3 月 19 日，星期日

我想跟你說說我職業生涯裡的兩個故事，我認為這是管理良好的科技公司與災難級別的科技公司，兩者之間差別的經典例證。如果把其中的差別歸結來看，一種就是可以信任員工，讓員工好好完成工作，另一種則是把員工全都當成不用大腦做事的人，隨時隨地都要監控員工，深怕員工四處閒晃搞砸一切。

我第一份工作是在微軟，第一個任務就是被告知要為 Excel 提出一種新的巨集語言策略。我很快就做出 Excel Basic 規格的初稿（後來演變為 Visual Basic for Applications，但那又是另一個故事了）。不知道什麼緣故，總之微軟有個非常神秘的「應用程式架構」（Application Architecture）小組，在聽聞了我的規格之後，表現出非常關心的態度，大概是因為他們**自認為**負責掌管巨集語言策略之類的事情，所以他們便要求查看我所寫的規格。

我也向周邊的人打聽了一番。應用程式架構小組裡，都是些什麼樣的人呀？不過我雖然問了一圈，卻好像沒人認為他們是需要認真對待的人。事實上我發現，他們整個團隊只有四個人，而且都是剛招聘進來的一群博士（這在微軟並不尋常）。我先把規格發送給了他們，然後再去見他們，想說他們會不會講一些有趣的東西。

「巴拉巴拉！」其中一個這樣說。「巴拉巴拉巴拉，哇拉哇拉哇拉！」另一個則這樣說。我覺得他們並沒有講出什麼有趣的東西。他們好像非常迷戀子類別化（subclassing）的想法，而且他們認為，在 Excel 製作巨集的人，一定都很想把很多東西子類別化。總之，後來其中一位研究員說：「好吧，這一切都非常有趣。你的下一步是什麼呢？是什麼人要批准你的規格呢？」

我笑了。雖然我只在微軟工作了幾個月，但我知道並沒有「某人**批准**我的規格」這樣的事。批准個頭啦！根本就沒人有時間**讀**我的規格，更別說批准了。程式設計師們每天都在煩我，希望多拿到幾頁規格，好讓他們可以寫出更多的程式碼。我的老闆（和他的老闆）對我說得很清楚，沒有其他人真正懂巨集，也沒人有時間研究巨集，所以不管我做出什麼，最好都是正確的。而這位在微軟某神秘研究小組裡工作的博士，卻覺得這件事情應該比較正式一點才對。

我很快就意識到，這個應用程式架構小組對於巨集的瞭解，甚至比我還少。至少，我曾與一些巨集開發者和一些 Excel 老手交談過，稍稍瞭解大家實際使用 Excel 巨集所做的事情：比如每天重新計算試算表，或是根據特定模式重新排列某些資料。但是這個應用程式架構小組只把巨集**視為**一種學術課題，他們實際上根本想不出大家想要編寫的巨集類型範例。迫於壓力，其中一位想出了一個主意：因為 Excel 已經有了下劃線和雙下劃線，因此他認為，也許會有人想寫出一個巨集，來製作出三條下劃線。是呀。這還真是常見的需求！所以我後來就開始採取一些外交手段，盡可能忽略掉他們的想法了。

但這樣的做法，似乎激怒了應用程式架構小組的負責人 Greg Whitten。Greg 好像是微軟的第 6 號員工。他好像永遠都在各處跑來跑去，沒有人可以確切指出他究竟做過什麼，但顯然他經常和比爾蓋茨共進午餐，而且 GW-BASIC 就是以他的名字命名的。Greg 召集了一次大型會議，而且一直抱怨 Excel 團隊（其實就是說我）如何把巨集策略搞砸了。我們要他提出一些具體的理由，但他的論點就是沒什麼說服力。我覺得這公司真的挺不錯，因為像我這樣一個剛從大學畢業的新員工，竟然可以跟公司第 6 號員工吵架，而且最後顯然還吵贏了。（你能想像在一堆穿著灰色法蘭絨的西裝客公司裡，有可能發生這種事嗎？）我的程式設計團隊是由 Ben Waldman（微軟現任副總）所領導，他給了我完全的支持，這才是最重要的，因為程式碼是程式設計團隊寫的，所以對於「事情該怎麼做」自然擁有最終的決定權。

我其實很樂意就此打住。如果這個應用程式架構團隊需要有人照顧、餵養，想要吵點架鬧點事，那也沒關係，只要他們可以讓程式設計師好好完成工作，他們想吵什麼我都奉陪。但後來又發生一件更有趣的事，真的讓我大吃了一驚。當時 Pete Higgins 走到我身邊，我正在和幾個同事坐在一起，一邊吃著午飯，一邊沐浴在 Redmond 的陽光下。Pete 當時是 Office 的總經理——我當然知道他是誰，但我沒想到他那麼清楚我的事。

「最近怎麼樣呀，約耳？」他問。「我聽說你和應用程式架構小組鬧得不大愉快。」

「哦，沒有啦！」我說。「其實也沒什麼！我自己可以處理啦。」

「你不用多說了，」他說，「我懂。」然後他就離開了。到了第二天，就有流言傳回我耳邊：聽說應用程式架構小組解散了。不僅如此，這個小組裡的每一個成員，全都被派往微軟的各個不同部門，而且全都相隔超級遠。後來我就再也沒聽到任何關於他們的消息了。

這件事我當然是大為震撼。如果你在微軟是一個負責 Excel 巨集策略的程式經理，即使你剛到公司不滿六個月，那也沒關係——你就是 Excel 巨集策略的上帝，任何人（就算是第 6 號員工）都不能擋你的路。沒什麼好說的，就這麼簡單。

這就等於給大家發出了一個非常強烈的訊息。一方面，這可以讓大家更認真對待自己的工作。因為管理層真的不會仔細去看規格，所以大家都不能用「管理層已批准規格」來做為擋箭牌。管理層只知道多聘請一些聰明的人，然後再給他們一些事情做。另一方面，這也造就了一個非常好的工作環境。有誰不想當自己領域裡的王？軟體的本質，天生就很容易切分成一個一個很小的元件，所以很容易就可以在人與人之間劃分好責任歸屬，讓每個人都可以各自**全權掌握**某一個領域。這很可能就是寫軟體的人都很喜歡在微軟工作的理由吧。

後來又過了好幾年。我到了 Juno 去工作，這是一家提供網路服務與免費 email 的提供商。這一次，我經歷了一段與微軟完全相反的工作體驗。我手下有兩名程式設計師，但我自己的經理卻經常介入我（極其有限）的權限，直接去指揮我的手下，丟事情給他們做，甚至還經常不跟我說。即使像請假這麼微不足道的事，我的經理也覺得批不批准是他的工作。

在 Juno 工作幾年之後，我開始研究新的使用者註冊功能。我要負責針對 Juno 3.x 這個主要版本，全面檢查整個註冊的流程。此時我已經是技術團隊裡比較資深的成員了；我有很好的績效評價，我的經理似乎也很欣賞我所做的工作。但他們就是無法真正相信我。總之大概就是「命令與管控」（Command and control）那套軍事管理的做法吧。

註冊流程其中有一個步驟，要求使用者輸入自己的生日。這只是漫長註冊流程其中的一個小步驟，因為整個流程大概會有 30 個畫面，Juno 在這段期間會向你盤問你的收入、你最喜歡的運動、你有多少個孩子、孩子們的年齡，以及大約 100 件其他的事情。為了讓整個註冊流程更容易一點，我想把生日欄位改成可自由輸入的格式，讓你可自由輸入「8/12/74」、「1974 年 8 月 12 日」、「74 年 8 月 12 日」或任何其他形式的日期資訊。（你有用過 Outlook 嗎？就像 Outlook 那樣，可以讓你輸入幾乎任何格式的日期，而軟體也都能看懂，並接受你所輸入的資料。）

我的經理並沒有詳細說明，他只是做了個決定，就說他不喜歡這個做法。而且對他來說，這好像變成了一個與自尊有關的問題。一開始，他先是對製作頁面的設計師大吼大叫（甚至沒有先告訴我）。後來他又對我大吼大叫。然後他每天都不斷提醒著我，一定要改成**他**想要的做法。然後他又讓公司的 CEO 來進

行審核，還大張旗鼓讓公司 CEO 來批評我的新設計。而 Juno 的 CEO 竟然也非常樂意插手公司最基層的工作；事實上，這好像就是公司的標準作業程序。

不用說，我當然很生氣。這只是一件小事 —— 真的只是與品味有關的一件小事。有些人應該會比較喜歡我的做法。有些人也許會比較喜歡他的做法。無論是哪一種情況，這裡所傳遞出來的訊息都很明確：他 X 的，照我說的去做就對了。這完全就是一種「命令和征服」（command-and-conquer）的心態，實際上更像是一場意氣之爭，而不像是針對 UI 設計的一場討論。

我並不會說這就是我離開 Juno 的理由，但這個例子確實可以用來說明我離開 Juno 的理由：無論你多麼努力工作，無論你多麼聰明，無論你是否「負責」某個東西，總之你就是沒有任何權力，即便最微小的事情，也是如此。沒有就是沒有。總之你就是要拿出你所有該死的創意、訓練、大腦和智慧，因為我們都付錢給你了，你就要拿出所有的本領，然後努力工作就對了。Juno 有**很多很多**的經理，數量大約佔所有員工的四分之一左右，因此他們有足夠多的人手，可以伸進每一個決定之中，以確保每件事都在**他們**的控制之中。這與微軟正好形成鮮明的對比；微軟的副總只會從 9 號樓走出來，確認你有足夠的權力完成你的工作。

某種程度上來說，Juno 這種無能又無用的管理流程，可說是典型紐約公司而非西岸科技公司的一個特徵，所以現代的管理風格確實還沒有真正滲透到每個角落。這其實也是 Juno 的管理層缺乏經驗所造成的問題，甚至連最高層也是如此 —— 公司裡那位年僅 29 歲的 CEO 並沒有在 DE Shaw 以外的地方工作過，但他會干涉他所能觸碰到的一切（包括軟體出現問題時錯誤訊息的措辭）；如果 CTO 膽敢質疑他的智慧，他就會對 CTO 大吼大叫；然後 CTO 再拿程式設計師出氣，最後程式設計師只好回家踢狗出氣。至於微軟的做法，事情都是交給最基層的人來完成，而大多數經理最重要的工作，好像就是在房間裡跑來跑去，把擋路的家具搬開，好讓大家可以專注於自己的工作。

33

大麥克 vs. 原味主廚

2001 年 1 月 18 日，星期四

真是搞不懂：為什麼世界上最大的一些 IT 顧問公司，會做出一些最差的決策？

為什麼那些超酷炫的新貴顧問公司，一開始取得一系列成功之後，驚人的成長卻有如曇花一現，很快就跌落神壇淪為平庸？

我一直在思考這個問題、思考我自己的公司該如何繼續成長。我所找到最好的教訓，就是來自麥當勞。是的，我說的就是那家東西不算好吃的漢堡連鎖店。

大麥克漢堡的秘訣，就在於它雖然不算好吃，但每個漢堡不太好吃的程度，全都是相同的。只要你能接受不太好吃的東西，那就放心點大麥克吧，他的口味絕對不會出乎你意料之外。

大麥克的另一個秘訣就是，你只要擁有介於「白痴」和「笨蛋」之間的智商，就能和所有人一樣，製作出一個「與世界上任何大麥克完全相同、絕不會讓人感到驚訝」的大麥克漢堡。這是因為麥當勞**真正的秘訣**，就在於他們那本超級厚的操作手冊，其內容巨細靡遺，為每個加盟商詳細說明了製作大麥克時必須遵循的確切流程。如果一個大麥克漢堡在阿拉斯加的安克拉治要煎 37 秒，那在新加坡也要煎 37 秒 —— 不是 36 秒，也不是 38 秒。如果要製作大麥克，你就必須遵守那些該死的規則。

這些規則全都是由一群相當聰明的人（來自麥當勞漢堡大學）所精心設計，因此即使是笨蛋，也能像聰明人一樣遵守同樣的規則。事實上，這些規則裡還包含了各種防呆的做法（比如薯條放進油裡太久就會響鈴），這些全都是為了彌補人類的弱點而制定的。工作現場到處都有各種碼錶和計時系統。甚至還有一套系統，可以確保員工每半個小時檢查一次洗手間乾不乾淨。（但我要說一下：他們並沒有照著做。）

這套系統基本上假設，每個人都會犯一堆錯誤，但製作出來的漢堡還是……嗯……一樣的不太好吃，而且絕對不會忘了問你，要不要加點薯條。

以下純屬娛樂；我們姑且把麥當勞和英國帥哥主廚 Jamie Oliver 拿來做一番比較好了；麥當勞的做法就是遵循一成不變的規則，即使對食物一竅不通也沒關係，而 Jamie Oliver 則可說是廚師界的天才。（如果你現在決定先放下這本書，跑去他的網站 [1] 看他製作羅勒蒜泥蛋黃醬之類的影片，我也不會反對。畢竟這對你的身體健康有益無害嘛。）總之，拿麥當勞與美食大廚相比較，可以說是極為荒謬，但請你先把心中的懷疑暫且擱置一旁，因為這裡確實有些值得學習的東西。

我們的原味主廚，當然不會照著什麼臭哄哄的操作手冊來做菜。他不會去**量東量西**。他在煮東西時，你只會看到一堆食材飛來飛去。「我們在裡頭多放點迷迭香，沒問題的，然後再好好搖一搖吧，」他說。「再把它搗碎。太完美了。然後再四處撒一撒。」（沒錯，看起來他真的就只是到處撒一撒而已。但是很抱歉，**換成我來撒的話**，就是沒辦法撒得那麼好。）大概只要 14 秒，基本上他就可以即興完成一道完整的美食，包括把海鱸魚片烤好切碎、塞滿香草、烤完放在蘑菇馬鈴薯上，最後再佐以莎莎醬。看起來簡直好吃極了。

好吧，我認為原味主廚的美食很明顯比麥當勞好吃多了。「**為什麼會這樣呢**？」雖然這聽起來像是個愚蠢的問題，但我覺得很值得花個一分鐘，來好好探究一下。其實這並不是個愚蠢的問題。為什麼像麥當勞這樣一家擁有無數資源、規模大到令人難以置信、花錢就能聘請到最好的食品設計師、幾乎擁有無限現金流的大公司，卻做不出一道真正的美食？

1　請參見 www.jamieoliver.net/。

想像一下，假設有一天我們的原味主廚厭倦上「電視」了，於是跑去開一家餐廳。當然，他是一位極為出色的廚師，餐廳的食物肯定好吃到令人難以置信，所以顧客絡繹不絕，利潤也很驚人。

當你有了一家利潤驚人的餐廳，很快你就會發現，即使餐廳每天晚上都客滿，即使你的開胃菜要價 19 美元，可樂要價 3.95 美元，你的利潤還是會達到一定的極限，因為一個廚師不管再怎麼厲害，做出來的餐點數量絕對是有限的。所以，你也許就會開始考慮僱用另一名廚師，或是考慮到其他的城市，再開一些分店。

現在開始就會出現一個問題 —— 我們在技術領域稱之為「**可擴展性**」（scalability）問題。如果你想複製一家分店，你就必須決定，是否要聘請另一位像你一樣厲害的大廚（但如果他真的那麼厲害，他自己賺就好，何必幫你賺錢呢），還是聘請另一個比較便宜、比較年輕、但沒那麼厲害的廚師（不過你的顧客很快就會發現有差，然後就不再去那家分店了）。

如果要處理這種可擴展性的問題，常見的做法就是僱用一些什麼都不懂的廉價廚師，然後再給他們提供如何製作出每一道菜的精確規則，讓他們「不會」搞砸。只要確實遵循這些規則，就能做出美味的食物！

問題是：這樣的做法並不總是很管用。一個好廚師所能做的事，其中大概有一百萬件都與**即興創作**有關。好廚師如果在菜市場看到很棒的芒果，就能即興製作出芒果香菜沙拉，來搭配當天最新鮮的魚。好廚師就算遇到馬鈴薯暫時短缺的情況，也能馬上製作出一些芋頭片來應對。只會按照指示操作的廚師，或許可以在一切正常時製作出特定的菜餚，但如果沒有真正的才能與技術，就沒辦法進行即興創作，這其實也就是你在麥當勞為什麼看不到地瓜的理由。

麥當勞需要的是一種非常**特殊**的馬鈴薯品種，他們會在世界各地種植這種馬鈴薯，然後預先切好並大量冷凍起來，以應付食材短缺的情況。正是因為進行了預切和冷凍，所以炸出來的薯條自然也就不如新鮮的那麼好吃，但這樣的口味肯定是一**致**的，而且也不用要求廚師具備什麼特別的技能。事實上，麥當勞訂下成千上百的規矩，就是為了確保他們所生產出來的產品具有一致的品質，雖然那是「有點」低的品質，但是**在他們的廚房裡，任何蠢蛋都能做出一樣的東西**。

至此我們來總結一下：

1. 有些事真的需要「天賦」，才有辦法真正做好。

2. 「天賦」這種東西，想直接進行擴展是很困難的。

3. 如果想對「天賦」進行擴展，其中一種做法就是，讓有天賦的人制定規則，再讓沒有天賦的人遵守執行。

4. 在這樣的做法下，所得出的品質往往非常低。

在 IT 顧問這個領域，同樣也上演著**完全相同的故事**。下面的故事，你聽過幾次了呢？

Mike 覺得很不爽。他聘請了一家規模龐大的 IT 顧問公司，想要構建出某個系統。但他所聘請的 IT 顧問實在很無能，只會不斷講一堆「方法論」，結果花了好幾百萬美元，卻什麼東西都生不出來。

幸運的是，Mike 找到了一位非常聰明、才華橫溢的年輕程式設計師。這位年輕的程式設計師只花了 20 美元和一片披薩，就在一天之內構建出他所要的系統。Mike 簡直樂翻了。因此他向所有的朋友大力推薦這位年輕的程式設計師。

這個年輕的程式設計師輕輕鬆鬆就賺了大錢。很快，他的工作就多到應付不過來，於是便開始僱用一群人來幫忙。他發現只要是優秀的人才，都會要求非常多的股票選擇權，所以他決定僱用剛從大學畢業的年輕程式設計師，並進行為期六週的「培訓」課程。

問題在於「培訓」課程並沒有產生出真正一致的結果，因此這位年輕的程式設計師老闆，便開始著手建立各種規則與流程，希望能產生出更一致的結果。多年下來，記載各種規則的手冊內容不斷持續成長。很快它就變成六大冊名為《方法論》（The Methodology）的大作。

幾十年後，這位年輕的程式設計師老闆，也成了業內非常大牌、同時卻也很無能的 IT 顧問，他力推所謂的「資本 M- 方法論」，而且也有一大群盲目遵循此方法論的追隨者，問題是那整套東西根本不管用，因為那些追隨者全都不是真正有才華的程式設計師，根本不知道如何把事情做好——畢竟他們只參加了為期六週的課程，全都只是一些心地善良、很懂政治學的人而已。

而這個規模龐大卻很無能的新 IT 顧問公司，又開始把大家搞得一團亂。他們的客戶每個都很不爽。此時另一位天才程式設計師再度出現，迅速搶走顧問公司所有的生意，於是便又再度進入了新一輪的循環。

這樣的循環其實已經發生過十幾遍，我就不在這裡一一點名了。所有的 IT 服務公司多少都會貪心，想讓公司更快速發展，但是找到人才的速度又不夠快，只好制定出層層疊疊的各種規則與流程；這些東西雖然有助於產出「一致」的結果，卻無法得出很「出色」的結果。

而且那些各式各樣的規則與流程，只有在一切沒問題時才能管用。例如近年來有許多顧問公司力推所謂的「資料庫網站」（data-backed website），總是教大家一些「建立資料庫網站要知道的十四件事」之類的東西（「嘿你看！這就是個 select 語句！孩子呀，建個網站吧」）。但如今 dot com 狂熱正在退潮，業界的需求開始轉向高階的 GUI 程式設計、C++ 技能，以及一些真正扎實的電腦資訊科學，至於那些只懂 select 語句的孩子們，恐怕只能面臨非常陡峭的學習曲線，很難再跟上時代的腳步。但他們還是繼續在努力嘗試，想要遵循規則手冊第三冊第 17 章第 29.4 *b* 節裡關於資料庫規範化的規則，卻不知道這些規則在新的世界裡，早已經派不上用場了。那些原本就很傑出的公司**創辦人**，當然很快就能適應新世界的來臨：他們全都是才華洋溢的電腦科學家，學什麼東西都很快，**但他們所建立的公司**卻很難適應時代變化的腳步，因為這些公司全都是用「規則手冊」來取代「天賦」，問題是那些規則手冊，肯定跟不上新時代的變化。

這個故事有什麼啟示呢？**一聽到「方法論」，請務必多留意。**這東西就是有辦法讓每個人的表現，都達到「還過得去但令人沮喪」的程度；而且，這東西也會讓一些有天賦的人很不爽，因為對他們來說，這東西反而會變成一層又一層的限制。我覺得這其實再明顯不過了，一個有天賦的廚師，絕不會樂意在麥當勞做漢堡，而且理由正是**因為**麥當勞的那些規則。所以，現在為什麼還是有那麼多 IT 顧問可以如此大放厥詞，吹噓他們的方法論有多棒多棒呢？（有本事就來說服我呀！）

對於我的公司 Fog Creek 來說，這又有什麼意義呢？好吧，我們的目標從來都不是成為一家大型顧問公司。我們之所以開始做顧問的工作，主要是為了達到某種目的——我們的長期目標是成為一家始終能盈利的軟體公司，而我們去做一些顧問工作，只是為了填補我們的軟體收入，來實現此一長期目標。經過這

幾年下來的經營，我們的軟體營業額已經成長到一定的程度，顧問工作反而變成一個利潤比較低，卻會讓我們分心的工作，所以我們現在只會去做一些直接與我們軟體業務相關的顧問工作。你也知道，「軟體」是一種**可擴展性**非常好的商品。只要有更多新客戶購買 FogBUGZ，我們就能賺到更多的錢，但成本卻不會增加很多。

更重要的是，我們一直很執著於聘用最優秀的人才……如果找不到足夠多的優秀人才，我們寧可維持在比較小的規模（不過我們公司有六週年假，所以找人方面似乎還不成問題）。除非我們所僱用的人，已經學會足夠的知識，足以帶領新人、成為新人們的導師，否則我們還是會拒絕擴張的。

34

事情可沒那麼簡單

「**極限程式設計**」（*Extreme Programming*）匯聚了**許多很棒的想法**，以及一些不怎麼樣的想法，**還有一個很危險的想法：「計劃和設計，都是在浪費時間」**。雖然極限程式設計哲學所提倡的是一種看似有道理的完整開發方法，但在實務上，這個想法通常只會被程式設計師拿來當做藉口，因為大家都只想要趕快去寫程式碼，而不想先去做功能設計。他們會說，「原始程式碼本身就是設計！」但事實並非如此，如果你用這種方式來開發軟體，就會發現自己掉入永無休止的循環，不斷尋找軟體的怪味道，然後再不斷嘗試進行重構，卻一直無法取得真正有意義的進展。

2002 年 3 月 4 日，星期一

我們的 CityDesk 遇到了一個使用性方面的小問題。

問題是這樣的：你可以用選單裡的「匯入網頁」選項，直接從 Web 網路匯入檔案。你也可以用滑鼠拖放的方式，把檔案從磁碟匯入到 CityDesk。不過，我們的選單裡並沒有「從磁碟匯入檔案」的選項。所以有些人可能根本不知道，原來可以從磁碟匯入檔案。也有些人可能會利用「匯入網頁」這個選項，嘗試從磁碟匯入檔案，但這樣是行不通的。

我原本以為，只要用兩頁的精靈程式，就能輕鬆解決這個問題。粗略來說，精靈程式的第一頁應該先問「你想從哪裡匯入檔案？」如果選擇了「磁碟」，第二頁就應該請使用者選取一個檔案。如果選擇了「Web」，第二頁則應該請使用者輸入一個 URL 網址。

原本想到這裡，差不多就可以開始寫程式碼了，不過我還是忍住了這樣的念頭，改去先寫出一個迷你的規格。下面就是規格的全部內容：

第一頁
你想從哪裡匯入檔案？（磁碟 / Web）

第二頁（磁碟）
標準的「檔案開啟」對話框

第二頁（Web）
請使用者輸入一個 URL 網址

突然之間，我想到一件事。在精靈程式裡，可以直接使用 Windows 作業系統標準的檔案開啟對話框嗎？

嗯。

我查了一下。沒錯，是可以，但做起來挺麻煩的，而且還要用掉好幾個小時的時間[1]。那如果我們不用精靈程式的做法，又該怎麼做才好呢？於是，我又把規格重寫如下：

兩個選單項目
1. 從網路匯入 Web 頁面》跳出 URL 對話框
2. 從磁碟匯入 Web 頁面》跳出檔案開啟 對話框

---

1 請參見 www.vbaccelerator.com/codelib/cmdlgd/cmdlgtp.htm。

這樣看起來好多了。看來僅僅三分鐘的設計，就幫我省下了好幾個小時寫程式碼的時間。

但如果你這輩子曾經寫過 20 分鐘以上的程式碼，或許你早就知道，其實還有下面這樣的一個經驗法則：**事情可沒那麼簡單**。

即使像「複製檔案」這麼簡單的事，也可能有各式各樣的問題。比如說，如果第一個參數是目錄怎麼辦？如果第二個參數是一個檔案怎麼辦？如果目錄裡已存在相同名稱的檔案怎麼辦？如果你沒有寫入檔案的權限怎麼辦？

如果複製到一半出問題怎麼辦？如果複製的目標目錄位於遠端的機器，必須先通過身份驗證才能繼續使用，怎麼辦？如果檔案很大而且連線的速度很慢，需要顯示複製的進度，怎麼辦？如果傳輸的速度慢到接近零怎麼辦？什麼情況下才能放棄傳輸並送出錯誤訊息？

如果你要面試測試相關工作的應徵者，有一個很好的方法，就是給他們一個很簡單的操作，然後再請他們列舉出所有可能出錯的情況。微軟有一道很經典的面試題目：針對檔案開啟對話框，你會如何進行各種測試？如果是一個很好的測試人員，或許就可以快速列出好幾十種奇怪的測試方法（例如「假設對話框裡確實可以看到某個檔案，但是在點擊開啟時，該檔案已被另一個使用者刪除了」）。

好的，所以我們才會有這樣的一個公理：事情可沒那麼簡單。

軟體工程還有另一個公理：一定要降低風險。其中有個特別重要一定要設法避免的風險，那就是「時程上的風險」；換句話說，也就是有些事「所花費的時間超過預期」的風險。時程上的風險是很糟糕的東西，因為你的老闆會因此對你大吼大叫，讓你非常不爽。如果這理由還不足以讓你覺得，時程上的風險真的很糟糕，我們就來看另一個經濟面的理由；假設你決定要製作某個功能，原本預計需要一週的時間。後來你發現，實際上需要二十週才能完成；如此一來，回頭再看當初那個決定，很有可能就是個錯誤的決定。當初你如果知道需要二十週，也許就會做出不同的決定。要知道，你所做的錯誤決定越多，你的公司越有可能撐不下去而倒閉，而你的前 CEO 可能還會悶悶不樂地說，「最糟糕的是，fuckedcompany.com 甚至都還來不及提到我們這家公司，我們就已經先倒閉了！」

如果把「事情可沒那麼簡單」和「一定要降低風險」這兩個公理結合起來，最後只能得出一個結論：

你一定要在實作之前先進行設計。

很抱歉讓你失望了。是的，我知道你讀過 Kent Beck 的書，你現在一定認為，實作之前並不一定要先進行設計。但是很抱歉，這樣是不對的。要改動程式碼裡的東西，就是**無法像**改動設計文件一樣「那麼輕鬆」。大家總是說，改動程式碼與改動設計文件一樣輕鬆，但其實並非如此。「我們現在都會使用一些高階的工具（例如 Java 和 XML）。我們在幾分鐘之內，就可以改動程式碼裡的內容。為什麼不直接用程式碼來進行設計呢？」我的朋友呀，你可以給你媽媽裝個輪子，但她可不會就這樣變成一輛公車；如果你認為自己可以針對程式碼裡的檔案複製功能進行重構，讓它從多執行緒（threaded）改成先占式（preemptive）的架構，而且修改速度就跟我寫出這個句子的速度一樣快，嘿！你恐怕是在自欺欺人吧。

更何況，我並不認為極限程式設計真的是在提倡「零」設計。他們只是說，「別去做沒必要的設計」，這確實是很好的想法。但是大家聽到這句話時，心裡可不是這樣想的。大多數程式設計師都很會找藉口，希望可以直接去實作各種功能，而不必花時間先進行基本的設計。因此，他們一看到這種「無設計」的想法，就像飛蛾看到火一樣，忍不住就一撲而上。嘖嘖嘖！這其實是「懶惰」的其中一種奇怪的形式，但其實到最後你反而要做更多的工作。一開始你只是因為懶得先在紙上設計功能，所以就直接寫出一些程式碼，後來又發現程式碼有問題，只好花時間去解決問題，結果反而花費更多的時間。或者還有另一種更常見的發展，就是先寫出一些程式碼，然後才發現程式碼有問題，但由於為時已晚，只好接受品質很差的結果，而且還要一直去找各種藉口，說明「事情為什麼就是會變成這樣」。其實這只不過就是一種馬馬虎虎、不專業的態度而已。

Linus Torvalds 在批判設計時 [2]，他所談論的是大型的系統，這些系統必須持續進化，否則就會變成像 Multics 那樣的結果。他所談的並不是那種只是要「複製檔案」的程式碼。而且你也應該考慮一下，Linus 對於自己所要做的事，早在他心中就已經有了非常清晰的思路，因此這也難怪，他會看不出「設計」這東西有太多的價值。你可不要上當。他那一套有可能並不適合你。畢竟不管怎

2　請參見 www.uwsg.iu.edu/hypermail/linux/kernel/0112.0/0004.html。

麼說，Linus 實在比我們聰明太多，對他而言很有用的東西，或許對我們這些普通人來說並不適用也說不定。

漸進式設計和實作，確實是很好的做法。頻繁發佈也是很好的做法（不過對於熱縮膜軟體或大眾市場軟體來說，這種做法只會讓客戶抓狂，絕不是什麼好主意，所以不如改成頻繁在內部建立里程碑的做法）。太多過於形式化的設計，確實很浪費時間——我從沒見過任何一個專案，能靠一些沒意義的流程圖、UML、CRC 等等之類流行的東西，而得到什麼樣的好處。Linus 所談論的那些、擁有千萬行程式碼的龐大系統，確實應該持續進化，因為人類還沒有能力真正瞭解，該如何設計這種規模的軟體。

但如果你只是寫個「檔案複製」之類的功能，或只是想坐下來，好好計劃你軟體下一版的功能，你還是要進行設計的。別再讓那些誘人的想法迷惑住你了。

35

我要幫
「非我所創」症候群
說幾句話

2001 年 10 月 14 日，星期日

再來個臨時測驗吧！

1. 程式碼重用（reuse）是：

   a. 好事

   b. 壞事

2. 重新發明輪子是：

   a. 好事

   b. 壞事

3. 非我所創（NIH；Not-Invented-Here）症候群是：

   a. 好事

   b. 壞事

當然囉，**大家都知道**，我們應該多善用他人努力的成果。正確答案**當然**就是：1(a) 2(b) 3(b)。

這樣對嗎？

嘿！先別太快下結論嘍！

「非我所創」（NIH）症候群被公認是一種典型的管理病狀，指的就是團隊拒絕使用非自己所創的技術。患有「非我所創」症候群的人，顯然就只是想法太小家子氣，一心只想居功搶風頭，卻不去管究竟符不符合整體組織的最佳利益。（真的是這樣嗎？）各地大型書店百般聊賴的商業歷史區裡，充斥著許多愚蠢團隊的故事，譬如有團隊花費好幾百萬美元和 12 年的時間，竟然只為了建構出一個 9.99 美元就能在 CompUSA 買到的軟體。只要是對這三十年來電腦程式設計的進展稍有關注的人，都知道程式碼重用（reuse；重複使用）就是現代程式設計系統的聖杯。

沒錯。嗯，我也是這麼想的。因此，我在微軟擔任程式經理時，由於負責 Visual Basic for Applications 的首次實作，因此我很小心的聯合微軟內部四個（厲害吧，四個耶！）不同的團隊，想在 Excel VBA 裡做出一些自定義對話框。這個想法很複雜，而且充斥著各種相互依賴關係。當時有一個名為 AFX 的團隊，正在開發某種對話框編輯器。而我打算利用 OLE 團隊的全新程式碼，讓使用者可以把某個應用程式，嵌入到另一個應用程式中。Visual Basic 團隊則是提供背後的程式語言。經過一整週的協調之後，AFX、OLE 和 VB 團隊原則上都同意了我的想法。

後來我來到 Andrew Kwatinetz 的辦公室。當時他是我的主管，我所知道的一切，全都是他教我的。「Excel 開發團隊絕不會接受這樣的做法，」他跟我說。「你知道他們這些人的座右銘嗎？『找出依賴關係——然後消除掉就對了。』他們絕不會接受依賴關係這麼多的東西。」

真——是——太——有——趣——了。我從沒聽過這種事。我想這或許可以解釋，為什麼 Excel 會有自己專用的 .C 編譯器了。

看到這裡，我想有許多讀者大概都已經笑到地上打滾了。「微軟這樣搞，豈不是太蠢了嗎？」你心想，「他們非但不用別人的程式碼，竟然還只為了一個產品，就自己弄了個專用的編譯器。」

別那麼快下結論，老弟！ Excel 團隊這種頑強而獨立的心態，確實也讓他們總是能按時出貨，讓他們的程式碼品質始終如一，而他們的編譯器，早在 1980 年代，就能夠生成 pcode，因此無須任何修改，就能在麥金塔的 68000 晶片和 Intel PC 上順利執行。pcode 還可以讓執行檔縮小至只有 Intel 二進位檔案的一半，所以從軟碟載入的速度更快，需要的 RAM 也更少一些。

「找出依賴關係──然後消除掉就對了。」如果你是在一個擁有許多優秀程式設計師、真的真的非常優秀的團隊裡工作，坦白說，你看別人的程式碼簡直都像是漏洞百出的垃圾，更別說那些人還不搞清楚怎麼按時出貨呢！如果你是個藍帶廚師，你**需要**新鮮的薰衣草，可能就會自己種，而不是到菜市場去買，因為有時候菜市場找不到新鮮的薰衣草，有時候薰衣草不夠新鮮，攤販還會假裝成新鮮的來賣。

事實上，在最近的 dot com 熱潮中，也有一群假裝內行的商業作家信誓旦旦的說，未來的公司一定會完全虛擬化──最後只會變成一堆時髦的傢伙，在家裡的客廳喝著白葡萄酒，然後把所有東西全都外包出去就對了。這些嗨過頭的「空想家」漏想了一件事，那就是──價值必須有所提升，市場才會真的買單。客廳裡的兩個雅痞，先從 A 公司買入電子商務引擎，再賣出 B 公司所製造、C 公司負責倉儲與運輸的商品，最後再由 D 公司提供客服，這樣的做法並沒有提升多少的價值。事實上，如果你曾經把公司某個極為關鍵的業務外包出去，肯定會發現外包其實是一個很可怕的做法。如果你無法直接掌握客服，你的客服肯定糟糕透頂──搞到最後大家都只能在自己的部落格裡抱怨，每次想用電話找公司做點什麼事，別說連最基本的事都做不到，有時候連個人都找不到。如果你把履行訂單的業務外包出去，而承包此業務的合作夥伴對於什麼叫「及時交貨」又有不同的看法，這樣一來你的客戶就算很不爽，你也無能為力，因為要找到另一個外包商至少需要三個月，而你甚至有可能根本**不知道**客戶不滿意，因為你的客戶找不到你，只因為你已經把客服中心外包出去，當初的目的正是**不打算**傾聽客戶的抱怨。至於你所買的那個電子商務引擎？它絕對做不到像 Amazon 自己所寫的 *obidos* 那麼靈活。（如果做得到，競爭對手購買相同的引擎就好啦，這樣 Amazon 就沒有什麼優勢了。）至於那種買來什麼都不用改、直接上線就能使用的現成網路伺服器，絕對做不到像 Google 那些人親手編寫程式碼、仔細進行最佳化的伺服器那樣速度快得驚人。

很抱歉，這個原則好像與「程式碼重用是好事──重新發明輪子不是好事」這樣的理想直接衝突。

我所能提供的最佳建議如下：

如果是核心的業務──不管怎樣，自己做就對了。

努力找出你的核心業務能力與目標，然後在內部認真做到最好。如果你是一家
軟體公司，好好寫出優異的程式碼，就是你邁向成功的途徑。至於公司的餐廳
與製作光碟片的工作，外包出去就好了。如果你是一家製藥公司，請好好針對
藥物的研究，寫出最優異的軟體，但請不要去寫什麼會計軟體給自己用。如果
你是網路會計服務商，會計軟件就要自己寫，但請不要嘗試自行製作雜誌廣
告。如果你有真正的客戶，就不要把客服的工作外包出去。

如果你正在開發一款以情節為主要競爭優勢的電腦遊戲，善用第三方的 3D 函
式庫就可以了。但如果超級酷炫的 3D 效果是你的遊戲最重要的特色，那你最
好還是親力親為吧。

這規則唯一的例外（雖然我還是持保留態度），就是你的手下並沒有什麼東西
比別人厲害，這樣的話，你想在公司內部做任何事情，最後都會搞砸。沒錯，
像這樣的地方，其實還蠻多的。如果你遇到這樣的情況，那我也就幫不了你
了。

36

策略書 I：
BEN & JERRY'S 模型
vs. AMAZON 模型

2000 年 5 月 12 日，星期五

你想創立公司？那你一定要先做出一個非常重要的判斷，因為這個判斷會影響你之後所做的每一件事：無論如何，你一定要搞清楚，**你的公司究竟屬於哪一個陣營**，然後再根據這個判斷，做出相應的調整，否則你恐怕就得面臨一場災難。

什麼樣的判斷呢？你打算讓公司以一種和緩而自然的方式、讓獲利逐漸成長，還是想在短時間內投入大量資金、快速呈現爆炸式成長？

比較和緩而自然的模型，就是從比較小的規模開始，先設立有限的目標，再用一段比較長的時間，慢慢把事業建立起來。我打算把這種模型稱之為 Ben & Jerry's 模型，因為 Ben & Jerry's 這家公司非常符合這個模型。

另一種模型通常叫做「快速變大」（Get Big Fast，又叫 Land Grab「搶地盤」），這種做法需要籌募大量的資金，而且不管有沒有獲利，都要盡可能快速做大。我把它稱之為 Amazon 模型，因為 Amazon 的創辦人 Jeff Bezos（傑夫·貝佐斯）實際上已成為「快速變大」最有名的代言人了。

我們就來看看這兩個模型有哪些差別。第一個問題就是：你所要進入的這個事業，有沒有很多的競爭者？

Ben & Jerry's

有很多成熟的競爭對手

Amazon

新技術，一開始沒什麼競爭

如果沒有任何真正的競爭對手（比如 Amazon 就是如此），你就有機會成功「搶地盤」——也就是說，只要盡快多搶佔一些客戶，後來的競爭對手就會有很嚴重的進入障礙。但如果你要進入的是有一大堆成熟競爭對手的行業，那麼「搶地盤」的想法就沒有意義了，因為你必須把客戶一個一個從競爭對手那邊拉過來，才能增加你客戶的數量。

總體來說，如果你所要進入的市場有很多討厭的競爭對手，風險投資人對你的想法就不會太熱衷。就我個人而言，我並不會如此害怕那種早已存在的競爭環境，也許這是因為我曾經在微軟的 Excel 團隊裡工作，當時的 Lotus 123 雖然擁有整個市場，但後來 Excel 還是完全取而代之。目前排名第一的文書處理程式 Word 取代了 WordPerfect，WordPerfect 當初也取代了 WordStar，而所有的這些軟體，全都曾經一度壟斷整個市場。在 Ben & Jerry's 出現之前，我們也不是買不到冰淇淋，但這家公司依然發展成一家了不起的企業。如果你想取代掉競爭對手，也不是不可能的事。（我會在接下來的章節中，探討怎麼做到這件事。）

關於「取代競爭對手」，還有另一個問題，跟所謂的網路效應（network effect）和鎖定（lock-in）效果有關：

Ben & Jerry's

沒有網路效應，客戶鎖定的效果也很弱

Amazon

有強大的網路效應，客戶鎖定的效果也很強

網路效應指的就是「你的客戶越多，越能招攬到更多的新客戶」。這是源自於梅特卡夫定律（Metcalfe's Law）[1]：網路的價值，就等於使用者數量的平方。

1　請參見 www.mgt.smsu.edu/mgt487/mgtissue/newstrat/metcalfe.htm。

eBay 就是一個很好的例子。如果你想把一只舊的百達翡麗手錶賣掉，到 eBay 應該可以賣到更好的價格，因為那裡有比較多的買家。如果想買一只百達翡麗手錶，你也會去 eBay 看看，因為那裡有比較多的賣家。

ICQ 或 AOL 即時通這類的聊天系統，也有極其強大的網路效應。如果你想找人聊天，就必須進入對方所在之處，而目前大多數的人都有在使用 ICQ 和 AOL。你的朋友很可能也有使用上述的其中一個服務，但卻沒有使用 MSN 即時通這類比較小的服務。雖然微軟擁有超強的實力、資金和行銷技巧，卻還是很難打入拍賣或即時通訊的領域，這就是因為這些領域全都有非常強大的網路效應。

「**鎖定**」（Lock-In）則是一種讓人不想轉換的商業特性。例如大家都不太想換到另一家網路供應商，就算原本這家服務不太好也是如此，因為只要一換就得改變 email 地址，而且還要通知每個人，實在太麻煩了。文書處理程式也是如此，如果新的文書處理程式無法讀取舊檔案，大家就不會想換了。

比「鎖定」更好的做法，就是我稱之為「**暗中鎖定**」的高級鎖定方式：這類服務甚至可以在你沒意識到的情況下，把你牢牢鎖定起來。舉例來說，像 PayMyBills.com 這樣的新服務，它會幫你收取帳單、掃描帳單，並顯示在網路上供你使用。一開始他們通常會提供三個月的免費服務。過了三個月之後，如果不想繼續使用該服務，你也沒有別的選擇，只能一個一個聯繫那些發送帳單的公司，請他們把帳單改寄回你家的地址。這樣的繁瑣工作，很可能就會讓你離不開 PayMyBills.com —— 算了算了還是讓他們每個月繼續從你銀行帳戶拿走 8.95 美元好了。這樣你就上鉤了！

如果你要進入的是一個天生具有網路效應和鎖定效果的事業，而且當時還沒有任何足夠成熟的競爭對手，那你**最好**趕快採用 Amazon 模型，因為你不這樣做別人也會這樣做，然後你就沒有立足之地了。

我們就來快速看個案例吧。1998 年，AOL 投入巨資快速成長，每五週就增加 100 萬個客戶。AOL 的軟體本身具有很好的功能（例如聊天室和即時通訊），而且還有「暗中鎖定」的效果。一旦在這裡找到一群你很喜歡聊天的朋友，你就**不會**再換到別的網路供應商了。因為一換成別家，就等於還要花時間去交新朋友。在我看來，這就是很多網路供應商每個月只收 10 美元，AOL 卻可以收 22 美元的關鍵理由。

我在 Juno 工作時，當時的管理層並沒有搞懂這件事，在大家剛開始上網時沒有盡快去搶地盤，因而錯失了超越 AOL 的最佳機會：公司並沒有投入足夠的資金去搶客戶，因為他們並不想籌集更多的資金，怕會稀釋掉原股東的股份，而且他們也沒有站在策略的角度，去思考網路聊天與即時通訊的意義，因此他們根本沒去開發任何軟體，創造出 AOL 那種「暗中鎖定」的效果。目前 Juno 大約有 300 萬個客戶，平均每個月支付 5.50 美元，而 AOL 則有大約 2100 萬個客戶，平均每個月支付 17 美元。這發展真是令人感慨呀！

Ben & Jerry's	Amazon
只需要投入小額資金；很快就能收支平衡	需要投入巨額資金；可能要好幾年才能獲利

Ben & Jerry's 風格的公司，一開始靠的或許只是某人的信用卡額度而已。最開始的幾個月甚至幾年內，他們都必須先採用一種能夠快速盈利的商業模式，不過那樣的模式或許並不是他們真正想要實現的最終商業模式。舉例來說，你或許**想要**成為一家年銷售額 2 億美元的大型冰淇淋公司，不過現階段你**必須先**在佛蒙特州開一家小型冰淇淋店，希望能先賺點錢，然後可以的話，再把賺到的錢拿去投資，讓事業持續穩定成長。從 Ben & Jerry's 的公司歷史來看，他們一開始的投資金額只有 12,000 美元。ArsDigita 這家公司，則是從 11,000 美元的投資開始的。這幾個數字聽起來，根本就是最典型的萬事達卡信用額度。嗯，好像有點道理是吧。

Amazon 公司募資的速度，幾乎比任何人花錢的速度還快。這是有原因的。他們的速度必須越快越好。因為他們所從事的事業並沒有競爭對手，卻有很強的網路效應，所以用最快的速度變大，才是最好的做法。他們的每一天都很重要。實際上有**很多**的方法，可以用錢來買到時間，而且這些做法都還蠻有趣的：

* 直接選用那種設施完備、附有辦公家具的商務辦公室，而不要選傳統的辦公室空間。成本：大約三倍。節省的時間：幾個月到一年，具體取決於市場的狀況。

* 一開始就支付極高的薪水，或提供 BMW 給程式設計師做為績效獎勵。成本：技術人員成本額外增加 25% 左右。節省的時間：三週內就能填補人員空缺，而不必像平常需要花六個月的時間。

- 聘用顧問來取代員工。成本：大約三倍。節省的時間：顧問可以立刻上工，公司即刻就能運作。（你的顧問沒什麼時間關注你的事業？那就用現金賄賂他們，直到他們一心只想為你工作為止。）

- 只要能當場解決問題，預算無上限。如果你的明星程式設計師忙著搬家佈置新居，有很多工作沒時間完成，那就去聘請高級搬家公司的人，幫他們完成那些瑣事。如果在新辦公室安裝電話需要很長的時間，就直接買幾十隻手機來使用。網路速度太慢，拖慢了大家的速度？就去找兩家網路供應商互相備援，哪家速度快就用哪家。給所有的員工提供飯店式禮賓服務，協助他們領取乾洗衣物、幫忙安排預約、用豪華轎車到機場接送等等。

如果是 Ben & Jerry's 類型的公司，絕對負擔不起這樣的做法，所以就只能安於緩慢成長的步伐了。

Ben & Jerry's	Amazon
企業文化很重要。	不可能有企業文化。

如果你的公司每年成長的速度超過 100%，公司裡的前輩根本不可能把公司的價值觀傳遞給新人。如果程式設計師晉升為經理，突然就多了五個手下，而且全都是昨天才聘用的新人，這樣根本不可能給新人太多的指導。以這方面來說，Netscape 應該是做得最過份的例子，它在一年之內，就從原本的 5 名程式設計師，增加到大約 2,000 人。因此，他們的文化就成了大雜燴，不同的人對公司都有著不同的價值觀，大家全都朝著不同的方向各自努力。

對於某些公司來說，這也許沒什麼問題。但對於另一些公司來說，企業文化則是公司之所以存在最重要的理由之一。Ben & Jerry's 之所以**存在**，就是因為創辦人的價值觀，所以他們絕不會讓成長的速度，超過企業文化傳播的速度。

我們就用一個假想的軟體來做為範例好了。假設你想要切入文書處理程式的市場。目前這個市場似乎已經完全被微軟壟斷了，但你還是看到了一個利基市場──姑且不論是何原因，總之有些人就是絕對不能接受文書處理程式當機的情況。你打算製造出一個超級可靠、工業強度等級的文書處理程式，它絕不會當機，因此你可以用比較高的價格，把它賣給那些只能靠文書處理程式謀生的**人**。（好啦，這例子是有點誇張。我**不是說了嗎**，這只是個假想的例子。）

現在，為了寫出高度可靠的程式碼，你的企業文化裡可能就必須包含各種相關的技術：單元測試、程式碼正式審查、程式碼慣例、大型 QA 部門等等。這些技術全都沒那麼簡單；勢必要花上一段時間才能真正做好。如果一個新的程式設計師想要學習如何寫出高度可靠的程式碼，勢必需要一些比較有經驗的人，給予充分的指導與協助。

一旦你想要快速成長，恐怕就無法做好指導與協助新人的工作，而這些價值觀自然也就無法再繼續傳承下去。新員工如果學不好，就會寫出不可靠的程式碼。他們恐怕不會知道要去檢查 malloc() 送回來的值，所寫的程式碼也總會在一些沒想到的奇怪情況下出錯，而且公司裡根本沒人有時間檢查他們的程式碼，並教導他們正確的做法，結果你原本期待能做得比微軟的 Word 更好的競爭優勢，也就這樣蕩然無存了。

Ben & Jerry's	**Amazon**
錯誤會變成寶貴的教訓。	錯誤並不會真正被注意到。

如果公司發展太快，根本就不會注意到自己犯了什麼大錯誤，尤其是那種花了太多錢的錯誤。Amazon 當初以 1.8 億美元的股票，收購了 Junglee 這個購物比較服務，但後來突然又意識到購物比較服務其實不利於公司原本的業務，於是就把它收掉了。手上若擁有大把大把的現金，即使犯了很愚蠢的錯誤，要掩蓋掉也很容易。

Ben & Jerry's	**Amazon**
變大需要很長的時間。	變大的速度非常快。

快速變大會給人一種成功的「**印象**」（即便事實並非如此）。新進員工一看到你每個禮拜招聘 30 名新員工，就會覺得自己所要加入的公司，一定是個壯大、令人激動、很快就會上市的成功企業。但如果公司只有 12 名員工和一條狗，簡直就是個「令人昏昏欲睡的小公司」，他們或許就不會那麼印象深刻了；不過這家令人昏昏欲睡的公司，很有可能一直在賺錢，而且正努力成為一家能長期獲利、未來只會越來越好的公司。

根據經驗，你可以創造出很好的工作環境，也可以承諾大家很快就能致富。這兩件事你至少必須做好其中的一件，否則你就僱不到人了。

如果公司很有可能發行股票上市、而且還會提供大量的股票選擇權，有些員工就是特別容易受到感召。這樣的人就算很討厭這份工作，還是很願意在公司裡工作個三、四年，因為他們似乎看見了彩虹那端甜美的果實。

如果你的公司成長比較慢，那甜美的果實看起來就會遙遠許多。在這樣的情況下，你也沒有別的選擇，只能想辦法創造出一個良好的工作環境，讓旅程本身也變成一種樂趣。你不能要求員工每個禮拜忙碌工作 80 小時。辦公室不能像個嘈雜的大廳堂，到處堆滿折疊桌和硬木椅。你必須給大家很好的休假福利。同事之間要能夠成為朋友，而不只是同事關係而已。工作上整體溝通交流的氛圍特別重要。管理者必須很開明，不能老是對人指指點點，也不能變成呆伯特漫畫裡那種大小事都要管的管理者。如果這些你都能做到，你就能吸引到很多人，尤其是那種被「股票一上市就能成為百萬富翁」這類夢想騙過很多次的人；這些人現在都只想找個**真正有持續性**的工作了。

Ben & Jerry's	Amazon
你成功的機會很大。你一定不會損失**太多**錢。	你成為億萬富翁的機會很小，失敗的機會卻很大。

如果採用的是 Ben & Jerry's 模型，你只要還算聰明，就有機會成功。過程也許會有點辛苦，畢竟時機有好也有壞，但除非遇上另一次經濟大蕭條，否則你肯定不會損失**太多**的錢，因為你一開始其實也沒有投入太多的錢。

Amazon 模型的問題在於，大家滿腦子都想要成為下一個 Amazon。但這世界上也只有一個 Amazon。你一定要好好想一想，另外還有 95% 的其他公司，雖然花掉創投所投入的巨額資金，最後卻沒人想購買他們的產品，只好落得以失敗收場。如果你遵循的是 Ben & Jerry's 模型，至少在你花光一張萬事達卡的信用額度之前，你就會知道沒人想買你的產品了。

你所能做的最糟糕的事

你所能做的最糟糕的事，就是無法決定自己究竟要成為 Ben & Jerry's 公司，還是 Amazon 公司。

如果你要進入的是一個目前沒有任何競爭、同時具有網路效應和鎖定效果的市場，你**最好**採用 Amazon 模型，否則你就會走上 Wordsworth.com 的道路。這家公司雖然比 Amazon 早兩年開始，卻從來沒有人聽說過他們。或者更糟的情況就是，你的公司變成像 MSN 拍賣[2] 這樣的幽靈網站，他們現在幾乎已經沒有機會戰勝 eBay 了。

如果你要進入的是一個成熟的市場，「快速變大」根本就是浪費大量金錢的絕妙做法，像 BarnesandNoble.com 就是如此。你最有希望的做法，就是做一些**真正可持續、有利可圖**的事，這樣你才有時間慢慢取代掉你的競爭對手。

還是無法做出決定嗎？這裡還有一些可以考慮的其他考量。你可以想想自己的個人價值觀。你比較想擁有像 Amazon 這樣的公司，還是像 Ben & Jerry's 這樣的公司？去讀幾本公司的歷史吧（初學者可以去讀 Amazon[3] 和 Ben & Jerry's[4] 的歷史，雖然其中有不少歌功頌德的內容），然後再看看哪一種更符合你的核心價值觀。實際上，微軟也是 Ben & Jerry's 這類公司的一個好例子，而且市面上有很多關於微軟歷史的資料。也許你會說，微軟「很幸運」拿到了 PC-DOS 這個生意，但這家公司確實一直在賺錢，也一直在成長，所以他們才有能力可以一直持續等待之後的重大突破。

你也可以想想自己的風險 / 報酬概況。你有沒有想過，要在 35 歲之前成為億萬富翁（雖然機率比中彩票還低）？ Ben & Jerry's 這類的公司，肯定無法達到這樣的目標。

---

2 請參見 auctions.msn.com/。

3 Robert Spector，《*amazon.com—Get Big Fast: Inside the Revolutionary Business Model that Changed the World*》（*amazon.com*——**快速變大：深入了解改變世界的革命性商業模式**，（HarperCollins, 2000）。

4 Fred Lager，《*Ben & Jerry's: The Inside Scoop: How Two Real Guys Built a Business With a Social Conscience and a Sense of Humor*》（Ben & Jerry's：內幕消息：兩個真正的人，如何以社會良知與幽默感建立企業，Crown，1994）。

你所能做的最糟糕的事，也許就是一邊決定要成為一家 Amazon 公司，但另一邊做起事來卻又像是個 Ben & Jerry's 公司（而且還一直不斷否認）。Amazon 公司絕對**一定要**盡可能用金錢換取時間。你或許自認為很聰明又很節儉，因為你堅持要找到能接受一般市場行情的程式設計師。但你其實並沒有那麼聰明，因為那樣會花掉你六個月、而不是兩個月的時間，這四個月或許就表示你會錯過整個聖誕購物季，所以你其實是浪費了一整年的時間，而且這樣還有可能會讓你的整個商業計劃變得不再可行。你或許認為，軟體同時擁有 Mac 版本和 Windows 版本是很明智的做法，但如果你的程式設計師需要花費兩倍時間來建構一個相容層，才能讓軟體正式出貨，而你這樣也只能額外獲得 15% 的客戶，那你或許就不像你所想的那麼聰明，對吧？

這兩種模型都是有效的，但你一定要選定其中一種並堅持到底，否則你就會遇到一些莫名其妙的問題，而且你還搞不懂究竟是為什麼。

37

策略書Ⅱ：
先有雞還是先有蛋的問題

2000 年 5 月 24 日，星期三

廣告這東西，其實根本就是「要能說謊又不被發現」。大多數公司在進行廣告活動時，通常就是很單純拿出公司裡最讓人感到遺憾的事實，然後把它顛倒過來（也就是「說謊」），再把這樣的說法送進每個人的心中。我們姑且稱之為「反覆主張證明法」。舉例來說，飛機旅行時，總是必須擠在狹窄的空間、非常不舒服，而且航空公司的員工既粗魯又讓人不愉快，整個商業化的航空**系統**，根本就存心被設計成一種折磨的過程。正因為如此，所以幾乎所有航空公司的廣告，全都在講述飛行有多麼**舒適**、**愉快**，而你在旅途中的每一步，都會有多麼的**享受**。在英國航空公司的一則廣告裡，可以看到一個商人在飛機座位上，夢見自己像是搖籃裡的嬰兒——這根本就顛覆了所有的合理性呀！

你還需要其他例子嗎？造紙公司一直在踐踏我們的樹林，砍伐那些不屬於他們的原始森林。所以他們在做廣告時，難免會展示一些漂亮的老松林，然後訴說著他們有多麼關心環境。香煙會導致死亡，但他們的廣告卻總是展現生命的活力，因此我們會在香煙的廣告裡，看到各種在戶外運動、快樂微笑的健康人士。其他還有更多更多，你就自己去觀察吧。

麥金塔剛問世時，一開始並沒有什麼可用的軟體。理所當然，Apple 製作了一大本精裝的目錄，列出了所有「可用」的優秀軟體。其中所列出的項目，有一半用精美的字體寫著「正在開發中」，另一半則是無論如何都無法取得。有些品質實在太爛，根本沒有人會買。但是，即使有這樣一本漂亮又厚實的目錄，其中每一個軟體「產品」都有一整頁熱情洋溢的文字說明，這樣還是無法掩蓋一個事實，那就是你根本買不到能在 128KB 麥金塔運行的文書處理程式或試算表程式。NeXT 和 BeOS 也有類似的「軟體產品指南」。（NeXT 和 BeOS 的偏執狂們請注意：我一點都不想與你們熱烈討論這幾個可憐兮兮的作業系統，好嗎？你想聊就到自己的地方聊去吧。）軟體產品指南唯一告訴你的事，就是這個系統根本沒有可用的軟體。如果你看到這類的怪獸，請往反方向逃離就對了。

Amiga、Atari ST、Gem、IBM TopView、NeXT、BeOS、Windows CE、General Magic ——這些失敗的「新平台」實在數不勝數，這個列表絕對可以再繼續列下去。由於這些全都是**平台**，因此根據定義，如果沒有足夠好用的軟體可以在平台上執行，這平台本身就沒什麼搞頭了。但除了極少數的例外（我相信一定會收到來自 Amiga 或 RSTS-11 等等這類冷門平台無聊支持者一**大堆**的 email），只要是稍有常識的軟體開發者，沒有人會用自己**大好的時光**，為一個只有 10 萬名使用者的平台（如 BeOS）開發軟體，因為只要做相同份量的工作，就能開發軟體給 Windows 平台上 1 億名使用者使用了。不過，還是會有人為那些古怪的系統開發軟體；這個事實也證明了一件事，那就是利潤動機並不是一切；宗教式的熱情還是存在的。祝你好運，親愛的。你為 Timex Sinclair 1000 寫了一個很棒的 microEmacs 複製版本。真是太棒了。給你幾毛錢，快去買個糖果吃吧。

所以，如果你從事的是平台相關產業，應該就會遇到所謂**先有雞還是先有蛋的問題**：除非有好用的軟體可以在平台上執行，否則就不會有人去買你的平台；除非你的平台有很多人用，否則就不會有人去幫你寫軟體。糟糕。這簡直就是個死結（或者說是個死亡迴旋，也許更貼切一點）。

「先有雞還是先有蛋」這類的問題，可說是策略上一定要先瞭解的最重要元素。呃，好吧，就算不瞭解，也不至於活不下去啦：賈伯斯（Steve Jobs）幾乎沒去瞭解「先有雞還是先有蛋」的問題，結果反而成就了自己的一番**事業**（而且還搞了**兩次**）。但我們這些其他人等，並沒有賈伯斯那種「個人現實扭曲力場」的能力，所以我們只有更加倍努力認真學習這條路了。

「先有雞還是先有蛋」這個問題，在軟體平台領域幾乎是一定會遇到的問題。不過我們再來看另一個「先有雞還是先有蛋」的問題：每個月都有一**大堆**信用卡公司，利用傳統信件郵寄的方式，向消費者寄送出不計其數的帳單。然後大家會在自己的支票上簽名，再塞進數量眾多的信封袋裡，寄回給信用卡公司。這些信封袋會被裝進大箱子裡，送到勞動力比較便宜的國家，再逐一拆封進行處理。但整個作業過程還是很花錢：我所聽到的數字，大概是每份帳單要花超過 1 美元。

對於我們這些會用網路的聰明人來說，這簡直就是個笑話。「把我的帳單用 email 寄給我吧，」你會說。「我在線上支付就好啦！」你會這樣說。「這樣大概就只要花個十萬分之一分錢吧。全部加起來可以省下**好幾百萬美元耶**。」你大概會這樣說吧。

你是對的。這其實就是所謂的「**帳單呈遞**」（bill presentation）技術；實際上有很多公司都想要進入這個領域。其中一個例子（你猜是誰呢），就是微軟。微軟的解決方案叫做 TransPoint[1]，其做法如下：它是一個網站。你只要進入網站，就可以看到你的帳單。然後你只要把錢付給網站就行了。

所以，如果你採用這個微軟的系統來收取帳單，每隔幾天就必須進一次網站，看看有沒有收到新的帳單，以免不小心漏掉了。如果你每個月只會收到十份帳單，這樣還不至於太麻煩。不過還有另一個問題：只有少數的店家，可以透過這個系統來向你收錢。至於其他的帳單，你只好改用別的方式處理。

最後的結果會如何呢？你或許會覺得，不值得這樣做吧。實際上如果能找到 1 萬個人願意使用這套系統，我大概都會覺得很驚訝。在這樣的系統下，微軟必須跟店家說：「用我們的系統來向你的客戶收錢吧！」店家也許會說，「好呀！這樣要花多少錢呢？」微軟會說，「只要 50 美分！比起 1 美元便宜多囉！」然後店家就會說，「好呀。還有別的費用嗎？」微軟則會說，「哦，對了，要安裝軟體、把我們的系統連到你的系統，然後讓整套系統正常運作起來，大概要花 25 萬美元吧。」

由於微軟這套系統的使用者實在太少了，說實在很難想像，怎麼會有人願意花 25 萬美元，幫自己的 37 個使用者節省那 50 美分錢呢？啊哈！這時候就出現「先有雞還是先有蛋」的問題了！除非有店家進駐，否則客人不會進來；但客

---

1 TransPoint 如今已不復存在。看來我的想法是對的。

人不進來，店家也不會想進駐的！到最後，微軟恐怕只能選擇花錢消災，以擺脫這個困境[2]。但對於比較小的公司來說，這可不是一個可行的做法。那麼，又能怎麼辦呢？

軟體平台有一些做法，其實可以給我們一些很好的啟示，用來解決這種「先有雞還是先有蛋」的問題。我們就來稍微回顧一下，自從 IBM-PC 問世以來，個人電腦軟體平台所經歷過的歷史；也許我們可以從裡頭發現一些好東西！

大多數人都以為，IBM-PC 非要使用 PC-DOS 不可。這並非事實。IBM-PC 剛問世時，其實有三套作業系統可以選擇：除了 PC-DOS 之外，還有 XENIX 和所謂的 UCSD P 系統[3]；其中 XENIX 是一套 UNIX 的 8 位元簡配版，這東西也是微軟所推出的另一套系統；至於 UCSD P 系統，也許你不相信，它就像 Java 一樣，採用了可移植的 bytecode，雖然有點緩慢但很漂亮，而且比 Java 還早了大約 20 年。

現在大多數的人，幾乎都沒聽過 XENIX 或 UCSD 這些古怪的東西。如今有許多孩子們都以為，微軟是透過行銷的力量或什麼其他的方式，才霸佔了整個作業系統的市場。這絕對不是事實；微軟當時也只是個很小的公司。當時最具有行銷實力的公司是 Digital Research，他們自己也擁有另一套不同的作業系統。這樣的話，為什麼 PC-DOS 會成為三方競賽的最後贏家呢？

在 PC 出現之前，你真正唯一可取得的作業系統其實是 CP/M，不過 CP/M 的電腦（價格約為 10,000 美元）市場實在太小了。這套系統既古怪又昂貴，使用起來也不太友善。但當時真正購買這種電腦的人，其實都是為了使用一套叫做 WordStar for CP/M 的文書處理程式，因為它確實是個非常好用的文書處理程式，而當時的 Apple II 甚至連小寫字母都無法輸入電腦，根本就**沒辦法**進行文書處理的工作。

這裡有一件事情，其實沒什麼人知道：**事實上早在 DOS 1.0 的版本**，就已經設計內建了往前相容 CP/M 的模式。DOS 不但提供了漂亮的新程式設計介面（硬底子的程式設計師都知道，就是 INT 21 這個東西），而且還可以完全支援 CP/M 舊的程式設計介面。CP/M 的軟體**幾乎**都可以直接執行。事實上，WordStar 移植到 DOS 時，只改了程式碼裡的**一個 *Byte*** 而已。（真正厲害的程

2　看來我錯了。

3　請參見 www.threedee.com/jcm/psystem/。

式設計師，甚至可以告訴你是哪個 Byte；不過我早就忘記了。）讓我再說一次。**只改了程式碼裡的一個 *Byte***，WordStar 就被移植到 DOS 了。你不妨好好思考一下，這代表什麼意義。

這真的超厲害的。

這樣你懂了嗎？

DOS 之所以能流行起來，就是**因為打從第一天開始，它就有軟體可以用了**。它之所以有軟體可以用，是因為 Tim Paterson 決定把 CP/M 相容功能包含進來，可見就算是在那個黑暗的時代，還是有人很聰明解決了「先有雞還是先有蛋」的問題。

接著我們快轉一下。回顧 PC 平台的整個**歷史**，大概只出現過兩次重大的典範轉移，幾乎影響了每一個 PC 的使用者：第一次我們全都切換到了 Windows 3.x，第二次我們又全都切換到了 Windows 95。只有極少數的人，切換到了其他的系統。這是微軟要接管全世界的陰謀嗎？好吧，你要這麼想也可以。但我認為這其實是因為另一個更有趣的理由，而這又再度回到了「先有雞還是先有蛋」的問題上。

我們全都**切換到了 *Windows 3.x***。這句話其中有個重要的線索，那就是「*3*」這個數字。為什麼我們並沒有全都切換到 Windows 1.0 呢？Windows 2.0 呢？後來的 Windows 286 或 Windows 386 呢？是因為微軟需要經過五個版本才能「把事情做好」嗎？並**不是這樣的**。

真正的原因，其實更微妙，實際上這與 Windows 3.0 必須用到 Intel 80386 晶片上某些非常神秘的硬體功能有關。

- 第一個功能：在之前舊的 DOS 程式中，如果要把東西顯示到螢幕上，只要在螢幕相應字元位置所對應的記憶體內直接寫入就可以了。如果想讓輸出的速度足夠快，好讓你的程式看起來很不錯，這就是唯一的做法。但是 Windows 改用了所謂的圖形模式。如果遇到比較舊的 Intel 晶片，微軟工程師想執行 DOS 程式也沒有別的選擇，只能切換到全畫面模式。但如果使用的是 80386 這個新晶片，就可以設置虛擬記憶體區塊並設置中斷的做法，這樣一來只要有程式想寫入螢幕的記憶體，作業系統就會被**通知**。然後 Windows 就可以馬上把相同的文字，寫入到螢幕裡的圖形視窗了。

- 第二個功能：之前舊的 DOS 程式會假設，自己可以完全掌控晶片的運行。在這樣的前提下，好幾個程式當然就沒辦法同時執行了。但 Intel 80386 有能力創建出好幾個「虛擬」PC，其中每個 PC 都像是一個完整的 8086，所以舊的 PC 程式會以為自己確實掌控了整台電腦，就算還有其他的程式正在運行，每個程式還是會以為自己正在掌控整台電腦。

所以，Intel 80386 上的 Windows 3.x 成為了第一個可同時運行多個 DOS 程式的版本。（技術上來說，Windows 386 也可以做到，但是在 Windows 3.0 出現之前，80386 當時還很少見、價格又很昂貴。）Windows 3.0 可說是第一個能夠在合理的條件下，運行所有舊軟體的版本。

Windows 95 呢？它同樣也解決了相容性的問題。雖然它本身擁有很不錯的全新 32 位元 API，但它還是可以完美執行之前那些舊的 16 位元軟體。微軟非常執迷於這樣的做法，他們花了大量的時間來修改 Windows 95，然後再去測試每一個他們所能找到的各種舊程式。當初為 Windows 3.x 寫了「模擬城市」（SimCity）這個遊戲原始版本的 Jon Ross 跟我說，他當時不小心在「模擬城市」的程式碼中遺留了一個小問題，他的程式有可能會去讀取剛釋放的記憶體。是的沒錯。這樣還是可以在 Windows 3.x 中順利執行，因為記憶體內的資料並不會消失。最令人驚訝的是後面這件事：在 Windows 95 的 beta 測試版本中，「模擬城市」無法順利執行。微軟追蹤到這個問題之後，竟然**在 Windows 95 內添加了特定的程式碼，去偵測正在執行的是不是「*SimCity*」這個程式**。如果它發現正在執行的是「模擬城市」，它就會改用另一種不會立即釋放記憶體的特殊模式，來進行記憶體配置的工作。就是因為這種近乎痴迷、一定要往前相容的執著，才會讓大家如此心甘情願，想都沒想就直接升級到 Windows 95 去了。

對於該如何打破「先有雞還是先有蛋」的問題，現在你應該已經有一些想法了吧：你可以提供一種往前相容的模式，看是要先準備好一卡車的雞還是一卡車的蛋（具體就看你打算怎麼做），然後就可以坐下來好好賺大錢了。

啊。現在我們再回頭看看「帳單呈遞」這件事。還記得嗎？在這裡「先有雞還是先有蛋」的問題就是，你只能看到少數幾家公司的帳單，所以你不會去使用這個服務。要怎麼解決這個問題呢？微軟雖然沒想通，但 PayMyBills.com（還有其他六家矽谷的新創公司）全都同時想出了辦法。只要提供**往前相容模式**就

可以了：如果店家不支援這個系統，就讓店家把那些該死的實體帳單郵寄到 Palo Alto 的大學街，那裡自然會有一群真人負責拆封並進行掃描的工作。這樣一來，你就可以在網站上看到**所有的**帳單了。現在可以在系統內看到地球上每一家店的帳單，客戶自然就會很樂意使用了；這樣的往前相容模式，確實很古怪：愚蠢的 Visa 會員銀行先把電子帳單送到印表機列印出來，再放進一個信封袋內，寄送到 1,500 英里外的加州，然後再被一一拆封掃描進電腦，最後送進「其實一開始直接送進去就好」的網站中。不過這種愚蠢的往前相容模式，最後還是會逐漸消失，因為 PayMyBills.com 與微軟不同的是，它真的讓客戶有意願使用他們的系統，所以公司很快就可以去跟那些愚蠢的 Visa 會員銀行說，「嘿，你有 93,400 位客戶在使用我的系統。你為什麼不直接連到我這邊，每月省下 93,400 美元呢？」突然之間，PayMyBills.com 就變得非常有利可圖，而微軟卻只能繼續努力去簽下他們的第二家電力公司，也許喬治亞州那家公司，會是個很好的轉機吧。

公司若沒能意識到「先有雞還是先有蛋」的問題，大概就會變成那種「**想要煮沸整片海洋**」的公司：他們的商業計劃恐怕需要 9300 萬人配合，整個瘋狂的商業計劃才能真正奏效。我所遇過最愚蠢的想法之一，就是 ActiveNames[4]。他們的愚蠢想法就是，世界上每個人都會在自己的 email 客戶端軟體內安裝一個小插件，這個插件會到他們公司的中央伺服器內，根據某人的姓名找出實際的 email 地址。然後你就不必告訴大家你的 email 是 kermit@sesame-street.com，只要告訴大家你的 ActiveName 是「spolsky」就可以了；如果有人想寄 email 給你，安裝這個特殊的軟體就可以了。哇啦哇啦哇啦。這樣不對吧。這想法根本行不通，我簡直都不想吐槽了。

結論：如果你所在的市場確實會遇到「先有雞還是先有蛋」的問題，你**最好**先準備好一個往前相容的解決方案來解決問題，否則你恐怕需要拖很長的時間（比如，永遠），才能繼續走下去。

有許多公司確實意識到了「先有雞還是先有蛋」的問題，而且也明智解決了這個問題。Transmeta 推出他們的新 CPU 時，大家終於明白，經過了這麼**長**一段時間，總算有第一家 Intel 以**外**的公司承認，如果想做 CPU，而且想讓大家買你的 CPU，你就必須能執行 x86 的程式碼。在日立、摩托羅拉、IBM、

---

4 ActiveNames 並沒有成功。參見 Patricia Odell，「ActiveNames Shutters Business」。DIRECT Newsline，2001 年 4 月 17 日。請參見 www.directmag.com/ar/marketing_activenames_shutters_business/。

MIPS、國家半導體之後，誰知道還會有多少其他的公司，明明是自欺欺人卻還是認為自己有權力，另外發明一種全新的指令集。Transmeta 的架構從第一天起就做了這樣的假設：無論是什麼樣的商業計劃，只要製造出來的電腦無法運行 Excel，肯定都不會成功的。

38

策略書Ⅲ：
能不能讓我退回去？

2000 年 6 月 3 日，星期六

如果你希望大家從競爭對手那邊切換到你的產品，你就必須多瞭解「**進入障礙**」是什麼，而且你要比自己想像中更瞭解這些東西，否則大家才不會切換，而你也就只能一直等下去了。

我在前幾章曾寫過兩種公司之間的差別：Ben & Jerry's 這類公司主要是想取代現有的競爭者，而 Amazon.com 這種想要「搶地盤」的公司，則是要進入一個沒有競爭的新領域。我在 1990 年代初期加入 Excel 的工作團隊，當時微軟還只是 Ben & Jerry's 陣營裡的一員。老牌競爭對手 Lotus 123 當時幾乎壟斷整個試算表市場。當然有一些新的使用者，剛買電腦就開始使用 Excel，不過大多數情況下，微軟如果想多賣幾份 Excel，就不得不想辦法讓大家願意切換過來。

當你身處於這樣的狀況，最重要的就是先**承認這件事**。有些公司甚至連這一點都做不到。我上一家公司 Juno 的管理層，就是不願意承認 AOL 已取得主導的地位。他們總是說「還有好幾百萬人還沒上網呢。」他們也會說，「每一個市場，都容納得下兩個參與者：時代雜誌和新聞週刊、可口可樂和百事可樂，都是如此。」他們唯一沒說的是，「我們必須想辦法讓大家從 AOL 那邊切換過來」。我也搞不清楚，他們究竟在害怕什麼。也許他們以為，他們會「喚醒沉睡中的熊」吧。有一次，Juno 有位明星程式設計師（不不不，不是我）**很大膽地**在公司會議中問了一個很簡單的問題：「為什麼我們不多做一點事，讓 AOL

的使用者切換過來呢？」然後他就被架走，還被罵了一個多小時，甚至連原本答應他的升遷也沒了。（你猜後來他把一身的才華奉獻給哪家公司？）

進入一個已經有競爭者的市場，並沒有錯。事實上，就算你是全新的產品（例如 eBay），也可能要面臨競爭（譬如傳統的跳蚤市場）。不要給自己太大的壓力。如果你的產品在**某些方面**確實比較好，那你確實很有機會可以讓大家切換過來。但你必須從策略面來考量；從策略面來考量的意思就是，考慮時要比一些明顯的想法**再多思考一步**。

如果想讓大家切換到你的產品，**唯一的策略就是「消除各種障礙」**。想像一下，假設現在是 1991 年。市佔率 100% 的試算表軟體就是 Lotus 123。而你正好是微軟 Excel 的產品經理。你一定要問你自己：切換過來的障礙是什麼？是什麼東西阻擋了使用者，讓他無法變成 Excel 明天的客戶？下面就是 Excel 潛在使用者可能會有的一些障礙：

障礙	
1. 他們必須瞭解 Excel，而且還要知道 Excel 確實比較好。	
2. 他們必須花錢購買 Excel。	
3. 他們必須先花錢購買 Windows，才能執行 Excel。	
4. 他們必須把手中原有的一些試算表，從 Lotus 123 轉換成 Excel 的格式。	
5. 如果他們原有的鍵盤巨集無法在 Excel 裡使用，就必須重寫這些鍵盤巨集。	
6. 他們必須學習新的使用者介面。	
7. 他們需要一台速度更快、記憶體更大的電腦。	

諸如此類，有種種的障礙。這些全都是大家要成為你的客戶之前，必須先越過的障礙。假設一開始有 1,000 個人在跑步，其中大概有一半的人會被輪胎絆倒；另一半有些人不夠強壯，翻不過高牆；就算翻過了，還是**有些人**會從繩梯上掉進泥巴裡；諸如此類，經過了重重的關卡，到最後恐怕只有一、兩個人可以真正克服所有的障礙。如果有八、九個障礙，**每個人**總會遇到過不去的關卡，總有理由不去買你的產品。

從這些計算可以看出，如果你想接管現有的市場，**消除轉換障礙**就是你一定要做的最重要工作，因為**每消除掉一個障礙**，就有可能讓你的銷售額**往上翻一倍**。消除掉兩個障礙，你的銷售額就會再翻倍。微軟就是看到了這個障礙列表，進而解決了**所有的**障礙：

障礙	解決方案
1. 他們必須瞭解 Excel，而且還要知道 Excel 確實比較好。	幫 Excel 打廣告，到處發送試用光碟，然後在全國各地巡迴展示。
2. 他們必須花錢購買 Excel。	針對 Lotus 123 的使用者，提供特別的折扣，鼓勵他們切換成 Excel。
3. 他們必須先花錢購買 Windows，才能執行 Excel。	製作免費的 Windows 執行階段版本，隨 Excel 一起出貨。
4. 他們必須把手中原有的一些試算表，從 Lotus 123 轉換成 Excel 的格式。	讓 Excel 擁有讀取 Lotus 123 試算表格式的能力。
5. 如果他們原有的鍵盤巨集無法在 Excel 裡使用，就必須重寫這些鍵盤巨集。	讓 Excel 擁有直接執行 Lotus 123 巨集的能力。
6. 他們必須學習新的使用者介面。	讓 Excel 有能力理解 Lotus 的按鍵操作方式，如果使用者很習慣舊有的操作方式也沒問題。

這樣的做法效果很好。隨著各種障礙不斷消除，微軟確實慢慢從 Lotus 手中，奪走了一些市場佔有率。

從舊壟斷轉往新壟斷的過程中，經常可以看到一個很神奇的「轉捩點」：突然有天早上你一醒來就發現，你的產品市場佔有率突然從 20% 變成了 80%。這樣的翻轉往往**發生得非常快**（VisiCalc 到 123 再到 Excel、WordStar 到 WordPerfect 再到 Word、Mosaic 到 Netscape 再到 IE、dBase 到 Access 等等）。這通常是因為最後一個進入障礙終於被排除，突然之間每個人全都切換了過來，這好像也是很合乎邏輯的結果。

解決掉一些很明顯的進入障礙，顯然是很重要的工作，但你一旦把明顯的障礙全都解決了，接下來就要再想辦法搞清楚，是不是還有哪些沒那麼明顯的障

礙。這就是在策略上會變得有點棘手之處，因為還是有一些沒那麼明顯的東西，會阻止大家切換過來。

舉個例子好了。今年夏天，我大部分時間都住在一個靠近海灘的房子裡，可是我的帳單還是被寄到了紐約市的公寓裡。而且我經常在旅行。有一個很棒的網路服務叫做 PayMyBills.com，它可以讓生活更輕鬆；只要把**所有**的帳單全都寄給他們，他們就會把帳單掃描起來，然後再放進網站裡，讓你無論身在何處都能看到。

目前 PayMyBills 每個月收費大約 9 美元，聽起來還蠻合理，我會考慮使用它，但過去我在網路使用金融服務的運氣一直不太好，比如像 Datek，在幫我對帳單時竟然出現許多**計算錯誤**，我簡直不敢相信他們是有執照的。所以，雖然我很願意**嘗試** PayMyBills，但如果後來不喜歡了，我希望還是可以回到我原本的做法。

麻煩的是，如果我使用了 PayMyBills 的服務，萬一我不喜歡，我就要打電話給每一家該死的信用卡公司，然後**重新**一一更改我的地址資料。這是很費功夫的事。我很**擔心切換回去**會很麻煩，所以我一直無法下定決心，去使用他們的服務。之前我曾把這稱之為「**暗中鎖定**」[1]，還有點稱讚的意思，但如果你的潛在客戶看破了這件事，天哪，那你就有麻煩了。

這也算是一個進入障礙。倒不是想加入有多困難：而是**想退出**還蠻困難的。

這讓我想起了 Excel 的轉捩點，大概是在 Excel 4.0 左右出現的。其中最大的原因就是，Excel 4.0 是第一個**可以直接製作 *Lotus* 試算表格式**的 Excel 版本。

是的，你沒看錯。**可以直接製作**。不只是可以讀取而已。事實證明，阻礙大家改用 Excel 的其中一個理由，就是大家身邊總有一些人，還在繼續使用 Lotus 123。如果你的產品所建立的試算表，有些人根本沒辦法讀取，這樣大家就不太想用你的產品了：這又是一個典型的「先有雞還是先有蛋」的問題[2]。如果公司裡大家都在用 Lotus 123，只有你孤獨一人愛用 Excel，那麼就算你很喜歡 Excel，你還是必須先參與到 Lotus 123 的生態體系中，才能去考慮切換的可能性。

---

1 請參見第 36 章。

2 請參見第 37 章。

如果想要佔領市場，你就必須解決掉**每一個**進入障礙。如果你漏掉了一個足以阻礙你 50% 潛在客戶的障礙，那麼**根據定義**，你的市場佔有率絕對不會超過 50%，這樣你就永遠無法取代原本的市場主導者，只會陷入到「先有雞還是先有蛋」這個可悲的困境之中。

問題是，大多數管理者就像拒絕多想一步的棋手一樣，在考慮策略時一次只願意想一步。他們有很多人會說，「想辦法讓大家**切換到**你的產品，的確是很重要的事，但我為什麼要浪費有限的工程預算，讓大家**切換出去**呢？」

這其實是一種很幼稚的策略思維。我不禁想起了某些獨立書店，他們會說：「我為什麼要讓大家在我店裡，可以很舒適地看書？我只希望他們買書呀！」然後突然有一天，Barnes & Nobles 就在店裡擺起了**沙發**，還設了**咖啡廳**，實際上就好像是在**拜託**大家，盡量在他們店裡看書，不買書也沒關係。這樣一來，所有顧客就會待在店裡，一坐就是**好幾個小時**，還用他們的髒手**翻著**所有的書，不過他們找到自己想買的書，機率大概就跟他們待在店裡的時間成正比，結果甚至連愛荷華市最小間的 Barnes & Nobles 書店，每**分鐘**都能賺進好幾百美元，而獨立書店卻一家一家在倒閉。親愛的，曼哈頓上西城的莎士比亞書店之所以會**倒閉**，並不是因為 Barnes & Nobles 的價格比較便宜，而是因為**很多人**都跑到 Barnes & Nobles 去了。

策略上成熟的做法，就是不要把任何東西強加到潛在客戶身上。如果人家**甚至都還不是你的客戶**，你就想要鎖定人家，那可不是什麼好主意。如果你已擁有 100% 的市場佔有率，再來談鎖定吧。在那之前，如果你一直想著要鎖定客戶，那實在有點太早了；如果被客戶察覺到你的意圖，這樣恐怕只會把他們鎖在**外面**而已。沒有人會願意改用那種「未來一定會剝奪他們自由」的產品。

我再舉個最近的例子好了：ISP（網路服務供應商）可說是一個競爭非常激烈的市場。幾乎沒有任何一家 ISP 會**在你退出服務之後**，自動把你的 email 轉發至另一個 email 地址。這其實是最糟糕的一種狹隘思維，但我實在很驚訝，竟然沒有人明白這個道理。如果你是一家想讓大家切換進來的小型 ISP，大家心裡最擔心的一個障礙，就是必須通知所有的朋友，說自己換了一個新的 email 地址。所以，大家根本就不想要嘗試你的服務。就算他們真的嘗試了，暫時也不會把新的 email 地址告訴他們的朋友，以免萬一不想用了，還要再多麻煩一次。不過這也就表示，他們的新 email 地址並不會收到太多的 email，而這也就表示，他們實際上並不會真正好好試用此服務，也就無法真正瞭解自己愛用的程度了。這顯然是一個雙輸的結果。

現在假設有一個勇敢的ISP，做出了以下的承諾：「試用我們的服務吧。如果你不喜歡的話，我們還是會讓你的email地址維持在有效狀態，而且還會把你的email免費轉寄給任何其他的ISP。永遠都不會失效。從一家ISP跳到另一家ISP，你想跳幾次都沒問題，只要通知我們，我們就會成為你永久的轉發服務。」

當然，你的業務經理一定會大發雷霆，「為什麼我們要讓客戶**這麼輕鬆**就能離開？」他們的目光實在太短淺了。這些人現在都還**不是你的客戶**呀！如果在成為你的客戶**之前**，你就一心想要把他們鎖定起來，這樣只會把他們**鎖在外面**而已。但如果你老老實實做出承諾，只要他們不滿意，很容易就可以退出服務，突然之間你就消除掉一個進入障礙了。而且我們也知道，就算只是消除掉一個進入障礙，也有可能產生巨大的影響，而隨著時間的推移，等你真正消除掉最後一個進入障礙，大家就會開始蜂擁而入，到時候你就可以過上一段好日子了，一直延續到又有人對你做了同樣的事情為止。

39

策略書IV：
臃腫的軟體和
80/20 迷思

2001 年 3 月 23 日，星期五

微軟旗艦級試算表程式 Excel 5.0 版於 1993 年問世。這套軟體以當時來說算是**相當大**，需要用到 *15MB* 的硬碟空間。我記得當時我的第一個硬碟只有 20MB（大約 1985 年），所以 15MB 肯定算是很大的軟體。

到了 Excel 2000 面世時，更需要高達 146MB——幾乎增加了十倍！那些做事懶散的微軟程式設計師真該死，對吧？

錯了。

我猜你一定以為我要寫一篇文章來埋怨那些「臃腫的軟體」，就像你在網路上看到的那些無聊文章一樣。「喂喂喂，老實說那東西真的太臃腫了吧」、「edlin和 vi 就比 Word 和 Emacs 好多了，因為相比之下真的精簡多了，不是嗎？」

哈哈！你搞錯了！我才不會去寫那樣的文章，因為那根本就不是事實。

1993 年時，如果考慮當時硬碟的成本，微軟 Excel 5.0 佔用了價值大約 36 美元的硬碟空間。

到了 2000 年，考慮到 2000 年的硬碟成本，微軟 Excel 2000 所佔用的硬碟空間大約為 1.03 美元 [1]。

實際上，我們甚至可以說，Excel 其實**還變小了**！

究竟什麼是「臃腫的軟體」（bloatware）呢？ Jargon File [2] 用一種諷刺的方式，把它定義為「這種軟體只提供最少的功能、卻又需要不成比例的磁碟空間和記憶體。尤其是應用程式和作業系統升級，經常都會用到這樣的說法。這個用語在 Windows/NT 的世界裡相當常見。而 Windows 本身，其實也是軟體會如此臃腫的原因之一。」

我猜那些傢伙根本就只是特別討厭 Windows 而已。自從 Windows 386（1989）開始出現虛擬記憶體以來，我已經十多年沒遇過記憶體用光的經驗了。硬碟空間也已降到每 MB 0.0071 美元，而且還在直線下降中，這簡直就像一隻想學飛的羊，直接從樹上跳下來一樣。

也許 Linus Åkerlund 可以解釋這件事。他在他的網站上寫道，「使用這些臃腫的程式，最大的缺點在於，就算你只想完成一件小事，還是必須載入那個非常大的程式。它會把你所有的記憶體吃光光……害你沒辦法用一種很有效率的方式來使用你的系統。它會讓你的整個系統看起來比實際的效率還低，而這根本就是完全沒必要的。」[3]

哦。它會把你所有的記憶體吃光光。我懂了。實際上，嗯，不會的，它並不會這樣。從 1987 年的 Windows 1.0 開始，作業系統就只會載入所用到的分頁。如果你有一個 15MB 的可執行檔案，但你只會用到跨越 2MB 分頁的程式碼，那麼你就只會從磁碟載入 2MB 到 RAM 記憶體內。事實上，如果你用的是現代版本的 Windows，作業系統還會自動重新排列硬碟上的那些分頁，讓它們盡量連續排列，這樣就能在下次啟動程式時變得更快一些。

1　這些數字已根據通貨膨脹的情況進行了調整，並參考來自 www.littletechshoppe.com/ns1625/winchest.html 的硬碟價格資料。

2　參見 www.catb.org/~esr/jargon/

3　Linus Åkerlund，「Why I don't like bloatware: A perfectly normal rant.」（為什麼我不喜歡臃腫的軟體：完全正常的咆哮，取自 Linus 的網站首頁，1998 年。請參見 user.tninet.se/~uxm165t/bloatware.html。

而且我想應該沒有人會否認，當今功能強大、價格低廉的電腦，如果要載入一個大程式，終究還是比五年前載入一個小程式要來得更快。所以，這究竟有什麼問題呢？

有一位匿名的程式設計師，給了我們一個線索。看來他花了**好幾個小時**來拆解微軟的一個小公用程式，顯然是對它需要用到整整 1MB 而感到很生氣。（他在寫這篇文章時，1MB 的硬碟空間是 0.0315 美元。）在他看來，這個程式應該可以縮減掉 95% 左右。很好笑的是，他所拆解的這個公用程式叫做 RegClean，你可能連聽都沒聽過。這個程式會掃遍你的 Windows 註冊表，找出沒用到的東西再把它刪除。我想一定要有點強迫症，才會想要去清理註冊表裡那些沒用到的東西吧。所以我不禁開始懷疑，對於臃腫軟體的各種擔憂與不滿，與其說是軟體問題，不如說是心理健康問題。

其實，軟體之所以會如此臃腫，有很多很好的理由。比如說，程式設計師如果不用擔心他們的程式碼會有多大，他們就可以更快發佈出貨。而且這也就表示，你可以獲得更多的功能；要是你正好需要某功能，一定會覺得這太棒了；就算你都沒用到，通常也不會有什麼壞處。如果你的軟體廠商在出貨前喊停，只為了再多花兩個月去把程式碼壓縮至一半大小，這樣的好處對你來說恐怕不會有什麼感覺。也許吧，只是也許，如果你的硬碟經常塞得滿滿的，這樣也許可以讓你多下載另一首 Duran Duran 的 MP3。但新版本要多等兩個月，所帶來的損失一定**是**很有感覺的，而且軟體公司不得不因此放棄兩個月的銷售，那損失就更慘重了。

許多軟體開發者都會被「80/20」這個古老的規則所吸引。**聽起來好像**很有道理：80% 的人只會用到 20% 的功能。所以你會說服你自己，只要實現了 20% 的功能，你的產品還是可以賣出 80% 的銷售成果。

遺憾的是，每個人心中的 20% 都是不相同的。大家都會用到**各自不同**的功能。在過去十年裡，我大概聽過**好幾十家**公司決定不管別家公司的經驗，一心只想發佈那種只實現 20% 功能的「精簡版」文書處理程式。這類故事簡直和 PC 差不多一樣的古老。大多數情況下，他們會把程式交給記者去做審查，記者則會用這個新的文書處理程式來寫評論，過程就當做是對這個軟體進行審查，然後當記者想找出他們所需的「字數統計」功能時（因為大多數記者都需要精確統

計字數），卻發現沒有這個功能，只因為這功能「80% 的人不會用到」，於是記者最後就會寫出一篇報導，一邊宣稱精簡的程式很棒，臃腫的軟體很爛，另一邊則說他不會再用這套爛軟體，因為它根本沒辦法計算字數[4]。如果每次[5]發生這種事我就能得到一美元，那我一定會很開心。

如果你在行銷你的「精簡版」產品時，跟大家說「嘿，這東西很精簡，只要 1MB 喲」，大家一開始往往會很開心。接著他們會問你，有沒有一些**他們想要的**重要功能；答案是沒有，這樣他們就不會去買你的產品了。

結論就是：如果你採用的是 80/20 策略，你的軟體恐怕會很難賣。這就是現實。這策略差不多就跟軟體業本身一樣古老，它擺明就是個賺不到錢的策略；比較讓人訝異的是，竟然有那麼多新創公司的主管，還認為它是個有用的做法。

Jamie Zawinski 在討論那個改變世界的 Netscape 原始版本時，說出了一個最為貼切的看法[6]，「Mozilla [Netscape 1.0] 之所以那麼大，並不是因為裡面塞了一堆沒用的廢話。如果真是如此，事情就單純多了。但 Mozilla 之所以那麼大，其實是因為你的需求確實很大。你的需求之所以那麼大，是因為整個網際網路實在**太大**了。市面上有許多小巧而精簡的 Web 瀏覽器，但我必須說，那些東西幾乎做不了什麼有用的事。當初我們在寫 Mozilla 時，本來就不是以『打造出一顆閃亮的完美寶石』做為我們的目標呀。」

4　David Coursey，「Want a cheap alternative to MS Office? Here's why you should try ThinkFree.」（想要一個廉價的 MS Office 替代品？這裡就是你應該嘗試 ThinkFree 的理由）， ZDNet，2001 年 2 月 2 日。請參見 www.zdnet.com/anchordesk/stories/story/0,10738,2681437,00.html。

5　Charles Bermant，「Yeah Write.」（是的，寫就對了），WashingtonPost.com，1997 年 6 月 27 日。請參見 washingtonpost.com/wp-srv/tech/reviews/finder/rev_1030.htm。

6　Jamie Zawinski，「easter eggs.」（復活節彩蛋）www.jwz.org/doc/easter-eggs.html，1998。

40

策略書 V：
開放原始碼的經濟學

2002 年 6 月 12 日，星期三

我在大學時，選修了兩門經濟學入門課程：總體經濟學（macroeconomics）和個體經濟學（microeconomics）。總體經濟學有很多像是「低失業率導致通貨膨脹」之類的理論，這些理論未必完全符合現實。但個體經濟學倒是既酷炫又好用，其內容充滿各種供需關係的有趣概念，而且都很實用。舉例來說，如果你的競爭對手壓低了價格，除非你跟進，否則市場對你的產品需求就會下降。

在今天的文章裡，我打算展示其中一個概念，用來解釋一些知名電腦公司的行為。我注意到開放原始碼軟體有件事很有趣，那就是大多數公司砸大錢投入開放原始碼軟體，並不是因為他們不再相信資本主義，突然愛上了言論自由，而是因為這對於公司來說，確實是個很好的商業策略[1]。

市面上每一種產品，都有所謂的「**替代商品**」和「**搭配商品**」。「替代商品」指的是，如果某一種商品太貴的話，你可能會改買的另一種商品。比如雞肉就是牛肉的替代商品。如果你是養雞戶，牛肉的價格一旦上漲，大家就會多買一些雞肉，所以你也會賣出更多的雞肉。

---

1 自由軟體的倡導者對於「言論自由」這個東西有非常具體的技術意義；請參見 www.gnu.org/philosophy/free-sw.html 查看相關的討論。基本上他們認為 free 的意思，就是你可以「自由」使用其軟體來做事，但並不是「不必為軟體付費」。

「搭配商品」指的則是你通常會與某商品搭配一起購買的另一個商品。汽油和汽車就是搭配商品。電腦硬體則是電腦作業系統最典型的搭配商品。帶小孩的保姆，就是高級餐廳晚餐的搭配商品。如果小鎮裡名氣響叮噹的五星級餐廳，推出「兩人同行一人免費」的情人節特餐，當地保姆的收費就會加倍。（九歲小孩恐怕沒想到，自己也成了商家服務的對象。）

在其他條件相同的情況下，如果某商品的價格下跌，其搭配商品的需求就會增加。

你可能想打瞌睡了，所以我要再重複一遍，因為這真的很重要。如果某商品的價格往下跌，其搭配商品的需求就會增加。舉例來說，如果飛往邁阿密的機票變便宜了，邁阿密飯店房間的需求就會上升——因為這樣就會有更多的人飛往邁阿密，而這些人肯定都需要房間過夜。如果電腦變得更便宜，就會有更多人買電腦，而這些人都會用到作業系統，所以作業系統的需求就會上升；這也就表示，作業系統的價格有可能會上漲。

說到這裡，大家通常都會說「啊哈！可是 Linux 是**免費**的呀！」好的。首先，經濟學家在考慮價格時，考慮的是總價格，其中包括了一些無形的東西，比如系統設定、使用者再教育、現有流程轉換所需的時間等等。所有這些東西全部加起來，我們通常把它稱之為「總體擁有成本」（total cost of ownership）。

其次，自由軟體倡導者特別喜歡引用免費啤酒（free-as-in-beer）的論點，相信自己並不受經濟學定律約束，只因為他們有個很棒的零，不管乘上什麼東西都會變成零。舉個例子好了。當初 Slashdot 詢問 Linux 開發者 Moshe Bar，未來 Linux 的 kernel 核心能否與現有設備的驅動程式相容，他的回答是「不需要吧。一般專屬軟體如果要進行除錯，每行程式碼的除錯成本大約是 50-200 美元。但如果是開放原始碼軟體，就不是這樣的成本了。[2]」Moshe 宣稱，Linux 每個 kernel 核心改版時，會把原有的驅動程式全部淘汰掉，他認為這樣是沒問題的，因為重寫所有驅動程式的成本為零。這絕對是完全錯誤的想法。他的說法基本上就是說，花費少量的程式設計時間，讓 kernel 核心可以往前相容，就等同於花費大量的程式設計時間，重寫每一個驅動程式，因為這兩個數字都要乘以各自的「成本」，而他認為這兩個成本都是零。這其實是一種只看表面、實際上有待商榷的謬誤。現有每一個設備的驅動程式都需要修改，這件事

2　Slashdot 對 Moshe Bar 的採訪，2002 年 6 月 7 日。請參見 http://interviews.slashdot.org/interviews/02/06/07/1255227.shtml?tid=156。

所要花費的好幾千、甚至好幾百萬開發者的時間，勢必會犧牲掉其他某些東西做為其代價。而在這些工作完成之前，Linux 在市場上一定會再次受到阻礙，只因為它無法支援現有的各種硬體設備。把所有這些「零成本」的努力，拿去把 Gnome 變得更好，那樣不是更好嗎？拿這些時間去支援新硬體，豈不是更棒嗎？

程式碼除錯**絕不是**免費的，無論是一般專屬軟體還是開放原始碼都一樣。就算不用付現金，還是有「機會成本」和「時間成本」。願意投入開放原始碼相關工作的志願者、這類具有程式設計天分的人才數量是有限的，每個開放原始碼專案都必須與彼此相互競爭，以爭取這些有限的資源，最後只有那些最性感、最誘人的專案，才能真正吸引到足夠多的志願開發者。總之，對於那些想證明免費啤酒軟體會帶來瘋狂經濟發展的人，我實在沒什麼好印象，因為我認為，他們只會得到除以零的無限大錯誤結果。

開放原始碼再怎麼好棒棒，也不能違背萬有引力定律或經濟學原理。我們在 Eazel、ArsDigita（此公司之前名為 VA Linux）以及其他許多公司嘗試的過程中，並不難看出這個道理。不過下面這種事還是很常見，而開放原始碼的世界裡，卻少有人真正理解其緣由——有許多非常大的上市公司，雖然肩負股東價值最大化的責任，但他們還是投入大量的資金，去支援一些開放原始碼軟體（最常見的做法，就是付錢給一些大型的程式設計師團隊）。其實這樣的現象，只要運用「搭配商品」的原埋就可以解釋了。

我再說一次：如果某商品的價格往下跌，其搭配商品的需求就會增加。一般而言，公司在策略上比較感興趣的做法，就是盡可能壓低其搭配商品的價格。理論上來說，商品可持續販售的最低價格，就是所謂的「商品化價格」（commodity price）——如果有一大堆競爭者，大家都可以提供該商品，而且商品之間的差異難以區分，這時候價格就會越來越趨近「商品化價格」。所以：

> **聰明的公司會針對自家商品的「搭配商品」，**
> **盡可能予以商品化（commoditize）。**

如果你可以讓「搭配商品」盡可能商品化，市場對於你自家產品的需求就會增加，然後你就可以賣貴一點、賺到更多的錢。

當初 IBM 在設計 PC 架構時，他們一開始就決定要採用一些現成的元件，而不去採用一些特製的元件；而且他們還在 IBM-PC 技術參考手冊裡，詳細記錄各元件之間的介面（這是非常具有革命性的做法）。為什麼要這樣做呢？因為這樣一來，其他製造商就可以共襄盛舉，一起加入這場盛會。只要你的東西能與介面相符，就能在 PC 上使用。由於「電腦周邊」是 PC 的搭配商品，因此 **IBM 的目標就是設法讓「電腦周邊」盡可能商品化**；以結果來看，他們確實做得非常成功。在很短時間內，就有大量公司如雨後春筍般湧現，分別提供像是記憶體、硬碟、顯示卡、印表機等等各式各樣的周邊設備。廉價的電腦周邊設備，自然就導致人們對於 PC 更大的需求。

當初微軟把 PC-DOS 這個作業系統授權給 IBM 時，微軟可以說非常謹慎，並沒有賣出獨占授權。因此，微軟就可以把同樣的東西，再授權給 Compaq 和其他好幾百家公司，而這些公司全都是根據 IBM 的文件，合法複製 IBM-PC 的 OEM 原始設備製造商。**微軟的目標，其實就是讓 PC 市場盡可能商品化**。果然沒有多久，PC 基本上變成了一種非常商品化的產品，價格一路不斷下降，功能卻越來越強悍，而廠商在高度競爭之下，想取得高獲利也變得極度困難。如此低廉的價格，當然就提升了更多的需求。而當 PC 的需求不斷提升，做為其搭配商品的 MS-DOS，其需求自然也就隨之提升。在其他條件完全相同的情況下，產品的需求越大，你能賺到的錢當然就越多。這其實就是為什麼比爾·蓋茨有能力買下整個瑞典，而你卻不能的理由。

今年，微軟想要這樣再玩一次：他們的新遊戲機 XBox 使用的是一般的 PC 硬體，而不打算採用特製的元件。理論上來說，那些早已商品化的硬體，每年都只會越來越便宜，因此 XBox 應該可以把價格一路往下壓低[3]。不幸的是，結果卻好像事與願違。那些早已商品化的 PC 硬體，價格顯然已經被壓低到不能再低，所以 XBox 的製造價格，並沒有像微軟所預期的那樣快速下滑。微軟的 XBox 策略還有另一個部分，就是採用 DirectX 這個繪圖函式庫，它可以用來寫出各種顯示晶片都能執行的程式碼。其目標就是讓顯示晶片更加商品化，進一步壓低其價格，這樣一來就能銷售出更多的遊戲，這才是真正的利潤之所在。這世界上有能力製作顯示晶片的眾廠商，為什麼不反過來試著把遊戲商品化呢？因為這相對來說**困難多了**。如果《Halo》（最後一戰）這個遊戲瘋狂大

---

3 Dean Takahashi，「Opening the Xbox: Inside Microsoft's Plan to Unleash an Entertainment Revolution」（打開 Xbox：深入了解微軟發起娛樂革命的計劃，Prima Lifestyles，2002）。

賣，一時間其實**也找不到**任何其他的替代商品。如果你很想去電影院看《**星際大戰二部曲：複製人全面進攻**》，結果卻臨時改看伍迪艾倫的電影，看完之後你會覺得很滿足嗎？這實在很難說。或許這兩部都是很棒的電影，但兩部電影都無法做為彼此的完美替代商品。這樣的話，你比較想要成為遊戲的發行商，還是顯示晶片的供應商呢？

總之，盡可能讓你的「搭配商品」更加商品化就對了。

我們花了這麼多時間來理解這個策略，其實是為了解釋，為什麼有那麼多商業公司，想要為開放原始碼領域做出巨大的貢獻。我們就來看看下面這些案例吧。

新聞：IBM 斥資數百萬 投入開放原始碼軟體開發

迷思：他們之所以這樣做，是因為 Lou Gerstner 讀了 GNU 宣言之後，發現自己其實並不喜歡資本主義。

現實：他們之所以這樣做，是因為 IBM 正打算成為一家 IT 顧問公司。IT 顧問業務可說是企業軟體的搭配商品。因此，IBM 當然想要讓企業軟體更加商品化，而實現此一目標的最佳方式之一，就是支持開放原始碼。你看吧，他們的顧問部門正是憑藉這個策略，贏得了巨大的勝利。

新聞：Netscape 把他們的瀏覽器 轉為開放原始碼

迷思：他們之所以這樣做，是為了讓紐西蘭網咖裡的人們也能貢獻免費的原始程式碼。

現實：他們之所以這樣做，是為了讓網路瀏覽器更加商品化。

從 *Netscape* 出現的第一天起，這就是他們既定的策略。你可以看 Netscape 的第一份新聞稿[4]：這個瀏覽器是「自由軟體」（freeware）。Netscape 原本並不打算靠瀏覽器賺錢，而是靠伺服器賺錢。瀏覽器和伺服器可說是典型的搭配商品。瀏覽器越便宜，你就能賣出越多的伺服器。在 1994 年 10 月時，這個事實更顯得尤為明顯。（當時 MCI 一進門就給 Netscape 一大堆的錢，Netscape 自己其實也很驚訝，因為這時候他們才意識到，原來靠瀏覽器也可以賺大錢[5]。他們當初的商業計劃，並不是這樣規劃的。）

Netscape 以開放原始碼的方式發佈 Mozilla，是因為他們看到了一個可以降低瀏覽器開發成本的機會。這樣一來，他們就可以用比較低的成本，獲取商品化所帶來的利益。

後來，AOL／時代華納收購了 Netscape。伺服器軟體本應是瀏覽器商品化的受益者，但實際結果卻表現不佳，後來就被拋棄了。問題是，為什麼 AOL／時代華納還是繼續投資開放原始碼呢？

AOL／時代華納是一家娛樂公司。娛樂公司可說是各類「娛樂傳遞平台」（包括網路瀏覽器）的搭配商品。這家巨型企業集團的策略利益，就是讓娛樂傳遞平台（網路瀏覽器）更加商品化，變成一種沒有人可以收費的商品。

「IE 是免費的」這件事，倒是讓我的論點變得有點站不住腳。微軟當然也想讓瀏覽器更加商品化，因為這樣一來，他們就可以賣出更多個人電腦與伺服器的作業系統。他們甚至還多走了一步，提供了一整組的元件，任何人都可以用這些元件，來組合出一個網路瀏覽器。Neoplanet、AOL 和 Juno 都是利用這些元件，構建出自己的網路瀏覽器。問題是，既然 IE 已經是免費的了，為什麼 Netscape 還想讓瀏覽器變得「更便宜」？他們的動機究竟是什麼呢？這個舉動也許是為了先發制人吧。也許他們就是不想讓微軟完全壟斷瀏覽器市場，甚至連瀏覽器免費也不行，因為理論上來說，這樣微軟就有機會可以用其他方式增加網路瀏覽的成本——比如提高 Windows 的價格。

4　Netscape Communications 新聞稿，「Netscape Communications 免費提供可上網的全新網路瀏覽器。」Netscape.com，1999。請參見 http://wp.netscape.com/newsref/pr/newsrelease1.html。

5　Netscape Communications 新　聞　稿，「MCI Selects Netscape Communications' Secure Software for New InternetMCI Service.」（MCI 選擇了 Netscape Communications 的安全軟體，來做為新的 InternetMCI 服務。）Netscape.com，1999。請參見 http://wp.netscape.com/newsref/pr/newsrelease4.html。

（Barksdale 當家那段期間，Netscape 顯然並不是很清楚自己在做什麼[6]，所以我的論點好像也不太說得通。或許更有可能的解釋是，因為他們的管理層不懂技術，在別無選擇的情況下，只好順從開發者所提的方案。但開發者全都是一些駭客，也不懂什麼經濟學，所以他們很可能只是因為巧合，才想出了一個與策略相符的方案吧。不過，我們也可以往好的方面去想，也許他們真的就是那麼聰明也說不定。）

∨

新聞：Transmeta 付錢聘請 Linus
潛心研究 Linux

迷思：他們之所以這樣做，只不過是為了宣傳效果。要不然的話，你聽過 Transmeta 嗎？

現實：Transmeta 是一家 CPU 公司。CPU 與作業系統，天生就是搭配商品。Transmeta 當然希望作業系統更加商品化。

∨

新聞：Sun 和 HP 付錢請 Ximian
潛心研究 Gnome

迷思：Sun 和 HP 支持自由軟體，因為他們比較喜歡一般市集（Bazaars）的草創精神，而不是大教堂（Cathedrals）的莊嚴堂皇。

現實：Sun 和 HP 都是硬體公司。他們主要都是在製作硬體。為了靠 PC 賺錢，他們當然想讓 PC 的搭配商品「視窗化系統」盡可能商品化。既然如此，他們為什麼不把那些付給 Ximian 的錢，拿去開發自己專屬的視窗化系統呢？其實他們確實有嘗試過（Sun 有 NeWS，HP 有 New Wave），但他們本質上畢竟是硬體公司，軟體技能實在不怎麼樣；他們只想讓視窗化系統變成一種**廉價的商品化產品**，而不是想在軟體方面取得某種專屬的優勢。所以他們付錢給

---

6 Charles Ferguson，「High Stakes, No Prisoners: A Winner's Tale of Greed and Glory in the Internet Wars」（高風險、免坐牢：網路戰爭裡關於貪婪和榮耀的贏家故事，Crown Business，1999）。

Ximian 裡優秀的人才來做這件事，這就像 Sun 收購 StarOffice 並開放原始碼一樣，理由其實都是相同的：盡可能讓軟體更加商品化，然後再靠硬體賺更多的錢。

新聞：Sun 開發 Java 這個全新的「Bytecode」系統，讓程式碼寫一次就能隨處執行

Bytecode 並不是什麼新鮮的概念；程式設計師們其實一直都在嘗試，希望可以讓自己的程式碼在許多不同的機器上順利執行。（這其實也是一種讓你的搭配商品更加商品化的做法。）多年來，微軟一直都在使用自己的 pcode 編譯器以及可移植視窗層，因此 Excel 可以在 Mac、Windows、OS/2，以及 Motorola、Intel、Alpha、MIPS 和 PowerPC 等晶片上順利運行。Quark 也有一個中間層，可以在 Windows 上執行麥金塔的程式碼。C 程式語言則可說是一種獨立於硬體的組合語言。對於軟體開發者來說，這並不是什麼全新的概念。

如果你的軟體可以在任何硬體上順利運行，那硬體就會變得更加商品化了。隨著硬體價格一路下滑，市場就會越來越大，進而推動更多軟體的需求（而且便宜的硬體可以讓客戶有更多額外的錢，花在比較貴的軟體上。）

Sun 對於這種「程式碼寫一次就能隨處執行」（WORA；Write Once Run Anywhere）的概念，抱有如此強烈的熱情，嗯，**這件事倒是有點奇怪**，因為 Sun 畢竟是一家硬體公司。讓硬體更加商品化，應該是他們**最**不想做的事才對。

難道是因為他們沒想清楚嗎？！

Sun 在電腦業裡，可說是出了名的愛亂搞。由於無法擺脫對微軟的強烈恐懼和厭惡，他們有時會基於憤怒而非自身的利益，採取某些奇怪的策略。Sun 目前有兩個策略，分別是：1）推廣和開發免費軟體（Star Office、Linux、Apache、Gnome 等）—— 這會讓軟體變得更商品化；2）推廣 Java —— 其 Bytecode 架構與「程式碼寫一次就能隨處執行」的 WORA 特性，會讓硬體變得更商品化。好吧，Sun，來個小小的測驗：當音樂停止時，你打算坐在哪一

邊?如果在軟、硬體方面都沒有專屬的優勢,你就只能被迫接受低到不能再低的商品化價格,這樣恐怕只能勉強支付 Guadalajara 廉價工廠的成本,絕對養不起你在矽谷的舒適辦公室嘍。

「但是約耳!」Jared 說。「Sun 正在嘗試要把作業系統變得更加商品化,就像 Transmeta 一樣,並不是要讓硬體變得更加商品化呀。」也許吧,但 Java 的 Bytecode 會讓硬體變得更加商品化也是事實,這肯定會讓公司承受相當程度的附加傷害。

從這幾個範例中,你可以注意到一件很重要的事,那就是軟體很容易就可以讓硬體變得更加商品化(只要寫個硬體抽象層就可以了,像 Windows NT 的 HAL,就只是一小段程式碼而已),但硬體想讓軟體變得更加商品化,卻非常困難。軟體是不能隨意互換的,這就是 StarOffice 行銷團隊所學到的教訓。即使價格為零,從微軟 Office 切換過來的成本也不會是零。只要轉換成本無法變為零,Office 類軟體就不會真正被商品化。即使是最細微的差異,也會讓兩套軟體之間的切換變得很痛苦。雖然 Mozilla 其實已經具備我想要的所有功能,而且就算只是為了不再看到那些彈出廣告,我也很樂意使用它,但我實在太習慣按下 Alt+D 跳到網址列這個快速鍵了。所以怎麼辦呢?難道要告我嗎?這只不過是一個細微的差異,但光是這樣就很難把軟體商品化了。不過,像硬碟這種東西,我倒是很輕鬆就可以從 IBM 電腦中拿出來,再把它安裝到 Dell 電腦中,然後系統就可以完美啟動順利運行,簡直就好像它還在舊電腦中一樣。

Creo 的執行長 Amos Michelson[7] 曾經跟我說,他公司裡每位員工都必須上一堂他所謂的「經濟思維」課程。這實在是個很棒的好主意。即使是最基礎的個體經濟學,其中也有一些很簡單的概念,對於理解當今世界所發生的某些根本性轉變,真的有很大的幫助。

---

7 請參見 www.creo.com/。

41
墨菲定律失控的一週

2003 年 1 月 25 日，星期六

第一課

我們用來存放 CVS 程式碼儲存庫的 Linux 伺服器主機發生了故障（裡頭有我們所有的原始程式碼）。這沒什麼大不了的；還好我們有用鏡像（mirror）的方式，自動在遠端進行資料備份（使用的是 rsync）。鏡像備份資料的壓縮與傳輸，會用掉好幾個小時的時間。後來我們發現，rsync 選項忘了設定「排除已刪除檔案」，所以我們的鏡像備份並不是很完美：一些已刪除的檔案，也都被備份起來了。這些全都要用手動的方式一一刪除。

全部做完之後，我決定重新簽出（check out）原始程式碼整個完整的目錄，再與我現有的目錄進行比較，以做為最後的確認。可是我的筆記型電腦已經沒有足夠的磁碟空間，無法執行此操作。我的硬碟也該升級了。於是我訂購了一個 60GB 的筆記型電腦硬碟，還有一個 PCMCIA 介面的硬碟連接器，以便把整個舊硬碟以克隆（clone）的方式複製到新硬碟中。這個過程大約花了六個小時，卻在完成 50% 時出錯了，系統還叫我要「執行 scandisk（磁碟掃描）」。這又花了我好幾個小時。做完之後，我又重新進行了一次複製。就這樣又過了六個多小時。然後在 50% 時，它又再度出錯了。而且這一次，**原本**那顆舊硬碟徹底壞掉了，我一輩子的心血就這樣泡湯了。後來我又花了好幾個小時東搞

西搞（把硬碟改裝到不同的電腦等等），最後還是很無奈的發現，硬碟真的不行了。

好吧，這也沒什麼大不了，我們還有每日備份（用的是 NetBackup Pro）。我把 60GB 的新硬碟裝進筆記型電腦，先進行格式化，然後再安裝 Windows XP Pro。接著我利用 NetBackup Pro 把機器還原到掛掉之前的狀態。這樣雖然會讓我損失掉一整天的工作成果，但我反正這一整天也沒做什麼事情。只是這一整天的 email 全都不見了，所以這禮拜如果你有發 email 給我而我卻沒有回覆，請再重新發一次給我吧。

NetBackup Pro 又跑了好幾個小時。後來我乾脆回家，讓它跑一整個晚上，我想這樣應該就可以完成了吧。到了隔天早上，系統竟然完全掛掉，甚至連開機都不行。我猜這一定是因為我錯把 Win2K 的 image 映像檔案，還原到 XP Pro 的作業系統上了。於是我再次重新開始，這次安裝的是 Win 2K（格式化硬碟：一小時；安裝 Win 2K：一小時；然後再安裝 NetBackup Pro 的客戶端程式）。接下來我再次進行系統還原的工作。過了五個小時之後，它只完成了一半，於是我又回家了。

再隔一天的早上，系統還是無法**完全正常**開機，一直會出現藍色當機畫面，於是我進入到安全模式，東搞西搞弄了半個多小時，才總算可以正常開機。看來所有東西都還原了，只是不知道什麼原因，我用 Windows 來進行加密（使用 EFS）的幾個檔案，還是無法存取使用。這應該與公鑰、憑證有點關係。如果是加密過的檔案，就算用還原的方式取回檔案，我猜大概還是無法讀取其內容。這個問題我還沒找到解決的方法。如果你知道怎麼解決這個問題，請跟我說一下，我會永遠感激你的。（1/26：我絞盡腦汁花了幾個小時，後來終於解決這個問題了。）

學到的教訓

硬碟故障導致一連串的問題，最後浪費掉好幾天的工作時間，這已經不是第一次了。你應該有注意到，我其實已經採用了相當不錯的備份策略，每天都會在異地備份所有的資料。事實上，我記得這已經是第三次硬碟故障，導致一連串的意外事件，浪費掉我好幾天的時間。結論：備份的做法還不夠好。從現在起，我都要採用 RAID 鏡像備份的做法。如果有任何一顆硬碟壞掉了，只要花 15 分鐘安裝一顆新硬碟，就可以繼續做我的工作了。新政策：Fog Creek 所有的非筆記型電腦，全都要採用 RAID 鏡像備份的做法。

第二課

不知道你有沒有注意到，我們的網路伺服器掛掉了？上禮拜五中午左右，本地的 Verizon 交換機房發生了火災，導致我們所有的電話和網路全都斷線了。Verizon 幾個小時內就修復了電話線，但 T1 的問題比較麻煩。我們的 T1 是跟 Savvis 租用的，但它其實是把本地線路外包給 MCI（現在已改名為 WorldCom）；這個 WorldCom 公司本身當然也沒有**建構**任何實際的線路（他們才不想**弄髒**自己的手呢！），實際上他們的本地線路，也是向 Verizon 租用的。

所以從星期五中午一直到星期六的午夜，Michael 和我輪番上陣，每隔一小時左右就打電話給 Savvis，去瞭解一下最新的進展。我們一直在催促 Savvis，而他們偶爾也會去催促一下 WorldCom，但 WorldCom 認為這一切全都是因為某個 SQL 伺服器受到 DDOS 攻擊，因此他們並不太理會 Savvis，而 Savvis 也沒告訴我們 WorldCom 不太鳥這個問題。我們一直不斷催促 Savvis，**讓他們再去催促** *WorldCom*，就這樣到了大概第三次，WorldCom 才終於同意打電話給 Verizon，讓他們派出了技術人員來解決問題。老實說，這簡直就好像在推**彈簧**一樣。上次 Savvis 也害我們的 T1 當掉一整天，但實際上的技術問題根本就微不足道，如果我們不必跟這些白痴公司打交道，問題也許幾分鐘內就可以診斷出來，很快就能修復問題了。

學到的教訓

如果你向某家公司購買服務，而這家公司又把服務外包出去，像這樣每多隔一層，你就越難獲得令人滿意的客戶服務。只要外包超過兩層以上，幾乎就別想有令人滿意的結果了。其實我也不太想鼓勵那些壟斷的本地電信公司，但直接與本地電信公司打交道，總比跟一堆白痴又官僚的公司打交道要來得稍微好一點；我們其實也沒有別的選擇，還不如乾脆直接跟本地電信公司打交道算了。我們之後的辦公室會直接請 Verizon DSL 來進行佈線，真是太謝天謝地了。

順帶提一下，如果我們那部該死的 Dell 伺服器有按時到貨，大家根本就不會注意到這次斷線的問題。按照原本的規劃，我們的服務早該在一個月之前，就已經改放到一個很棒的 Peer 1 網路高冗餘安全託管設施上，服務早就應該已經

順利上線並正常運行了。另外我有沒有提到，這段期間我還發燒了？每次只要一出問題，我就會生一場病。

第三課

這大概是第一千次，Fog Creek 紅褐色大樓四樓的暖氣又壞掉了。暖氣是透過牆壁裡的熱水管來供應的。現在這些熱水管全都結凍了。熱水管怎麼會結凍呢？哦，那是因為上個禮拜爐子滅掉了，當初安裝的人應該是個白痴（而且很可能是無照的），他安裝了一段長 25 英尺的**水平煙囪**，阻礙了通風；到目前為止，已經有一位房客因此而住院，爐子也熄滅了好幾十次。最後，暖氣公司終於有人承認，必須安裝一個送風機讓煙囪強迫通風，然後他們也來安裝了，只不過實在太晚安裝，熱水管在安裝好之前就已經結凍了。當然，熱水管的隔熱效果也不夠好，這當然可以去怪罪紐約建築業另一個不稱職的建築師，但如果爐子一直有正常運轉，就不會有這些問題了。

學到的教訓

有些比較脆弱的系統，表面上看起來好像沒什麼問題，但相鄰的系統一旦出問題，它就會跟著一起出問題。有些人很容易過敏、也很容易背痛，但他們可能好幾個月都沒事，突然花粉熱（hay fever）一發作，他們就會一直打噴嚏，然後背痛也跟著來了。在系統管理領域，你會一**直不斷**看到這樣的情況。這時候不如利用機會，**一次就把所有問題一併解決。在你所有的 PC 上**，採用 RAID 的做法，**並且**做好備份的工作，而且不要再使用 EFS 了，然後硬碟一定要越大越好，因為這樣你就不必只為了升級硬碟，而停下手邊的工作了。還有，一定要仔細檢查 rsync 的設定選項。暖氣系統除了裝好送風機，牆壁裡的熱水管**也要**做好隔熱處理。記得要把你最重要的伺服器，移到安全的託管設施中，再把辦公室的 T1 線路廠商直接換成 Verizon 就對了。

42

微軟為什麼會
輸掉 API 戰爭？

2004 年 6 月 13 日，星期日

最近你應該經常聽到這樣的一個論調：「微軟完蛋了。一旦 Linux 進軍桌面市場，Web 應用程式取代桌面應用程式，微軟這個強大的帝國就要覆滅了。」

雖然 Linux 對於微軟確實構成了巨大的威脅，這個事實某種程度來說並沒有錯，但不管怎麼說，現在就預測微軟這家公司即將就此消亡，未免有點為時過早。微軟放在銀行裡的現金數量驚人，而且公司還一直維持著驚人的獲利。就算開始往下掉，也沒有那麼快。它可能要在十年之內，持續做錯所有的事情，才有可能開始接近危險的境地，而且你永遠不知道，他們會不會在最後一刻，把自己轉型成一家刨冰公司。所以請不要這麼快就覺得他們沒救了。1990 年代初期，大家都認為 IBM 徹底完蛋了：大型主機已成為歷史！當時 Robert X. Cringely 預測大型主機的時代，將在 2000 年 1 月 1 日結束，到時候 COBOL 所寫的應用程式全都會掛掉，與其花時間修正那些舊程式（據說原始程式碼早就找不到了），大家還不如針對客戶端 / 伺服器平台，把那些應用程式重新寫過。

好吧，你猜後來怎麼樣？大型主機如今依然與我們同在，2000 年 1 月 1 日什麼事也沒發生，而 IBM 也已經把自己轉型成一家大型技術顧問公司，同時還在生產廉價的塑膠材質電話。因此，只根據一點點的資料，就推斷微軟要完蛋了，這樣的論點實在太誇張了。

不過，有件事或許真正瞭解的人不多、所以並沒有引起很大的關注：Windows API 這東西可說是微軟策略上最珍貴的資產，但它就要失去重要的地位了。Windows API 可說是微軟壟斷的力量，也是 Windows 和 Office 的基石；微軟靠這幾個產品所獲得的利潤非常豐厚，幾乎佔了整個公司所有的收入，甚至還養活大量無利可圖或利潤微薄的其他產品線；但是，如今開發者已經對 Windows API 沒什麼興趣了。下金蛋的鵝雖然還沒死，但已經得了絕症，而且還是沒有人注意到的一種病。

我自己才剛說過，有些論點實在太誇張，但如果你現在也覺得我前一段文字太誇張，請容我先向各位道個歉。我知道我現在聽起來就好像某個尖酸的評論作家，只會喋喋不休談論著 Windows API 這個微軟的策略資產。接下來我會用好幾頁的篇幅，解釋我真正想表達的意思，並闡明我真正的論點。在我解釋清楚我的意思之前，請先不要妄下結論。這一章的內容會比較長。我會先解釋一下 Windows API 是什麼東西，再說明它為什麼是微軟最重要的策略資產；然後我會解釋它為什麼會失去重要的地位，以及長遠來看，這究竟代表什麼意義。因為這裡要談的是大趨勢，所以難免會有些誇大之詞和泛泛之論嘍。

開發者、開發者、開發者、開發者

還記得作業系統的定義嗎？這東西是用來管理電腦的各種資源，以便執行各式各樣的應用程式。大家其實並不是真的那麼在意作業系統；大家真正在意的是，作業系統可以執行哪一些應用程式。文書處理程式？即時通訊？ email？應付帳款管理軟體？巴黎希爾頓的照片網站？作業系統本身的用處，其實並沒有那麼明顯。大家之所以購買作業系統，是因為它可以執行一些好用的應用程式。因此，最好用的作業系統，就是應用程式又多又好用的作業系統。

在這樣的邏輯下，就可以得出一個結論：如果你想多賣幾套作業系統，最重要的就是讓軟體開發者願意為你的作業系統開發各種軟體。這就是 Steve Ballmer 在舞台上跳來跳去，大喊「開發者、開發者、開發者、開發者」的理由[1]。這對於微軟來說真的非常重要；微軟沒有直接**奉送** Windows 開發工具的唯一原因，其實是因為他們生怕一不小心就斬斷了其他開發工具競爭廠商的活路

1　請參見 www.ntk.net/ballmer/mirrors.html。

（呃……是說那些還活著的廠商啦），而平台若能提供各種開發工具，對開發者會更具有吸引力。但他們其實真的**很想**免費奉送開發工具。只要透過微軟的 Empower ISV[2] 程式，你就可以取得五套完整的 MSDN Universal（基本上也就是除了 Flight Simulator 模擬飛行以外，微軟所有的產品），價格大約是 375 美元。其中包含 .NET 語言的指令行編譯器，也包含 .NET 執行階段函式庫，這些全都是免費的。C++ 編譯器現在也是免費的[3]。微軟想盡辦法鼓勵開發者為 .NET 平台做出貢獻，只是又怕一不小心害死像 Borland 這樣的公司，所以才稍微比較收斂一點。

為什麼 Apple 和 Sun 沒辦法賣電腦？

嗯，這問題確實有點蠢；Apple 和 Sun 當然可以賣電腦，但最賺錢的兩大電腦市場（也就是企業用桌上型電腦和家用電腦）他們確實賣不動。Apple 的市場佔有率依然是非常低的個位數，而唯一有在使用 Sun 桌上型電腦的人，則全都是 Sun 公司內部的人。（請理解我在這裡談的是大趨勢，所以每當我一講到「沒有人」這樣的說法，我的意思其實是「少於 1000 萬人」。）

為什麼呢？因為 Apple 和 Sun 的電腦無法執行 Windows 程式，或者就算能執行，也是採用某種執行效率不佳又很昂貴的模擬做法。別忘了，大家購買電腦主要是為了執行應用程式，而 Windows 可用的優秀桌面軟體，確實比 Mac 多出很多，只能說做為一個 Mac 使用者真的很辛苦呀。

這就是 Windows API 為什麼成為微軟重要資產的理由。

（我知道，我知道，現在佔全世界 2.3% 的麥金塔使用者，每個人都想開啟他們的 email 程式，給我發一封嚴厲苛責的信，告訴我他們有多愛麥金塔。我再說一次，我談的是大趨勢和一般的情況，所以請不要再浪費你的時間。我知道你很愛你的麥金塔。我知道它可以完成**你**所需的每一件事。我很愛你，你這個小辣椒，但你只佔全世界的 2.3%，所以這篇文章並不是寫給你看的啦。）

2　請參見 members.microsoft.com/partner/competency/isvcomp/empower/default.aspx。

3　請參見 msdn.microsoft.com/visualc/vctoolkit2003/。

「API」是什麼東西呢？

如果你正在寫一個程式，比如說，你正在寫一個文書處理程式，想要顯示一個選單或寫入一個檔案，你就必須讓作業系統為你做這件事，做法上就是調用一組特定的函式，而在不同作業系統裡，這組特定函式也不太相同。那些可供調用的函式，就是所謂的 API：它就是作業系統（例如 Windows）提供給應用程式開發者（例如想要打造文書處理程式或試算表程式的程式設計師）的一組介面。這東西是由成千上萬非常詳細而繁瑣的函式與副程式所組成，程式設計師可以用它來讓作業系統做一些有趣的事（比如顯示選單、讀寫檔案），或是做一些比較深奧的事（比如用塞爾維亞語拼出一個給定的日期），也可以做一些極其複雜的事（比如在視窗內顯示網頁）。如果你的程式調用的是 Windows 的 API，就無法在 Linux 上執行了（因為 API 不一樣）。就算做的事情大致相同也不行。這就是 Windows 的軟體無法在 Linux 執行的重要原因之一。如果你想讓 Windows 程式在 Linux 執行，你必須在 Linux 重新實現整個 Windows API[4]，其中包含好幾千個複雜的函式；這工作幾乎就跟重新做出一整套 Windows 差不多，那些東西可是微軟當初花了好幾千個人年才做出來的。而且你只要做錯某個東西，或是遺漏掉應用程式所需要的某個函式，應用程式就會掛掉。

微軟內部的兩股力量

微軟內部有兩股相互對立的力量，我稱之為 Raymond Chen 陣營和 MSDN 雜誌陣營（有點半開玩笑的意思）。

4　舉例來說，Wine 這個開放原始碼專案，就是想要達成這樣的目標；請參見：www.winehq.com/。

Raymond Chen 是微軟 Windows 團隊的一名開發者。他從 1992 年起就在微軟工作了，他的部落格 The Old New Thing[5] 有許多內容詳細的技術相關故事，講述某些事情在 Windows 裡為什麼會那樣做，即使是很愚蠢的做法，其背後也都有很好的理由。

Raymond 的部落格裡最令人印象深刻的故事，就是 Windows 團隊多年來為了能夠「往前相容」，做了多少令人難以置信的努力：

> 從客戶的角度來看這樣的場景吧。你買了 X、Y 和 Z 這三個軟體。後來升級成 Windows XP。結果你的電腦胡亂當機，而且 Z 這個軟體根本無法順利執行。於是你就會跟你的朋友說，「千萬別升級到 Windows XP。它會亂當機，而且和 Z 這個軟體不相容。」你想想看，難道你會自己去檢查系統，判斷是不是 X 導致了當機，而 Z 之所以沒辦法用，是因為它採用了非正規的做法？當然不會。你只會把 Windows XP 連同包裝盒一起退回去，再把退款全部拿回來。（你的 X、Y、Z 都是在好幾個月前買的。早就已經超過 30 天的退貨期限。你唯一可以退貨的就只有 Windows XP 了。）

我當初是從 SimCity（模擬城市）這個熱門遊戲的開發者那裡，第一次聽到這類的故事；他跟我說，他的應用程式有個很嚴重的問題：程式會在釋放記憶體之後，馬上又去用那段記憶體；這是個很不好的禁忌做法，但在 DOS 裡**碰巧**不會出問題，到了 Windows 裡就不行了，因為記憶體一旦被釋放，很可能就會立刻被另一個正在執行中的應用程式搶去用了。Windows 團隊的測試人員會去檢查各式各樣比較流行的應用程式，測試並確保各種程式可以正常運作，但 SimCity 這個遊戲就是不斷會出現當機的情況。測試人員把這件事回報給 Windows 開發者，於是他們就特別針對 SimCity 做了反向組譯，並在除錯工具裡一步一步檢查，最後果然找到了問題；於是，他們就在作業系統裡添加了一段特殊程式碼，偵測當下正在執行的程式是不是 SimCity，如果是的話，就改用特殊模式來配置記憶體，讓記憶體釋放之後還是可以被使用。

這並不是特例。Windows 的測試團隊非常龐大，他們最重要的職責之一，就是確保每個人都可以順利升級作業系統，無論大家安裝過什麼應用程式，就算這些應用程式做錯什麼事，比如說使用了非正規的函式，或是做出某個在 Windows n 恰好不會出錯、但在 Windows $n+1$ 會出錯的錯誤行為，這些

5　Raymond Chen，The Old New Thing（老調新談）。請參見 weblogs.asp.net/oldnewthing/。

應用程式還是可以繼續順利執行。事實上，如果你稍微查看一下註冊表裡 AppCompatibility 的內容，就可以看到 Windows 會進行特殊處理的完整應用程式列表，它會模擬各種舊問題和古怪的行為，讓那些應用程式能夠繼續正常使用。Raymond Chen 寫道：「每次有人指責微軟利用作業系統升級的機會，惡意去破壞某個應用程式，我一看到就會覺得特別生氣。如果有任何應用程式無法在 Windows 95 裡正常運行，我會認為那是我個人的失敗。我真的熬了很多夜，不眠不休去修復那些第三方程式裡的問題，好不容易才讓那些程式可以在 Windows 95 裡順利運行。」

有很多開發者和工程師，都不贊同這樣的做法。他們認為，如果應用程式做錯事，或是做了某些非正規的行為，作業系統升級之後就應該讓它自己出問題才對。在麥金塔早期階段，Apple 的麥金塔 OS 開發者就屬於這個陣營（不過隨著時間推移，Apple 在往前相容性方面也做得越來越好了）。這其實也就是為什麼麥金塔早期的應用程式，到現在大多數已經無法使用的理由。如果製作該應用程式的公司倒了（其中大多數確實都倒了），好吧，老兄，你也只能自認倒霉了。

相較之下，我在 1983 年為當初那個原始的 IBM-PC 所編寫的 DOS 應用程式，到現在還是可以完美執行，這一切全都要感謝微軟的 Raymond Chen 陣營。我知道，當然不只有 Raymond；這就是整個 Windows API 核心團隊一**貫的做法**。不過 Raymond 透過他出色的網站「The Old New Thing」，對這件事做了最多的宣傳，所以我還是以他之名來稱呼這個陣營。

這就是其中的一個陣營。另一個陣營，則是我所謂的「MSDN 雜誌陣營」，我是以微軟的開發者雜誌之名來命名，這份雜誌裡充滿許多激動人心的文章，講述各種不同的做法，讓你可以在自己的軟體中，以各種深奧的組合方式運用微軟的產品，然後搬石頭砸自己的腳。MSDN 雜誌陣營總想要說服你，使用一些最新最複雜的外部技術，例如 COM+、MSMQ、MSDE、微軟 Office、IE 及其元件、MSXML、DirectX（記得用最新版本）、Windows Media Player 和 Sharepoint（這東西根本**沒人用！**）——只要用了這一整套**外部依賴項目**，你交給付費客戶使用的應用程式就會經常跑出很多問題，而且每個問題都會讓人非常頭大。技術上我們都把這種問題稱之為「DLL 地獄」。在我這裡一切正常呀；為什麼在你那邊就有問題呢？

Raymond Chen 陣營相信，只要讓開發者寫一次程式碼，就能在任何地方（哦，這裡指的是任何 Windows 機器中）順利執行，這樣就可以讓開發者做起事來更加輕鬆。MSDN 雜誌陣營則相信，只要開發者願意付出一些代價，去做一些複雜的部署與安裝工作（先別提那巨大的學習曲線），那麼只要給大家提供真正強大的程式碼，就可以讓開發者做起事來更加輕鬆。Raymond Chen 陣營最關心的是如何鞏固原本的東西。最重要的就是別讓事情變得更糟，讓大家可以用原本的東西**繼續正常工作**。MSDN 雜誌陣營則是要持續不斷推出最新最龐大的技術，但實際上卻沒有人能跟得上。

下面我們就來談談，這件事為什麼那麼重要。

微軟已失去「往前相容」的信仰

如今在微軟內部，MSDN 雜誌陣營已經贏得這場戰役了。第一場重大的勝利，就是 Visual Basic .NET 不再往前相容 VB 6.0。這應該是我記憶中第一次，在你購買微軟升級產品之後，你的舊資料（也就是你用 VB6 所寫的程式碼）竟然無法完美匯入。這是微軟第一次在升級之後，完全不去管使用者用之前版本做出來的工作成果。

而且即便是如此，天**好像**也沒有塌下來，至少在微軟內部並沒有出什麼問題。雖然 VB6 的開發者群起抵抗，但反正他們的人數只會越來越少，因為他們大多是企業軟體開發者，早晚都要轉移到 Web 開發的領域。因此真正長期的傷害，就這樣被隱藏了起來。

憑藉著這一場重大的勝利，MSDN 雜誌陣營終於在微軟內部接管了主導的地位。突然之間，很多事情都可以改變了。IIS 6.0 推出了一種不同的執行緒模型，有些舊的應用程式就無法再使用了。而我也很震驚地發現，我們的客戶如果用的是 Windows Server 2003，在執行 FogBUGZ 時就會遇到問題。然後，.NET 1.1 也無法與之前的 1.0 完全相容。既然事情都做到這個程度，作業系統的團隊也決定大幹一場，不再繼續為 Windows API 添加新功能，而是要做出全新的東西取而代之。我們被告知，要開始準備迎接 WinFX，而 Win32

則即將被取代：WinFX 就是下一代的 Windows API[6]。它將與過去完全不同。它是以 .NET 為基礎，但開發者在寫程式碼時，就不必再擔心記憶體配置的問題了。而且還可以支援 XAML、 Avalon。是的，我承認，這東西確實比 Win32 還棒。但這絕不是升級，這根本就是切割過去、與過去決裂。

那些原本就對 Windows 開發工作複雜性很不滿意的外部開發者，這下子全都**集體**撤離微軟的平台，改去開發 Web 應用程式了。早期搭上 dot com 風潮、創建 Yahoo！商店街（Yahoo! Stores）的 Paul Graham 做出了很有力的總結：「現在新創公司更有理由去寫一些 Web 應用軟體了，因為現在寫桌面軟體這件事，已經變得沒那麼有趣了。如果你現在還想寫桌面軟體，就要按照微軟的規矩來做，要去調用他們的 API，還要幫他們問題多多的作業系統解決問題。而且，如果你好不容易寫出某個很厲害的東西，到後來你可能還會發現，自己只不過是在為微軟做市場研究而已。[7]」

現在的微軟已經太大，有太多的開發者，而且太沉迷於提升營業額，所以他們突然發現，就算**把所有東西砍掉重練**，也不是什麼**太困難**的事情。就算第一次沒做好，還是可以做第二次呀。老微軟（Raymond Chen 的微軟）在實現 Avalon 這種全新圖形系統之類的東西時，會做成一系列的 DLL，這樣就可以在任何版本的 Windows 上順利執行，而且也可以把應用程式與所需的 DLL 包在一起出貨。我們老實說，真的找不到什麼技術上的理由，不採用這樣的做法。但微軟很需要一個能讓你花錢買 Longhorn（譯註：也就是後來的 Windows Vista）的理由，而且他們想要的是一場翻天覆地的變化，就像當初 Windows 取代 DOS 所出現的那種翻天覆地的變化一樣。問題是，Longhorn 相較於 Windows XP 來說，進步的幅度並沒有那麼大——根本遠遠不及 Windows 相對於 DOS 的進步程度。它恐怕還不足以吸引大家為了升級作業系統，而去購買新的電腦和新的應用程式。好吧，也許會吧，微軟一定很希望如此，但是目前為止依我看來，實在沒什麼說服力。微軟下過很多賭注，最後都是錯誤的。舉例來說，WinFS 這個東西，當初宣傳說它可以讓檔案系統變成像關聯式資料庫，這樣就更有利於搜尋作業，可是它忽略了一個事實，那就是搜尋作業

6 Mark Driver，「Microsoft WinFX Accelerates Need for . NET Adoption」（微軟 WinFX 加速了採用 .NET 的需求），Gartner Research，2003 年 11 月 3 日。請參見 www.gartner.com/DisplayDocument?doc_cd=118261。

7 Paul Graham，「The Other Road Ahead」（前方的另一條路），2001 年 9 月。請參見 www.paulgraham.com/road.html。

必須真的可以發揮作用才行 [8]。我可不想先幫所有的檔案輸入一大堆詮釋資料（metadata），只為了用標準查詢語言來進行檔案搜尋。拜託幫幫忙，只要使用全文索引和其他一些早在 1973 年就有的老技術，就能快速搜尋那該死的硬碟，用我輸入的字串找出所要的檔案了。

大家還是比較愛「自動排檔」

請不要誤會我的意思；我認為 .NET 確實是一個很棒的開發環境，相較於之前在 Windows 裡寫 GUI 應用程式的舊方法，支援 XAML 的 Avalon 確實是個巨大的進步。.NET 最大的優點，就是它具有自動管理記憶體的能力。

我們有很多人都認為，1990 年代最大的一場戰爭，就是「程序式」（procedural）與「物件導向」（object-oriented）兩種程式設計方式之間的戰爭；當時我們都以為，「物件導向」程式設計方式可大大提高程式設計師的生產力。我以前也是這樣認為。即使到了現在，還是有人認為是如此。但事實證明我們都錯了。物件導向程式設計的做法確實很方便，但它並不像大家所想像那樣、能大幅提高生產力。在程式設計方面，**真正可顯著提升生產力的東西，其實是可自動管理記憶體的程式語言**。有些程式語言可以記錄參照引用的次數（reference counting）、自動回收記憶體（garbage collection）；這些語言有可能是 Java、Lisp、Smalltalk、Visual Basic（甚至 1.0 版也可以），甚至是其他的許多腳本語言。如果你的程式語言可以讓你拿到一大塊記憶體，用完之後不用考慮如何釋放記憶體，那你用的就是可自動管理記憶體的程式語言；比起那些必須很明確主動去管理記憶體的程式設計者，你的效率肯定會高出許多。每當你聽到有人在吹噓，說他們所採用的程式語言效率有多麼高，其實他們大幅提升的生產力，很可能只是因為有自動記憶體管理的緣故，只是他們自己不知道而已。

---

8 John Udell，「Questions about Longhorn, part 1: WinFS」（關於 Longhorn 的問題，第 1 部分：WinFS），iDiscuss：Jon Udell 的部落格，InfoWorld，2004 年 6 月 2 日。請參見 weblog. infoworld.com/udell/2004/06/02.html#a1012。

賽車迷可能會很不認同，甚至寫信來罵我，但就我的經驗來說，在正常駕駛的情況下，只有一種情況自排比不上手排。在開發軟體時也是一樣：幾乎所有的情況下，自動管理記憶體都好過手動管理記憶體，而且還可以大大提高程式設計師的工作效率。

早期如果要在 Windows 開發桌面應用程式，微軟會提供兩種方式：用 C 語言程式碼直接調用 Windows API，然後靠自己用手動的方式管理記憶體，或是使用 Visual Basic，並讓它為你管理記憶體。過去 13 年左右這段期間，這就是我個人使用最多的兩種開發環境，我對這兩者可說是瞭如指掌，而且我的經驗是，Visual Basic 的生產力要**高出許多**。我經常要寫**相同的程式碼**，一次是在 C++ 調用 Windows API，另一次則是用 Visual Basic，而 C++ 總是要多花三到四倍的工作量。為什麼呢？這就是「記憶體管理」的差別。如果想瞭解其中的原因，最簡單的方式就是去找 Windows API 裡頭任何一個需要送回字串的函式，然後再去看看相應的文件。其中針對誰要負責配置記憶體給字串、如何判斷需要用到多少記憶體，你可以仔細看一下相關的概念，再看看其中究竟有多少相關的討論。通常，同一個函式你必須調用**兩次**——第一次調用時，你要告訴它你配置了 0 Byte，然後它就會出錯，並顯示「所配置的記憶體不足」這樣的訊息，而且它還會很貼心告訴你應該要配置多少的記憶體。如果你所調用的函式，送回來的並不是**字串列表**，也不是可變長度的結構，處理起來就會單純許多。否則不管是哪一種情況，就算只是開啟檔案、寫入字串、關閉檔案這樣簡單的操作，用原始的 Windows API 來處理的話，大概都要寫出一整頁的程式碼。不過，如果用的是 Visual Basic，類似的操作只要三行就能搞定了。

所以，程式設計的世界其實有兩個。幾乎所有人都認為，「會」自動管理記憶體的程式設計世界，遠遠優於「不會」自動管理記憶體的程式設計世界。Visual Basic 曾經是（而且可能依然是）有史以來銷量第一的語言產品，開發者比較喜歡用它、而不是用 C 或 C++ 來進行 Windows 開發；雖然 Virtual Basic 是個相當現代化的程式語言，本身也具有一些物件導向的特性，而且幾乎已經沒什麼之前遺留下來的垃圾（行號和 LET 語句早已成為過去），但產品名稱裡的「Basic」字眼還是讓很多硬底子的程式設計師避而遠之。VB 的另一個問題，就是部署時必須附上 VB 執行階段函式庫，這對於那種用 modem 撥接上網來發佈的共享軟件而言，確實是個大問題，而且更糟糕的是，這樣還會讓其他程式設計師看到你的應用程式，竟然是用可恥的 Visual Basic 開發出來的（真讓人覺得丟臉呀！）。

一個執行階段函式庫搞定一切

現在 .NET 來了。這是個偉大的專案、超級統一的專案，可說是一勞永逸清理了整個爛攤子。當然，它也會自動管理記憶體。你還是可以繼續使用 Visual Basic 這個語言，不過，它還多提供了另一種新的語言，這種語言從精神上來說，其實和 Visual Basic 是相同的，不過它會使用類似 C 的大括號和分號語法。更重要的是，這個全新的 Visual Basic / C 混合體，有了一個全新的名字叫做 Visual C#，所以你不用再跟任何人說，你是「Basic」的程式設計師了。所有那些又臭又長的 Windows 函式、往前相容性的問題、永遠無法搞清楚的字串返回語義等等，全都被清理掉了，取而代之的是單一、乾淨的物件導向介面，而且只會有一種字串。只要一個執行階段函式庫，就能搞定所有這些東西。真是太漂亮了。從技術上來說，.NET 確實做得很棒。.NET 本身是一個很棒的程式設計環境，可以自動管理你的記憶體，有豐富、完整而一致的作業系統介面，而且一些基本的操作，都有豐富、超級完整而優雅的物件函式庫。

可是，大家還是沒有真正大量投入去使用 .NET。

哦，當然，還是有一些人大量投入使用啦。

可是，為了統一 Visual Basic 和 Windows API，就去建立一個**全新、從頭打造**的程式設計環境，而且其中還包含不只一種，也不是兩種，而是三種程式語言（還是有四種？），這實在有點像看到兩個孩子在吵架，為了讓他們別再吵架，你就用超大音量大喊一聲「閉嘴！」；問題是，這招恐怕只有在電視上管用。如果是在現實世界，你對著兩個大聲吵架的人大喊一聲「閉嘴！」，最後恐怕只會變成三個人在吵架而已。

（順便一提，你們有些人或許也很關注「部落格聚合摘要格式」（blog syndication feed format）這個既神秘又充滿政治色彩的世界，而你在那裡應該也可以看到，同樣正在發生類似的事情。**RSS 這個東西如今已變得支離破碎，有好幾種不同的版本，規格也不準確，而且還摻雜大量的政治鬥爭；後來有人嘗試建立另一個叫做 Atom 的格式**，希望可以理清這一切，但最後只是讓 RSS 又多了一個不同的版本，規格還是一樣不準確，而且還是摻雜了大量的政治鬥爭。如果你想建立第三種選擇，嘗試把兩種對立的力量統一起來，最後恐怕只會形成三股對立的力量。結果你不但沒有統一任何東西，實際上也無法修正任何的東西。）

所以現在 .NET 非但沒有達到統一與簡化的目標，反而還造成了六重大混亂，每個人都想搞清楚，究竟該使用什麼樣的開發策略，而自己究竟有沒有能力，可以把現有的應用程式移植到 .NET。

無論微軟的行銷宣傳說法有多麼一致（「只管使用 .NET 就對了 —— 相信我們！」），他們大多數的客戶都還是繼續在使用 C、C++、Visual Basic 6.0 和 ASP，更別說還有其他公司的其他開發工具了。而那些使用 .NET 的人，多半是用 ASP.NET 來開發 Web 應用，然後在 Windows 伺服器上運行，並不需要 **Windows 客戶端程式**，這其實是個很重要的關鍵，稍後我們談到 Web 應用程式時，再來多談一點好了。

咦，等一下，還有別的東西也要來了！

現在的微軟有太多的開發者，就算把 Windows API 整個砍掉重練也不算什麼；如果重做一次還不夠，那就重做**兩次**吧。微軟在去年的 PDC（專業開發者大會）上，預先宣布作業系統的下一個主要版本代號為 Longhorn

（還記得嗎？就是後來的 Windows Vista），其中包含一個全新的使用者介面 API，代號為 Avalon，它將以全新打造的方式，善用現代電腦的高速顯示卡，還會用到 3D 即時渲染的技術。（譯註：不過後來 Windows Vista 把 Avalon、甚至 WinFX 都拿掉了。）如果你現在正在開發 Windows GUI 應用程式，微軟「官方」Windows 程式設計環境下最新最好的做法就是 WinForms，但兩年之後你還是不得不從頭來過，因為這樣才能支援 Longhorn 和 Avalon。這其實就是為什麼 WinForms 會胎死腹中的理由。希望你還沒有對它投入太多的精力與資源。Jon Udell 找到了一張來自微軟的幻燈片，上面寫著「我該如何在 Windows Forms 和 Avalon 之間做出選擇呢？」然後又問道，「我為什麼必須在 Windows Forms 和 Avalon 之間做出選擇呢？」這真是個好問題，可惜他自己恐怕也找不到很好的答案[9]。

所以你已經有了 Windows API，也有了 VB，現在又有了 .NET，而且還有好幾種語言可以選，不過，還是請你不要太過於依賴其中任何一個東西，因為微軟正在製作 Avalon，你知道的，那個東西只能用在微軟最新的作業系統上，大家恐怕都還要再等很長一段時間才能用到**它**。以我個人來說，我實在找不出什麼時間，好好去深入學習 .NET，而且我們也還沒把 Fog Creek 的兩個應用程式，從 ASP 和 Visual Basic 6.0 移植到 .NET 的版本，因為這樣的投資並不會有什麼回報。完全沒有。就我來看，這只不過是微軟「邊開火、邊前進」[10] 的一種策略而已：如果我們的問題追蹤軟體和內容管理軟體，決定暫時不再添加新功能，而是打算浪費好幾個月的時間，把軟體移植到另一個程式開發環境，這樣的話微軟一定很開心。可是，這樣根本就不會有任何一個客戶受益，我們也無法因此賣出更多的產品，所以這完全就只是在浪費時間而已。這樣對微軟來說是很棒的事，因為他們也有內容管理軟體和問題追蹤軟體，他們當然希望我浪費時間去趕流行，再浪費一、兩年時間去做 Avalon 版本，而在同一時間，他們卻可以在自己的軟體內添加更多的新功能。**真是好樣的，微軟很會嘛！**

一般正職的軟體開發者，根本沒人有時間一直去學微軟那些最新的開發工具，因為微軟實在有**太多該死的員工在製作各式各樣的開發工具**了！

9　John Udell，「Questions about Longhorn, part 3: Avalon's enterprise mission」（關於 Longhorn 的問題，第 3 部分：Avalon 的企業使命），iDiscuss: Jon Udell 的部落格，InfoWorld，2004 年 6 月 9 日。請參見 weblog.infoworld.com/udell/2004/06/09.html#a1019。

10 請參見第 15 章。

現在已經不是 1990 年代了

微軟是在 1980 年代到 1990 年代成長起來的，當時個人電腦的成長非常迅猛，每年所賣出的新電腦數量都超過原有的電腦總數量。這也就表示，如果你所生產的產品只能在新電腦上執行，接下來一兩年之內，就算使用舊電腦的人都沒有**切換過來**改用你的產品，你還是有機會搶下全世界的市場。這其實就是 Word 和 Excel 能夠徹底取代 WordPerfect 和 Lotus 的原因之一：微軟也就只是靜待下一波硬體升級的浪潮，然後再把 Windows、Word 和 Excel 賣給那些購買下一台電腦（有些人則是第一台）的人而已。所以大部分的情況下，微軟根本就不用去管那些還在用舊電腦的人，教他們如何從產品 n 切換到產品 $n+1$。等大家買了新電腦，他們就會很開心使用新電腦上那些微軟最新的產品，但如果要他們花錢升級，可能性就小多了。當時 PC 產業有如野火般瘋狂發展，「使用者不願升級」這件事還沒那麼重要，但如今 PC 已充斥整個世界，其中大部分都還很好用，微軟才突然意識到，現在最新的東西需要更長的時間，才能慢慢推到使用者手中。微軟當初想要「終結」Windows 98，卻發現還是有很多人一直在使用，他們實在沒有辦法，只好承諾使用者繼續提供支援，讓這個「老奶奶作業系統」又多活了好幾年[11]。

比較遺憾的是，大家如果一直繼續使用 1998 年那台「足夠好用」的電腦，那些勇敢挑戰市場的新策略（例如 .NET、Longhorn 和 Avalon）就無法如願搶佔市場，微軟當然也就無法利用**全新**的 API 把大家鎖定起來了。就算 Longhorn 如預期在 2006 年發佈（我暫時還不相信），也需要好幾年的時間，才能累積足夠多的使用者，也許到時候才值得去考慮，把它當成主要的開發平台。關於究竟該如何開發軟體，「開發者、開發者、開發者、開發者」目前看來並不打算立刻接受微軟的「多重人格障礙」所提出的建議。

---

11 請參見 www.windows-help.net/microsoft/98-lifecycle.html。

進入 Web 網路的世界

我也沒想到自己講了這麼多，竟然還沒談到 Web 這個東西。現在每個開發者在計劃新的軟體應用程式時，都要做一個選擇：要不要直接製作 Web 網路軟體？還是要製作那種在 PC 上執行、功能豐富的客戶端應用程式？這兩個選項的優缺點，基本上還蠻單純的：Web 應用程式更容易部署，而功能豐富的客戶端程式（rich client）則可做出更快的回應，進而支援更有趣的使用者介面。

Web 應用程式更容易部署，主要是因為它不需要進行安裝。只要在網址欄輸入 URL，Web 應用程式就已經安裝好了。如今我只要按下 Alt+D、輸入 gmail、再按下 Ctrl+Enter，就可以開始使用 Google 的最新 email 應用程式了。版本相容性的問題，以及與其他軟體共存的問題，幾乎都不太需要多操心了。你的每一個使用者使用的全都是產品的同一個版本，所以你永遠不必擔心新舊版本同時存在的問題。你也可以使用任何你最熟悉的程式設計環境，因為你的產品只需要在你自己的伺服器中順利啟動與執行即可。**地球上每一台可以正常使用的電腦**，幾乎都可以使用你的應用程式。你的客戶也可以透過地球上任何一台可正常使用的電腦，自動取得他們自己的資料。

不過，Web 應用程式在使用者介面的流暢性方面，還是必須付出一些代價。下面這些例子，全都是你在 Web 應用程式裡沒辦法真正做好的事情：

1. 建立一個快速繪圖程式。

2. 打造出一個即時拼寫檢查工具，可以用紅色波浪型底線來進行標識。

3. 使用者點擊瀏覽器的關閉鈕時，可以先跳出一個警告畫面，告訴使用者這樣可能會丟失其工作成果。

4. 根據使用者所做的變動，更新一小部分的畫面，而不必與伺服器進行完整的來回溝通。

5. 建立快速鍵使用介面，完全不必用到滑鼠。

6. 如果網路沒連線，大家還是可以繼續工作。

這些其實都不是很大的問題。有些很聰明的 JavaScript 開發者，很快就能解決其中的一些問題。Gmail [12] 和 Oddpost [13] 這兩個最新的 email 網路應用程式，已部分解決或完全解決其中的一些問題，實際上可說是做得相當不錯。而且 Web 介面比較慢的問題，使用者似乎並不在意，偶爾出點小問題也沒關係。也不知道什麼原因，總之我無論多努力想要說服大家，功能豐富的客戶端程式比較好用，但幾乎所有我認識的人，全都對 Web 的 email 程式感到非常滿意。

Web 的使用者介面，大概已經達到 80 分的程度了；而且就算不是用最新的瀏覽器，也有機會達到 95 分的程度。這對於大多數人來說已經很足夠了，對於開發者來說也很足夠了，所以大家都以具體行動來支持，幾乎所有比較重要的應用程式，都陸續推出了 Web 應用程式的版本。

這也就表示，突然之間，Microsoft 的 API 就變得無關緊要了。Web 應用程式根本就不需要 Windows。

微軟也不是沒注意到，這樣的情況正在逐漸蔓延開來。他們當然知道，而且當其影響越來越明顯時，他們很快就決定要猛踩剎車。像 HTAs [14] 和 DHTML 這些原本很有前途的新技術，就這樣被喊停了。IE 團隊好像也不見了；這幾年他們好像完全沒了消息。微軟絕不會再讓 DHTML 變得比現在更好，因為這對於他們的核心業務來說（也就是那些功能豐富的客戶端應用程式），實在太危險了。最近微軟最大的迷因就是：「**微軟把整個公司全都賭在『功能豐富的客戶端程式』了。**」在 Longhorn 簡報的每一張幻燈片裡，你都可以在某處看到這樣的想法。來自 Avalon 團隊的 Joe Beda 說：「Avalon 和 Longhorn 都是微軟的台柱，我們相信你桌上那台電腦的力量，你只要坐在那裡，就能做出很酷的事，這已經是大家都普遍認可的事了。我們現在正全力投資於桌面作業系統，因為我們認為那是個很棒的領域，而且我們也希望可以掀起一股激動人心的浪潮……[15]」

問題是，這一切都已經太遲了。

---

12 請參見 gmail.google.com/。

13 請參見 www.oddpost.com/。

14 Microsoft，「Introduction to HTML Applications (HTAs)」（HTML 應用程式（HTA）簡介），微軟公司。請參見 msdn.microsoft.com/workshop/author/hta/overview/htaoverview.asp。

15 Joe Beda，「Is Avalon a way to take over the Web?」（Avalon 會把 Web 取而代之嗎？）Channel 9，2004 年 4 月 7 日。請參見 http://channel9.msdn.com/ShowPost.aspx?PostID=948。

我對於這樣的發展，其實有點難過

我自己對於這樣的發展，其實真的有點難過。對我來說，Web 是很棒，但 Web 應用程式那些糟糕、高延遲、不一致的使用者介面，在日常使用性方面可說是一次巨大的倒退。我還是很喜歡功能豐富的客戶端應用程式，如果我每天都要使用的應用程式，全都變成了 Web 版本，我一定會發瘋的：Visual Studio、CityDesk、Outlook、Corel PHOTO-PAINT、QuickBooks，全 都 變 成 Web 版，你能想像嗎？但是，開發者們顯然正打算這麼做。沒有人（再強調一次，我的意思是「少於 1000 萬人」）想再用 Windows API 來進行開發了。創投也不會再投資 Windows 應用程式了，因為他們都非常害怕微軟會成為競爭者。而大多數的使用者，好像也不像我一樣，如此在意那些糟糕的 Web UI。

重點來了：我注意到（而且我也和一位負責招聘的朋友確認過）紐約市會寫 C++ 和 COM 的 Windows API 程式設計師，年收入大約 13 萬美元，而會寫那種自動管理記憶體的程式語言（Java、PHP、Perl，甚至 ASP.NET）的 Web 程式設計師，年收入則大約 8 萬美元。這算是很大的差距，而我與微軟顧問服務的一些朋友們談到這個問題時，他們都承認微軟已經失去一整個世代的開發者了。聘用一個有 COM 經驗的人之所以需要 13 萬美元，是因為過去八年左右，根本沒有人花心思去學習 COM 程式設計，所以你只好找那些比較資深的人，而這些人通常都已經身兼管理職，你還要說服他們接受一份程式設計師的工作，處理那些 marshalling、monikers、apartment threading、aggregates、tearoffs（……天呀誰來幫幫忙），還有其他一百萬個東西，這些東西基本上都只有 Don Box（微軟前技術研究員）能夠理解，而且有些甚至連 Don Box 也快看不下去了。

雖然我很不想這麼說，但確實有很大一部分的開發者已轉往 Web 開發，而且不打算回頭了。大多數的 .NET 開發者，都是 ASP.NET 的開發者，只會開發給微軟 Web 伺服器使用。ASP.NET 確實很棒；我從事 Web 開發已有十年之久，它確實比現有的其他工具領先了一個世代。但它只是一種伺服器技術，所以使用者想用哪一種類型的桌面程式都可以。就算是在 Linux 裡使用 Mono，也不會有什麼問題 [16]。

---

16 請參見 www.go-mono.com/。

這對於微軟、對於他們的 API 所帶來的利潤而言，絕不是什麼好兆頭。新的 API 其實是 HTML，未來只有能夠讓 HTML 高歌歡唱的人，才會是應用程式開發市場的新贏家。

IV 針對 .NET
有點多的評論

43

微軟瘋了吧

過去，微軟曾經針對程式設計師，販售過一些開發者工具。我記得 *Microsoft C*（可能是 *3.0* 版）有個很棒的廣告，內含一份厚厚的四頁白皮書，詳細說明編譯器所使用的全新最佳化技術。

後來有段時間我沒有特別注意，可能是有一天微軟開發工具的行銷人員突然發現，真正掌握大筆預算的是執行經理，而不是程式設計師。這些經理們大概很喜歡聽到一些像是「你可以在整個 *.NET* 應用程式的生命週期內，對性能表現與可擴展性進行管理，以降低風險與總體擁有成本」之類的空話。（沒錯，這段文字直接引用自 *Visual Studio* 的首頁[1]。）而直接向開發者推銷產品的那個舊時代，看來是一去不復返了。我第一次有這樣的感覺，是在 *2000* 年 *7* 月左右，當時微軟正在大張旗鼓發佈 *.NET* 的消息，到處都可以看到許多愉快的公關訪談，但其實 *.NET* 大約三年之後才真正問世，所以當時顯然是針對 *Java*，微軟只是想讓大家心裡產生一種恐懼疑惑的感覺而已。

2000 年 7 月 22 日，星期六

微軟最新宣佈的 *Microsoft .NET*，雖然被《財富》雜誌之類的媒體吹捧成一場巨大的「革命」，但其實它只是個泡沫軟體（vaporware），我認為這恰好可以證明，微軟確實出現了非常非常嚴重的問題。

---

1 微軟 Visual Studio 開發中心，http: //msdn.microsoft.com/vstudio（引用日期為 2004 年 5 月 25 日）。

泡沫軟體的意思是，你承諾會有各種功能與產品，但是你根本沒辦法賣，因為實際上你根本什麼都沒有。但 .NET 甚至比泡沫軟體還糟糕。微軟只端出一付不耐煩又自命清高的態度，甚至連**泡沫什麼的**都懶得提供了。

只要仔細閱讀白皮書 [2]，你就會發現在這場喧囂背後，.NET 只不過是想讓人感到疑惑的一片薄雲而已。裡頭什麼都沒有。就算你想要抓出一些有用的東西，最後還是會發現，整份白皮書裡**什麼都沒說**。你的手抓得越用力，它就越是從你指縫間溜走。

我的意思並不是說，.NET 沒有什麼**新**東西。我的意思是說，裡頭根本**什麼都沒有**。

我們就來看看其中一些內容好了：

> 每個人都相信 *Web* 會進化，但為了讓這樣的進化，能夠真正強化開發者、企業與消費者的力量，我們還是需要一個全新的願景。*Microsoft* 的目標，就是提供這樣的願景，以及能夠讓一切成為現實的技術。

你看這段怎麼樣：

> 微軟的 *.NET* 願景，就是要強化消費者、企業、軟體開發者和整個產業的力量。這也就是說，要釋放網際網路所有的潛力。而這同時也代表，我們要讓 *Web* 變成你想要的樣子。

這些文字究竟是什麼意思？在整份白皮書中，我竟然找不到**任何一個可以在軟體產品中真正落實的想法**。微軟並沒有提供任何功能列表，只提供了一個很籠統的「好處」列表，比如下面這個「好處」：

> 網站變成一些很靈活的服務，可進行互動、交換並善用彼此的資料。

---

2 「Microsoft .NET: Realizing the Next Generation Internet.」（微軟 .NET：實現下一代網際網路。）微軟，2000 年 6 月 22 日。Microsoft 網站已不再提供此頁面，不過各位可以在 web.archive.org/web/20001027183304/http://www.microsoft.com/business/vision/netwhitepaper.asp 找到此頁面的副本。

這就是激動人心的 .NET 架構,所提供的其中一個「功能」。事實上,這實在太通泛、模糊、高高在上,以至於根本沒有**任何意義**,但是大家好像也不覺得有什麼好奇怪。再看下面這段:

> 微軟 *.NET* 可以讓我們查找到各種服務與想要互動的人,讓這些事成為可能。

哦,真開心!就在 *Altavista* **上線**的五年之後,在 Larry Page 與 Sergei Brin 確實已發明更棒的搜尋引擎(Google)的兩年之後,微軟還在假裝沒看到,就好像網路到現在還無法進行搜尋,而**他們**就要為我們解決這個問題似的。整份文件就是這個調調。

從這裡我們可以看出兩件事。微軟有一些偉大的思想家。偉大的思想家在思考問題時,就會開始看到各種特定的模式。他們會看到大家在互相發送文書處理程式的檔案,又看到大家在互相發送試算表的檔案,於是他們就會意識到,這裡頭有個通用的模式:發送檔案。這就是第一層的抽象。然後他們會更上一層樓:大家都會「**發送**」檔案,網路瀏覽器也會「**發送**」網頁請求。這些全都是「**發送**」操作,所以我們聰明的思想家,就會發明一種全新的、更高階、更廣泛的抽象,叫做「**訊息傳遞**」(messaging),不過現在這個概念變得**非常**模糊,已經沒有人真正知道他們在說什麼了。

如果你一直抽象下去,最後就會陷入缺氧狀態。但那些聰明的思想家,有時候就是不知道何時該停下來;他們會創造出一些荒謬的、包羅萬象的、高層次的宇宙圖景,看起來一切都很美好,但實際上卻毫無意義。

現在這裡似乎就在發生這樣的事情:

> 做為下一代的 *Windows* 桌面平台,*Windows .NET* 可以為生產力、創造力、管理、娛樂等等方面提供支援,其設計目的就是為了讓使用者更能掌控自己的數位生活。

這些東西實在太抽象了,根本就無法置評。誰不想要支援生產力的作業系統?這功能太棒了!給我一個更有生產力的功能、畫面更漂亮的新作業系統吧!問題是:微軟到底要怎麼做呢?在過去 20 年的軟體發展過程中,生產力的提高是循序漸進、逐步累積起來的。難道他們突然發現了某種全新的化合物,可以提高作業系統的生產力?我認為他們才沒有咧。我猜想他們根本就是在虛張聲勢。這就是泡沫軟體,只是為了讓人感到疑惑而已。

更可怕的是，他們是認真的

我很瞭解微軟——我在那裡工作了三年。我很清楚會寫這種文件的那種人。我幾乎可以肯定，比爾蓋茲一定在其中扮演了非常重要的角色；這就是他放棄 CEO 職位的理由，因為這樣他才能去參與這類的工作。我並不認為，微軟建立這份文件是為了要弄出某個泡沫軟體。畢竟他們都是些超級聰明的人。

其實我認為他們很認真，真的以為自己正在創造未來，而且知道怎麼做。他們檢視過微軟的每一個產品，從 Hotmail 到 SQL Server，然後就想把所有的產品，全都融入到偉大的新願景之中。但問題是，實際上並沒有人發明出任何驚天動地的東西。這也沒有什麼好奇怪的——倒不是因為微軟很愚蠢，他們並不愚蠢，只是驚天動地的新發明實在太罕見，而在微軟公司裡聰明人的數量也是有限的。這世上只有一個人發明了 Napster，但他並沒有在微軟工作。微軟非常迫切地希望，相信自己可以製造出具有革命性的東西，但即使在網際網路的寒武紀大爆發時期，每年也只有少數幾個真正具有革命性的想法，而其中一個出現在比爾蓋茲和微軟那些人身上的機率，簡直小到幾乎可以忽略不計。如果再考慮到聰明的程式設計師有可能在微軟內部，負責的是開發 Windows NT 顯示驅動程式，就算他有一個很棒的好主意，或許也不會有人好好傾聽他的想法，因此，剛才所說機率就更小了。

你唯一可以在白皮書裡看到比較具體的內容，就是軟體應該會變成一種可透過網路訂閱的服務，而不是用光碟安裝起來的東西。

對客戶來說，用網路訂閱、而不是用光碟安裝的文書處理程式，或許有一點**小小的**好處吧；但是，嗯⋯⋯是這樣嗎？真的有什麼好處嗎？這樣並沒有真正解決任何客戶的問題呀。透過網路取得軟體的修正版？這的確很棒。但我現在就已經可以做到了，不是嗎？這七年來，我的微軟產品一直都在下載各種補丁程式，而且現在都已經完全自動化了。取得最新版本？如果新版本唯一能做的事，就是更容易取得新版本，那又有什麼意義呢？Word 最近的三個版本幾乎都沒有添加任何新功能，只做了一些奇怪的事情，譬如像是可以讓圖片定位變得「更容易」，但我還是永遠都無法把圖片放到我想要的位置呀！

事實上，早在 1991 年微軟就注意到，他們有越來越多的營業額，來自於「升級」這件事，但是要讓每個人都升級很困難，所以近十年來他們一直在努力，想讓客戶同意改用訂閱模式來購買軟體。但這樣的做法並沒有奏效，因為客戶並不想這麼做。現在微軟把 .NET 也視為一種手段，希望到最後可以強迫大家採用訂閱模式，以符合他們的底線。

看來微軟的 .NET 似乎無法滿足任何一個客戶的需求，它只能滿足「微軟想找些東西讓一萬名程式設計師在未來十年有事情可做」的需求。我們都知道，他們已經很久沒想出大家都很需要的最新文書處理功能了，他們的那些程式設計師，究竟還會做什麼別的事呢？

「願景」這東西的光明面

有個老笑話是這樣的：有個男人去看心理醫生。心理醫生給他看一張鳥的照片，然後問他說：「這會讓你想到什麼？」男人說：「性。」心理醫生又給他看一張樹的照片。「好吧，**這**會讓你想到什麼？」男人說：「性。」一張火車的照片。「性。」一間房子。「性。」

「我的天呀！」心理醫生說。「你太沉溺於『性』了！」

「**我**太沉溺於『性』！？」男人說。「**是你**一直拿那些色情照片給我看的耶！」

像 .NET 白皮書這種內容很含糊籠統的文件，還是有特定的作用，那就是可做為一種能反映讀者心理的墨跡測驗（Rorschach test）。大家在閱讀這樣的文件時，心中多少帶有某些先入為主的想法；正因為這文件如此含糊籠統，反倒會讓我們其中有些人覺得，微軟好像是在重申我們心中的某些想法。例如 Dave Winer[3]（UserLand Software 的總裁[4]），他本身就對軟體有很多有趣的創新想法。他一讀到微軟 .NET 的資訊，就產生了一種認同感，認為微軟終於認可他這兩年一直在談論的相同想法。Dave，你太看得起他們了。與你相比，他們根本就完全沒有頭緒。他們只是在玩通靈熱線和報紙占星術的把戲；他們只是給你一些很模糊的、毫無意義的通泛說法，你就陷入了「認為他們很懂你」這樣

3　請參見 www.scripting.com/。

4　請參見 www.userland.com/。

的陷阱。其實他們的說法，就跟「今天的行星排列，可以讓你向前邁出一大步去實現你的目標。」這樣的東西差不多而已。Dave 的不同之處在於，他擁有更真實、更具體的想法，而且全都可以轉化成真正的軟體，但微軟卻還待在六年前的空想國度。還記得嗎？當時他們談論著「Cairo」將如何提供「觸手可及的資訊」，但最後實現這個願景的其實是網際網路，「Cairo」現在卻已經不知道到哪裡去了。

我只能希望，所有這些毫無意義的廢話，真的可以激發某些人的創造力（就像 UserLand 公司一樣），並帶來一些真正的創新。不過這些創新很有可能來自微軟的外部，而非微軟的內部。

後記：這篇文章發表之後，微軟幾乎所有產品的下一個版本名稱後面全都被加上「.NET」的綽號……就這樣持續了一段時間，到後來各種混亂實在令人難以忍受。由於付出了巨大的代價、遇到了無數的困難，「.NET Server」總算把名字改成 Windows Server 2003，而 .NET 的標籤也被限制成專指那些「會自動管理記憶體的程式碼」相應的新程式設計開發環境。順帶一提，這樣真的好多了。C# 和 .NET 通用語言框架的結合，真的是一個非常棒的程式設計開發環境。它甚至真的可以降低風險，並降低總體擁有成本！這樣應該也算是功德圓滿了！

44

我們的 .NET 策略

2002 年 4 月 11 日，星期四

以下就是關於我們 Fog Creek 公司要逐步遷移到 .NET 開發工具，目前我的一些想法。

現況：CityDesk 大部分是用 Visual Basic 6.0 寫的，不過有一部分用到了 Visual C++ 6.0。FogBUGZ 大部分都是用 VBScript for ASP 寫的，不過也有一部分是用 C++ 寫的。我們所有的內部工具和網站（FogShop、討論區等），幾乎都是用 VBScript for ASP 寫的。

為什麼要遷移到 .NET 呢？簡而言之，目前看來 .NET 似乎是有史以來最出色、最高效的開發環境之一。用 ASP.NET 建立好用的 Web 應用程式確實非常簡單；過去這幾天，我一直以驚人的速度建立出一些我們自己內部使用的應用程式。過去用 ASP 建立 Web 應用程式時，大概要花 75% 的時間去做一些瑣碎的工作（例如表單驗證和錯誤回報），但現在這些工作全都變得很輕鬆。ASP.NET 大幅提升生產力的程度遠超過 ASP，就像 Java 遠超過 C 的程度一樣。這真是太棒了。

C# 具有 Java 大部分的優點，而且還有一些小小的改進（例如自動 boxing）。雖然我們過去花了很多力氣，在 ASP 和 VB6 建立了不少物件導向程式碼，但切換到 C# 應該還是很不錯的。

而且 .NET 所附的物件類別函式庫真的很棒。事實上,從資料存取到 Web 開發再到 GUI 開發,**所有東西全都**重新設計過,因此這也就表示,從上而下全都能保持令人難以置信的一致性。舉例來說,如果你看之前舊的 Win32 API,應該就會覺得很驚訝,光是調用函式要取回一個字串,竟然有那麼多種不同的方法。對於這件事應該怎麼做比較好,他們的看法每隔兩年就會改變,而現在 .NET 總算把一切全都清理乾淨了。我很喜歡一個東西,那就是你現在可以用 ASP.NET 的日曆 wedget 小部件,生成一小段 HTML,讓使用者可以從日曆上選擇一個日期,而且你所拿到的「日期」物件類別(我相信應該是 `System.DateTime`),一定是 SQL 伺服器所預期的日期物件類別。你一定很難相信,我們過去為了重新調整 SQL 語句的日期格式,或是把 `COleDateTimes` 轉換成某種其他的日期格式,浪費了多少寶貴的光陰。另外,現在終於有一種可適用於任何地方的字串資料型別了!上禮拜我在寫 ATL 程式碼時,還被一大堆 `BSTR`、`OLECHAR`、`char*`、`LPSTR` 搞到一個頭兩個大。能擺脫這些東西,實在太棒了!

好吧,我承認 ── .NET 違反了「絕對不要砍掉重練」的規則[1]。微軟這次這樣做卻沒出事,是因為他們擁有兩個東西。第一,他們擁有這世上最好的程式語言設計師;過去 20 年軟體開發領域 90% 的生產力提升,全都跟 Anders Hejlsberg 脫不了關係[2],他給了我們 Turbo Pascal(感謝你!),Delphi(再次感謝你!)、WFC(不錯的嘗試!)和現在的 .NET(這球打出場地外了!)。第二,他們用了大約三年的時間,投入了無數的工程師,而他們大部分的競爭者,這段期間或多或少都有點停滯不前。請你記住,微軟可以做某件事,並不表示你也可以這樣做。**微軟有能力創造自己的重力場**。一般的規則對他們來說並不適用。

現在或許有些人很想要寫封憤怒的 email,先讚揚一下其他的開發環境,再質問我為什麼不使用 Java,說這樣只要寫一次程式碼就能在任何地方執行(我笑了),或是使用 Delphi(天才已經離開了。其實 .NET 就**是** Delphi 7.0、8.0 和 9.0),或是使用 Lisp 之類的其他語言。「要不然我會被微軟綁住的!」他們會

1　請參見第 24 章。

2　John Osborn,「Deep Inside C#: An Interview with Microsoft Chief Architect Anders Hejlsberg.」(深入了解 C#:微軟首席架構師 Anders Hejlsberg 的訪談)O'Reilly.com,2000 年 8 月 1 日。請參見 windows.oreilly.com/news/hejlsberg_0800.html。

這樣說。很抱歉，我現在沒時間討論這種信仰的問題，況且我覺得這些東西通常都很無聊。日語究竟有沒有比英語更好，我**一點也不在乎**。這根本不是重點。我還是繼續說明我們的策略好了。

第一個問題：我們對於 .NET 的瞭解還不夠，還無法寫出很好的程式碼。任何開發環境都一樣，做任何事都有很多種方法，我們連第一種方法都還沒有完全學會，更別說第二種方法了。因此，我們所寫出來的 .NET 程式碼品質都還不夠好，還沒到足以推出產品上市的程度。Bill Vaughn 的**第一本** ADO 書籍問世之前，我們甚至連執行基本 SQL 查詢的最佳做法都還搞不太清楚！所以我們的首要任務就是教育訓練；因此，未來我們會先用 .NET 來進行所有內部軟體與 Web 應用（基本上就是那些沒人花錢買的所有軟體）的開發工作。我們只會先把 FogShop 其中一部分遷移到 .NET，但內部各種東西一定會全部改用 .NET。（今天我就用 ASP.NET 寫了一個 FogShop 優惠券生成器。雖然寫得有點潦草，但確實可以正常使用！）

第二個問題：20MB 的 CLR（執行階段函式庫）實在蠻大的。大家所下載的 8MB CityDesk，其中大概有 6MB 是執行階段函式庫和資料存取函式庫，這樣就已經夠糟糕的了；我們實在沒辦法指望每個 CityDesk Starter Edition 的家庭使用者，願意再額外下載 20MB 的 CLR。希望在接下來的一、兩年或三年之內，很多人可以從其他地方先取得 CLR（這東西沒放進 Windows XP 實在很可惜）。我們會密切關注這件事的後續發展。

我們的底線是，目前 CityDesk 和 FogBUGZ 都還不能夠移植到 .NET。等 CLR 的滲透率達到 75% 左右，我們才會在 CityDesk 未來某個版本進行移植的工作。我們的計劃是：

1. 利用微軟的轉換工具，把現有的一些程式碼和表單移植過去。

2. 為了讓程式正常運作，可以先用暴力的方式解決問題。

3. 用 C# 來建立一些新的表單和物件類別。

4. 以漸進的方式，把一些舊的表單和物件類別移植到 C# —— 如果正好需要大改，那就是最好的時機。

5. 之前有很多舊的表單和物件類別，只要還能正常使用，就讓它永遠留在 VB.NET 吧（例如一些雖然很醜、但可以往前相容的字串函式）。

FogBUGZ 還要繼續等待，希望 CLR 在伺服器電腦越來越普及；我們也要針對客戶做一些調查，事先瞭解一下如果有一天 FogBUGZ 需要用到 CLR，客戶那邊的情況會有多糟糕。

我們還有另一個正在開發中的產品，目前還無法公開談論其細節；這個產品會與 FogBUGZ 共用大部分的程式碼（我們打算把這部分程式碼取名為「Dispatcho」），所以在 FogBUGZ 開始進行移植之前，這部分主要還是使用 VBScript / ASP 的程式碼。

針對 FogBUGZ / Dispatcho / 秘密新產品，我們的計劃如下：

1. 等待 CLR 足夠普及，再導入使用。

2. 把現有的「商業邏輯」相關物件類別，全都移植到 C#。

3. 目前的 Web 表單還是用 ASP 就可以了。

4. 新的 Web 表單則改用 ASP.NET 來建立。

45

微軟大哥，
可以給個連結器嗎？

如果我是偏執狂，我會說微軟之所以製作開發工具，絕不是為了服務那些有可能與微軟核心業務相競爭的系統或應用程式開發者；他們只想要服務一般的 IT 部門，因為 IT 部門只會做一些專用的軟體，而那種軟體並不在微軟的業務範圍內。不過那只是偏執狂的看法啦。我說微軟大哥呀，你能不能行行好，給大家一個好用的連結器好嗎？

2004 年 1 月 28 日，星期三

不知道什麼原因，微軟先進而卓越的 .NET 開發環境，竟然遺漏了一個非常重要的工具……大概從 1950 年以來，一般軟體開發環境通常都會有這個工具，而且這應該是很理所當然的事，所以這實在太奇怪了，竟然沒有人注意到，.NET 並沒有這個工具。

究竟是什麼工具呢？**就是 _linker_ 連結器**。連結器的用處如下：它會把你程式編譯過的版本，與函式庫裡你所用到的函式編譯版本結合起來。然後，它還會把函式庫裡你沒用到的函式全部移除掉。最後它會生成一個二進位可執行檔案，大家就可以在自己的電腦上直接執行這個檔案了。

.NET 的做法有點不一樣，其構想是採用一個「執行階段函式庫」（runtime），那是個 22MB 的一堆動態連結程式碼，而大家在使用 .NET 應用程式之前，都必須先在自己的電腦裡準備好這個東西才行。

這個執行階段函式庫有個問題，其實跟 DLL 很類似，那就是在設計第一版的應用程式時，如果搭配的是第一版的執行階段函式庫，後來出現第二版的執行階段函式庫，第一版的應用程式就會突然因為某種不可預測的原因而無法順利執行。舉個例子來說，也不知道怎麼回事，我們只不過把執行階段函式庫從 1.0 升級到 1.1，公司內部的控制面板就會把銷售數字四捨五入到小數點後第四位。一般所遇到的不相容情況，通常還會比這個例子更糟糕。

事實上，.NET 有個延伸的技術系統叫做「manifest」（資訊清單），它實在相當複雜，其目的是為了確保應用程式**只會用到**正確的執行階段函式庫，但我所有認識的人全都不知道該如何使用。

這讓我想起了一個故事。有一次我們在 Fog Creek 的除夕晚會，想要在大房間裡用一堆電腦螢幕來顯示跨年倒數計時。Michael 用 C# 搭配 WinForms，大約 60 秒就寫出了一個應用程式來做這件事。這真的是個很棒的開發環境。

我的工作則是把 countdown.exe 放進三台電腦裡執行。聽起來好像很簡單。

才不是咧。我一雙擊 EXE，就看到一個可笑的使用者錯誤訊息，說是 mscoree.dll 有問題什麼的，然後就莫名其妙把我的檔案路徑丟了出來。其實問題根本就只是因為沒有安裝 .NET 執行階段函式庫，但它卻完全沒有提到。還好我是個程式設計師，我知道一定就是這個問題。

執行階段函式庫要怎麼安裝呢？「最簡單」的方式就是 Windows 更新。但 Windows 更新要我在安裝執行階段函式庫之前，先**安裝**所有的重大更新。這也很合理，對吧？有兩個「重大」更新，分別是 Windows 服務套件與新版的 IE，這兩個都需要重新開機。

總之，我為了在每台電腦執行這個小小的 .NET 應用程式，就必須下載大約 70~80MB 的東西（幸好我們的網路很快），還要重新開機三到四次。我們可是一家軟體公司耶！我還真的知道最後花了多長的時間，因為一開始進行下載，我就把《**上班一條蟲**》（Office Space）這部電影丟到大螢幕電視，後來電影看

完之後，整個安裝過程大概就**差不多**完成了。而且在看電影期間，每隔十分鐘我還得跳起來，走到每一台電腦前，點擊某個愚蠢的對話框裡的「確定」按鈕。

就算這只是我們自己內部用的應用程式，這也真夠令人沮喪的了。但如果是我們的產品 CityDesk 呢？幾乎我們所有的使用者，在購買產品之前都會下載免費試用版 [1]。目前大概有 9MB 要下載，不過並沒有額外的要求。這些使用者幾乎都沒有 .NET 的執行階段函式庫。

如果我們要求試用版的使用者（通常是小型組織或家庭使用者）必須經歷一整部電影長度的安裝地獄，只為了試用我們的應用程式，我想我們很可能會失去 95% 的潛在客戶吧。這些人都還不是**真正的客戶**；他們只不過是潛在的客戶而已，我絕不可能只為了使用更好的開發環境，而放棄掉 95% 的潛在客戶。

「但是約耳，」有人會說，「到最後還是會有足夠多的人，大家都擁有這個執行階段函式庫，到時候這個問題自然就會消失了。」

原本我也是這樣想，但我後來發現，微軟每隔六或十二個月就會發佈一個**新版**的執行階段函式庫，結果擁有它的人數好不容易才逐漸增加，突然之間便又再次掉回到零了。而我就好像被詛咒似的，必須針對三個不同版本的執行階段函式庫，分別測試我的應用程式，這樣我才能滿足那些各自安裝不同版本的客戶，額外獲得 1.2% 的好處。

其實我只希望可以把所需要的東西，全都「連結」到一個靜態的 EXE 檔案，不需要另外再安裝任何東西，就可以順利執行。檔案就算稍微大一點，我也不介意。我只需要實際**會用到**的函式、bytecode 直譯器，以及執行階段函式庫裡一小部分的東西。包含在執行階段函式庫裡的那一整個 C# 編譯器，我根本就用不到。我可以拍胸脯保證，CityDesk 絕對不需要編譯任何 C# 原始程式碼。我並不需要 22MB 裡全部的東西。**我頂多**只需要其中 5、6MB 的東西而已。

我知道有一些公司確實擁有這樣的技術，但他們卻不能在沒有微軟許可下做這樣的事，因為他們並不能重新分發（redistribute）像 bytecode 直譯器這類包含在執行階段函式庫裡的部分片斷內容。所以，微軟大哥呀：醒醒吧，請給我們提供 1950 年代就有的連結器，畢竟那是個還不錯的技術，這樣我們才能製作

1　相關詳細資訊請參見 www.fogcreek.com/CityDesk/Starter.html。

出乾淨的 EXE 執行檔，**不需要依賴任何其他的東西**，就能在任何裝有 Win 98 或更高版本作業系統的電腦中順利執行。否則的話，.NET 對消費者來說就會有個致命的缺陷——就算下載了軟體，也不一定能用呀。

附錄

Appendix

有事問約耳 精選集

有一段時間，我在我的網站開了一個論壇叫「Ask Joel」（有事問約耳），邀請讀者提出一些問題，我再嘗試做出回答。下面就是我最喜歡的一些精選集。

問： 我們公司近年來跑出一大堆程式經理，他們好像都比較擅長判斷 Polo 衫和卡其褲的好壞，卻不是很懂技術問題。

他們老是愛濫用一些技術用語來製造各種混亂，還經常搞錯不同用語之間的差別。事實上他們根本就不在意，那些技術上細微的差別。最糟糕的是，他們還會受到一些爛工程師的影響，根本就沒有什麼自主防禦能力。（嗯，也許爛工程師才是真正的問題所在——也許軟體公司根本就不需要懂技術的產品經理。）

很顯然，我看起來簡直就像是個憤世嫉俗、脾氣暴躁的老傢伙，因為這種種的挫敗感，加上對過去的懷舊情緒（過去只要寫封 email 叫一叫，就可以在壞主意剛萌芽階段把它給扼殺掉），也許我現在的判斷力已經有所偏差。但比較溫和的觀點，究竟是怎麼看的呢？相較於公司整體環境的技術深度，產品經理究竟需要達到什麼樣的技術程度呢？難道是我錯了嗎？

一匿名者

答： 啊！Polo 衫和卡其褲。這讓我想起在 Redmond 替微軟工作的日子。當時星期天除了去 Gap 逛逛，還能去哪裡呢？隔天回到公司工作，赫然發現有其他 12 位程式經理，穿著和你一模一樣剛買的新衣服，真是有夠驚悚的。

335

我曾經說過，程式經理如果得不到開發者的尊重，肯定不會有效率，因為他什麼也做不了。我在 Excel 團隊工作時，要是遇到不懂技術的程式經理，開發者就會把他當做早餐一口吃掉。從你分享的公司軼事聽起來，你所遇到的恐怕是兩方面都很爛的團隊：很爛的程式經理，加上很爛的開發者。

事實上，「程式經理」與「軟體開發者」的基因是相互排斥的。完美的程式經理本身也必須是軟體開發者，但他同時又必須對使用者有同理心，還要有組織能力，而且還要具備超凡的交際手腕──像這樣的人實在少之又少，偏偏又有很多地方需要這樣的人。也不知道是從什麼時候起，開始有人認為這項工作並不一定需要會寫程式碼，然後呢，你猜後來怎麼了？面試微軟程式經理的工作，交給誰來負責呢？就是其他的程式經理。你還記得一流的人會僱用一流的人，但二流的人會僱用三流的人這個道理嗎？

身為一個程式經理，我之所以能獲得成功，唯一的原因就是我有兩套（沒錯，就是兩套）完整的 DNA。這就是所謂的四重螺旋，而且這東西只有我有而已。所以我絕對不會去 Gap 買衣服；身穿一件用色大膽的條紋毛衣，卻在公司到處跟別人撞衫？在經歷過太多次這類恐怖事件之後，我決定改到 Bellevue 廣場購物中心的其他 27 店，挑選我自己的 Polo 衫和卡其褲。

你可以跟微軟的程式經理，談談他們所扮演的角色。他們總是會告訴你一些像是「我們的工作不只是要帶球跑，一開始還要先找到球！」之類的、好像很了不起的東西。好吧。所以程式設計師總認為，其實是他們在決定一切，而程式經理也總是認為，其實是他們在決定一切。這兩組人馬都可以決定一切，這怎麼可能呢？當然不可能。那麼，究竟是誰真正在做決定呢？我給你一個提示好了。總體來說，在你所認識的程式經理和開發者當中，你覺得誰的交際手腕比較好呢？嗯？大聲點，孩子，我聽不見。嗯哼？當然是程式經理呀。你知道的。開發者在比爾蓋茨湖畔豪宅的夏季實習生聚會中，從來都不是靠交際手腕脫穎而出。開發者的交際手腕實在太過於薄弱，甚至無法想像交際手腕可以用來做什麼，大概就是理論上比較容易約到女孩子之類的純理論概念吧（「呃……我……喜歡……大**屁股**，呃……我不會**說謊**啦……」），難怪他們連我今天終於要揭露的秘密都不知道。

你知道嗎？一個真正優秀的程式經理，可以讓你以為所有最重要的設計工作都是你在做的，而他自己只不過像一隻到處鑽的地鼠，負責跟一些愚蠢的官僚主義打交道，做一些像是「與使用者溝通」、「處理行銷方面的瑣事」和「寫一些彆腳的規格」之類的工作。

你猜他們是怎麼做的呢？程式經理最重要的技能，就是學會如何讓軟體開發者去做你想要做的事，而且還要讓他們以為**那是他們自己的主意**。沒錯，像這麼困難的事，確實要有件 Polo 衫才能做到，但一個普通的程式經理每天都要做三、四次，而且通常都能做得到。我讀過一本由前微軟開發者自行出版的「書籍」，內容以極其無聊的細節，詳細描述他們在微軟一知半解的職業生涯，其中有一整章都在講述程式經理，是多麼的愚蠢又無關緊要，但他們自己卻從沒意識到，自己整段期間都被這樣的人所操控——這其實就是傑出程式經理的一種表徵。傑出的程式經理會讓這一切看起來非常輕鬆寫意！如果你所面對的人最喜歡反駁說，「我沒有給你錯誤的答案，是你自己問錯了問題！」你就知道這其實也沒有那麼難啦。

你能想像嗎？操控開發者去做你想做的事，同時還要看起來像個腦袋空空的**傻子**，這需要多麼高超的技巧嗎？你不但必須抹去自我（「哦，開發者大哥，你剛才的想法實在太聰明了！」），而且你同時還必須**看起來像是個自我中心的中二小屁孩**。就算叫西恩·潘（Sean Penn）來演這個角色，恐怕都沒有微軟的程式經理那麼厲害呢！

問： 現在「最熱門的新東西」就是 .NET。Longhorn 就要來了。呀呼！不過，你如何看待軟體開發事業在未來（比如十年後）的發展呢？十年後，軟體開發這個專業會變成什麼樣子呢？到時候要擁抱什麼樣的新概念呢？你認為會出現什麼樣的突破呢？

—Norrick

答： 我們的廚房裡會有機器人負責洗碗！電梯裡會有機器人，負責操作電梯！

一整排超現代的電腦會取代銀行的櫃員，負責分發成堆的新鈔票。（未來即使是普通勞動者，也能賺到足夠的錢，每次去銀行都能提個 10 美元、20 美元、甚至 40 美元！）

飛行器會用舒適的壓縮空氣，帶我們從一個城市飛到另一個城市。也許你甚至可以在雲端享用一頓簡單的熱食！

只要透過氣動管或電線，就能在家中立即取得世界上最大的百科全書（實際上比學校圖書館還大）。

透過一台特殊的電傳攝影機，就可以讓教育普及全世界，即使是最貧窮的垃圾清潔工，也有機會學習經典、消除飢餓和痛苦，讓自己變得更好。

哦對了，到時候 C# 就會有匿名方法，如果程式碼有用到委派（delegate）的做法，可以在用到委派的地方，直接以行內（in-line）的方式來寫程式碼，這樣一來，如果要把程式碼直接綁定到委派物件實體，寫起來就會方便許多。

問： 我的公司即將完成第一個產品的開發。我們的想法並不是絕對的原創，不過在我們的利基市場內只有一、兩個其他參與者，而且我們認為我們確實做得比較好。我們還添加了一、兩個競爭對手沒有的附加功能，我們認為這些功能提高了不少的價值。不過，我們剛剛才發現，我們的主要競爭對手正要推出新版的產品，其新功能與我們的產品非常相似。

我們當然覺得有點氣餒。我們認為，我們的產品在很多方面都做得更好，但實在很類似現有的產品，而他們在市場上的時間更久，產品也更成熟。

此時我們的首要任務是什麼呢？找出一些能給我們帶來明顯競爭優勢的新功能嗎？把我們的產品和功能，全力改進到超越競爭對手的水準嗎？您的任何意見，對我們都會有很大的幫助。

—Sam Thomas

答： 不要再去關注你的競爭對手了。
跟我重複幾次：

用心傾聽你的客戶，而不是你的競爭對手！

用心傾聽你的客戶，而不是你的競爭對手！

用心傾聽你的客戶，而不是你的競爭對手！

我們的問題追蹤軟體，有好幾十個競爭對手，我根本不知道他們做了什麼，也不知道他們為什麼比我們好或比我們差。我一點都不在乎。我只關心我的客戶告訴我什麼，這樣就已經讓我有很多工作可以忙個不停了。

推出你的產品就對了，不要去管競爭對手。你會得到一些客戶，他們可能連你的競爭對手都沒**聽說過**。也許人數並不是很多，但這總是個開始。定期與你的客戶交流，並確保你的網站每個頁面都有 email 地址。你會開始注意到一些趨勢——如果有某個功能需求一直不斷出現，這應該就可以解釋為什麼有些人不選擇你的產品。對於 FogBUGZ 1.0 來說，「把相關檔案附加到所要解決的問題中」就是這樣的一個功能需求。因此我們在 FogBUGZ 2.0 就添加了這個功能。我們的競爭對手有沒有這個功能呢？你考倒我了，我還真不知道。我只要花十分鐘應該就能找出答案，但做這件事並沒有什麼意義。我最在意的是，大家都跟我們說，除非可以把檔案附加到所要解決的問題中，否則他們就不會購買我們的軟體。所以，現在我們已經有這個功能囉。

策略書 III 那一章探討的就是如何讓使用者從根深蒂固的競爭對手那邊切換過來 [1]。但你現在最重要的行動，就是把產品推上市，然後傾聽你客戶和準客戶的意見，這樣就可以搞清楚下一步應該做什麼了。

問 ：

接續前一個問題⋯

你會使用什麼樣的方法，從客戶那邊徵求到有意義的回饋意見？潛在客戶呢？你會主動用電話或 email 與他們聯繫嗎？

—dir

答 ：

我們不會主動聯繫客戶。

我們有三個最好的回饋意見來源：

- CityDesk 裡的「發送回饋意見」選單項目。它會直接進入到我們的問題追蹤資料庫，並產生非常多（極好的）回饋意見，以至於我們根本無法一一回覆；如果有時間可以統計一下各功能請求的票數，那就已經是萬幸了。

- 在我們的網站每個頁面的底部，應該都有個 email 連結；這是我們公司政策的基本要求。

- 線上論壇

1　參見第 38 章。

這三種方法已經為我們提供了足夠多的回饋意見。我通常會告訴 Dmitri（他負責我們的大部分的技術支援工作），要特別留意「我很喜歡你的產品，但因為 X 的緣故，所以我不會買你的產品」這種形式的意見。

那些全都是比「為什麼你的產品沒有 X？」還要重要的回饋意見，因為「為什麼你的產品沒有 X？」並不一定代表這是他「最主要的反對意見」，有可能只是一般的抱怨，或是突然想到的問題而已。舉例來說，有人從 Slashdot 連結讀到了我的一篇文章，然後就想知道 CityDesk 能否在 Linux 上執行；這並不一定代表他就是一個手上拿著信用卡、正打算刷卡的人。也許他確實想要使用我們的軟體，而且對某個聰明的新功能有個「很棒的想法」，能聽到這種意見確實很棒，但還是不如「我喜歡你的產品但是因為 X 所以我不會買」那麼重要。

問： 從物流的角度來看，有一件非常簡單的事情，實在讓我感到非常困惑。為什麼每家雜貨店都使用兩層的包裝紙袋？為什麼他們不想辦法讓紙袋變得更扎實一點呢？

Duane Reade 藥妝店的紙袋看起來還蠻扎實的，可以裝比較重的東西，但是連我只買一瓶水，他們還是一樣用兩層紙袋來裝……嗯，我是不是遺漏了什麼明顯的理由呢？

—紐約的好奇者

答： 這是因為收銀員沒有權力指定要用什麼紙袋。Gristede 連鎖超市全球總部的會計師全都住在高級住宅區，會開著 SUV 去大型超市，所以他們甚至都不太瞭解「把一些小雜貨提回家」的概念。他們只懂得追求最便宜的單位成本，雖然長遠來看兩層紙袋的成本反而比較高，但因為他們沒經歷過 20 世紀 70 年代中期的曼哈頓大停電與動亂，只有在 1980 年代為了看《哦！加爾各答！》（Oh！Calcutta）的最終演出而專程跑來看了一場午後場，他們根本無法想像，帶著 12 瓶瑪格麗特調酒走過三個長長的街區，然後爬上六層樓梯來到地獄廚房那間 1700 美元工作室，究竟是什麼樣的感覺。

問： 在估算時程時，要保留多少百分比／時間量，來做為緩衝時間？應該根據什麼樣的基礎或標準呢？

—Vani

答： 如果在你所估算的時程裡，都是一些確實細分過的工作（每個工作的長度大約是一天左右），而且你已經有足夠的經驗，可以把**所有的工作**全都包含在估算的時程中（包括休假、例假日、病假、整合的時間、開發過程中才增加的新功能所需的「新功能」時間、參加愚蠢的管理會議的時間、面試人員的時間等等），那麼你就只需要 10% 的緩衝時間。

緩衝時間只是在遇到問題時的一種應變方式；你也可以進一步針對緩衝類型進行分類，並根據優先順序，為每一種緩衝類型分配不同的緩衝時間：

- 我們在開發過程中意外想到某個新功能，可為此保留緩衝時間。

- 我們的競爭對手做了某件事，為了因應這種意料之外的競爭，可保留一些緩衝時間。

- 不同開發者所寫的程式碼要整合在一起，可為此保留緩衝時間。（有可能要保留 25-100% 的緩衝時間，可根據你團隊過去的經驗而定。）

- 測試期間要找出問題並予以解決，可為此保留緩衝時間。

- 員工有可能必須做一些非開發相關的工作，例如「為時一天的強制性多元化課程」、公司緊急會議、消防演習、幫老闆買生日蛋糕等等，可為此保留緩衝時間。

- 某些事情所花費的時間，有可能比估計的要長，可為此保留緩衝時間。

- 需要完成的工作，事前卻沒有估計到，可為此保留緩衝時間。

只要像這樣進行分解，就可以更仔細進行追蹤了。如果你已經完成 80%，而你幫老闆買生日蛋糕只用了 20% 的時間，這樣就可以把多出來的時間，用到其他更緊急的事情上了。

問：

有沒有可能讓軟體在受限環境中執行，讓那些聰明的社交工程蠕蟲郵件無法繼續傳播呢？

如果大家都不及時更新防毒軟體，還去隨便點擊執行那些附件裡的執行檔案，就算我一直說要「升級你的防毒軟體」、「不要隨便點擊執行附件裡的執行檔案」，到頭來好像還是徒勞無功。

最明顯的做法，就是不允許執行二進位檔案，但有些人就是會把檔案先保存起來，然後再去執行它。此外，如果假裝成安全更新或遊戲，大家還是會去點擊執行。

問題就是大家實在不太可靠，在大家的電腦裡，究竟哪些二進位檔案可以安全執行，大家不見得都能做出明智的決定。

能否設計出一個「監獄」式的環境，讓蠕蟲受到嚴格的管制（或明確標記為惡意程式），讓它無法再繼續傳播出去呢？

—Eric Seppanen

答：

這是個古老的沙盒問題。
簡短的回答就是：可能沒辦法。

我的手機服務最近切換到 Sprint PCS，因為他們的手機可以寫 Java 程式。我想寫一些 applet 小程式，腦中浮現出各式各樣的想法：

1. 用一個 applet 小程式，把我手機裡的電話列表，與我 Outlook 的聯繫人列表同步。

2. 用一個 applet 小程式，輕鬆切換我手機鈴聲和語音信箱的行為「模式」。這樣我只要告訴手機我在健身房，它就會切換語音信箱，說「請留言，我會在一小時內收到」，或者我也可以告訴手機我在搭地鐵，語音信箱就會說，「我在搭地鐵，20 分鐘內就會收到你的留言。」

於是我開始研究 J2ME，卻發現 a）我無法存取手機上儲存的電話號碼；b）我無法存取任何電話設定，例如鈴聲音量；c）我沒有撥打電話出去的能力；d）我無法使用手機內建的 GPS 來確定我的位置；e）我無法存取手機內建的相機功能，f）還有很多其他功能無法使用。

基本上這也就反映了 Sun 對於沙盒的態度，那就是寧可更注重安全性，即使這樣會讓整個開發環境變得很沒用，也在所不惜。J2ME 也是同樣的情況，像瀏覽器裡的 applet 小程式也都是如此：沙盒唯一能讓你做的事，就是寫出一些速度很慢的遊戲（小精靈這遊戲雖然還不錯，但載入時間要 53 秒），因此這項技術相對於別的東西來說，簡直就變得一文不值了。

微軟對於沙盒的態度，就完全不同了——比較不安全，但也有趣多了。微軟在 PDC（專業開發者大會）中，展示了一個示範應用，用 .NET 所驅動的手機加上大約 10 行的 .NET 行動程式碼來拍照，再用 GPS 取得座標之後轉換成街道地址，然後用錄音方式留下一些訊息，最後再上傳到資料庫（這就是典型的「保險理賠人員應用情境」）。手機顯然有能力做到這些事，但使用 J2ME 卻做不到。

我之所以提 Applet 這個東西，是因為沙盒本來就是個很古老的問題。Applet 剛出現時，George Gilder 曾多次談論到，下一代的文書處理程式會變成一個大型的 Java Applet。問題是，Java Applet 無法讀寫硬碟裡的檔案。整個應用程式都在沙盒內。如果你想保存任何東西，就必須把檔案上傳到某個雲端硬碟。也有人認為，可以把資料長期保存在**沙盒內**，只要拿不到**沙盒外**的資料就行了。問題是⋯⋯你的資料全都放在沙盒外面呀。不過這也沒關係。將來有一天**你就可以把所有資料全都放入沙盒內**了；可是在這個美麗新世界裡，你也不會有多好的安全性，對吧？因為你所在意的一切，全都放進了沙盒內。面對現實吧：如果你希望能執行任何程式碼，來修改你自己的照片，好把克林頓總統的臉套到某個男演員的身上，你就一定要有能力讓任何程式碼去修改你自己的照片，但只要有任何程式碼想對你的照片做點壞事，那你就慘了。抱歉了，兄弟。

微軟和 Sun 都在轉往「細粒度」（fine-grained）的安全模型，在這樣的模型中，你可以針對各種不同的應用程式，提供更細粒度的權限設定，以執行某些特定的操作。例如小精靈遊戲應該可以讀寫檔案，但只能讀寫最高分資料表，而且當然不能連上網。這樣你就可以設定極端複雜的安全性策略了。

但只要是稍微懂安全的人，都會告訴你這行不通。安全系統越複雜，設定錯誤的可能性就越大。人類有能力處理的複雜程度是有限的，沒有人有時間在那麼細粒度的基礎上，正確管理所有應用程式的各種權限設定。

所以總體來說，這好像是個很令人沮喪的世界。也就是說，我們無法阻止歹徒用球棒打老太太的頭，然後搶走她們的錢包。我們可以用懲罰的方式來遏制他們，也可以事後再把歹徒關進牢裡，但我可以向你保證，如果你下定決心要用球棒打老太太的頭，你成功的機率還是很高的。同樣的，沒有什麼東西可以阻止你把汽車開下懸崖。你只要坐上駕駛座，把車子開到懸崖邊，往外面開出去就可以了——根本就沒有什麼東西，可以阻止你這麼做。

大家都期望電腦世界能比現實世界安全一點，期望它能「保護你免受傷害」，但其實並沒有這樣的好事，就像汽車製造商永遠不會製造出一款汽車，能自動拒絕把車開下懸崖，老太太們也不會就此開始在公共場合戴上安全帽。但日子還是要繼續過下去，所以我個人打算另外找點別的東西來煩惱，就不再去想這些事了。

問： **股票選擇權費用化有什麼大不了的？讓你的員工共享公司成功的果實，似乎是個還不錯的好主意。為什麼費用化會降低他們的吸引力呢？**

—Jason

答： 假設你有一家大型軟體公司，股價每年上漲 100%。只要給你員工一些股票選擇權，你就可以不花任何現金，給他們相當於好幾千、甚至好幾百萬美元的薪酬。事實上，你還可以同時拉低員工的基本工資，他們也不會介意，因為他們可以靠股票選擇權賺到更多的錢。事實上，在 80 年代後期，微軟的薪水或許都比競爭對手低了 30% 到 40% ——但後來每個員工都成了百萬富翁。

如果這些選擇權沒花你半毛錢，它又是從哪裡冒出來的呢？通常都是發行更多的股票來的。這樣就會有稀釋現有股份的效果。舉個簡單的例子好了，如果你原本有 100 萬股流通股，又另外發行了 100 萬股，目的是以低於市場的價格給你員工股票（如果他們執行選擇權），那麼現在市場上就有 200 萬股的流通股了。如果公司的市值和之前是一樣的，每股的價值就減半了。實際上，你等於是從股東的口袋裡，拿錢出來給你的員工。

為什麼這是合法的呢？只要股東同意，這就是合法的；他們之所以會同意，是因為股東如果要給員工報酬，可以選擇從公司帳戶拿錢出來（這樣會降低公司

每股的價值），也可以選擇增加已發行股票的數量，再拿來發給員工（這同樣也會降低公司每股的價值）。

這樣你明白嗎？注意注意——我會再講另一個例子。這裡需要很敏銳的洞察力。你有在注意嗎？很好。

假設我們是一家價值 200 萬美元的大型軟體公司。目前總共有 100 萬股流通股。因此，每股價值 2 美元。

現在我要付薪酬給我的員工。總共需要 100 萬美元的薪酬。

劇本 1：我可以從銀行帳號提領現金來支付薪酬。根據定義，我原本價值 200 萬美元的公司，現在的價值就變成 100 萬美元，因為我們剛剛支付了 100 萬美元的現金。少了那 100 萬美元，公司的價值就會減少 100 萬美元，對吧？所以每股價值就從 2 美元掉到了 1 美元。

劇本 2：我不是用現金來支付薪酬，而是獲得股東許可之後，再發行 100 萬股的股票發給員工。這樣一來就有 200 萬股流通股，而不是 100 萬股了。而且這家公司還是值 200 萬美元，因為我並沒有花掉任何錢——公司並沒有少掉任何的東西。所以每股的價值會從 2 美元掉到 1 美元，因為股票的數量變成了原來的兩倍。

你有注意到這其中的共同點嗎？在這兩種情況下，股票的價值都會從 2 美元掉到 1 美元。

那劇本 1 和劇本 2 究竟有什麼區別呢？

- 在這兩套劇本中，員工都會得到 100 萬美元。
- 在這兩套劇本中，股東手中的股票價值都會下降 50%，從每股 2 美元跌到每股 1 美元。
- 在劇本 2 中，公司理論上會比較開心，因為公司手頭上會有比較多的現金。

最關鍵的重點是：

- 在舊的會計規則下，如果你不必把選擇權費用化，劇本 2 就會多出 100 萬美元的利潤，劇本 1 則不會有這樣的利潤。

到目前為止，我們一直都沒提到「利潤」這個東西。所謂的「利潤」，就是收入減去支出。這兩套劇本的收入，完全都是相同的。唯一的差別就是，這 100 萬美元究竟有沒有從公司流出去。

由於劇本 1 和劇本 2 實際上是同一回事，但採用劇本 2 的公司會有 100 萬美元的額外利潤，採用劇本 1 的公司卻沒有，這樣其實並不公平。

換句話說，這兩套劇本不管是對員工還是對股東來說，其實都是一樣的。那為什麼第二套劇本的利潤要多出 100 萬美元呢？你只不過是在支付員工薪水時，選擇稀釋股東的股份，而不是從銀行提領現金，然後公司就突然之間變得「更有利潤」，這樣實在不太合理。對於股東來說，這根本就是同樣的事情。

在這種舊的會計制度下，華爾街的「每股盈餘」數字就會變得很不可信。如果光從每股盈餘來看，很多公司的利潤看起來都很驚人，但各家公司究竟採用何種做法，這對於公司利潤來說就有很大的差別。

投資者如果想針對不同公司進行比較，通常會查看本益比（每股價格除以每股盈餘）之類的數字。如果要求公司把股票選擇權列為費用，這樣就等於要求公司根據所發行新股稀釋股東的金額，把這部分從公司利潤裡先扣除掉，如此一來無論公司使用的是劇本 1 還是劇本 2，所計算出來的每股盈餘都會是相同的；這樣的做法對於股東來說比較誠實，而且這樣才能對兩家公司進行更準確的比較。這也就表示，股票分析師不用再花力氣自己去搞清楚，員工的股票選擇權究竟導致什麼樣的稀釋效果，只要直接針對公司 #1 和公司 #2 進行比較就可以了；他們可以直接看公司的盈餘，因為他們心裡知道，員工的股票選擇權所造成的稀釋效果，並不會對不同公司的盈餘產生不同的影響。在過去那段糟糕的日子裡，如果想要很誠實比較兩家公司的每股盈餘，唯一的方式就是深入研究公司的年報，自己去把股票選擇權所造成的稀釋效果搞清楚，然後再根據這些資訊，重新計算出真正的「盈餘」數字，只是結果通常都不太完整，而且也會比較晚才知道結果。其實，股票分析師並不會真的花心思去做那些事啦；而像 Motley Fool 這類股票投資網站的股友們，當然也只會很開心的比較各公司的本益比，卻不知道員工的股票選擇權，對於公司的盈餘數字可能會有難以預測的扭曲效果。

股票選擇權費用化的做法，就是在公司發行股票給員工、造成稀釋效果之後，還能確保每股盈餘確實有公平計算的一種做法；這樣才能讓股東對於公司的每股績效有更好的瞭解。

問： 如果之前有人問過這個問題，我先說聲抱歉，但如果每個人家裡和辦公室都有 100Mbit 的寬頻網路，你覺得微軟會發生什麼事呢？

到時候大多數使用者應該都不需要 Windows 或 Office 了吧；只要網路速度夠快的話，任何 Web 應用程式應該都可以順利執行。到時候大家就不必再使用微軟的軟體了。

舉例來說：目前我已經在使用 Hotmail 來發送我自己的 email；如果遠端儲存的連線速度夠快的話，我也會去使用線上版的文書處理程式或試算表。這樣一來，無論我身在何處，都可以隨時存取我自己的資料，就像 Hotmail 一樣。

—Roy

答： 哇，牛仔！你只是根據一個小小的趨勢，就做出了瘋狂的推斷呀。

首先，我很懷疑，你是否願意花很多的時間去使用網頁版的文書處理程式，尤其是考慮到 HTML 的現況。針對 IE 6.x 所設計的使用者介面，既笨重又緩慢。這其實並不完全是個意外──我認為微軟並**不希望**大家能以 HTML 的形式，開發出真正好用的使用者體驗。

其次，目前確實已經有很多人擁有非常高速的寬頻網路，但我還沒見過有人直接在瀏覽器裡進行文書處理或製作試算表。微軟 Office 的業績一直都很好，謝謝你的關心。

就算有某個很有生產力的軟體工具，可以在瀏覽器裡直接使用，而且確實對微軟造成了威脅，我也可以跟你打賭，微軟一定也會進入這個市場。

1990 年代初期，大家都認為 IBM 會消失，只因為大家都還不太瞭解 PC，而且無法擺脫自己對於大型主機固有的成見。大家都忽略了一件事，那就是一家很成功的大公司，要經過很**長**的過程才會完全衰敗，而且在衰敗的過程中，他們還是有好幾**年**的時間，可以重新站穩腳跟。微軟現在也是如此。無論你對於微軟將如何被淘汰，提出任何異想天開的理論（網路應用程式、寬頻網路、Linux、反托拉斯法、黑衣人什麼的），都無法改變這樣的一個事實：微軟有非常充足的現金，就算他們的營業額突然暴跌到零，也不解僱任何一名程式設計師，他們還是有能力繼續營運個五年左右。況且他們的營業額並不會明天就變

成零；就算出現了最糟糕的噩夢場景，你或許可以預期他們的營業額每年下降20%，這樣的話，他們或許還是可以撐個十年，才需要開始考慮要不要進行第一波裁員。

所以，光只是想出某個理由，就認為微軟可能會受到某種技術變革的威脅，這樣是不夠的：你還必須假設，他們在經過很多年之後，還是無法對這樣的變革做出反應。

索引

※ 提醒您：由於翻譯書排版的關係，部分索引名詞的對應頁碼會和實際頁碼有一頁之差。

A

B

D

F

H

I

J

K

L

M

P

後記

本書的封面是根據 Robert Burton 的《憂鬱剖析》（*The Anatomy of Melancholy*）在 1632 年第四版首次使用的著名卷首插畫修改而來。我們所採用的版本是取自 1652 年的摹本，利用 Epson Perfection 掃描器以 400 dpi 的解析度掃描而得。必須說明的是，我們對這幅 Burton 的卷首插畫稍微做了點修改，以讓它更符合現代的感受。我們是在 Mac G4 上利用 Adobe Photoshop 7 進行了相應的處理。

Burton 的《憂鬱剖析》是十七世紀英國文學史上最輝煌的作品之一，作者本身可說是一位博學之士，他運用了各種想像中最優美的散文形式寫成本書。不過，全書的內容非常非常繁多，如今恐怕很少有人能徹底讀完整本書——其實連我們都沒有讀完。

就算如此，這本書還是很值得瀏覽一下。就像 Hugh Cahill 在 http://www.kcl.ac.uk/depsta/iss/library/speccol/bomarch/bomoct.html 所指出的，這本書有時會以某種諷刺的方式讓人自省：

> 我寫憂鬱這東西，把自己搞得很忙，讓自己不那麼憂鬱。

本書還有很多其他地方，即使用今天的角度來看，依然寫得很出色、很真實：

> 老實說，貧窮與卑微簡直就是大多數學者共同的命運；大家只能可憐兮兮一邊抱怨、一邊哀求贊助者提供贊助……而且……有時甚至還要為了一點點有益的希望而去撒謊、去誇張地奉承、稱頌、讚揚一個無腦的白痴，說他擁有多麼卓越的美德，但是……套句 *Machiavel* 所說的，那人所做的一大堆爛事，根本就應該毫不客氣地盡情唾罵，沒必要保留任何的情面。

Burton 的這本書可說是第一本現代心理學著作（他使用的 melancholy [憂鬱] 這個詞，就和我們今天所使用的 depression [抑鬱] 這個詞是一樣的）；他在書中分析了抑鬱症的成因和治療方法，其洞察力讓整本書的許多部分即使到了今天，依然有許多小說家和心理學家對它抱持極大的興趣。當然囉，這整本書依然也是眾多喜愛優秀散文的愛好者非常感興趣的著作。

因此，我們希望您也能理解，當我們在構思本書封面時，之所以覺得 Burton 的這幅卷首插畫非常合適的理由！

約耳趣談軟體

作　　者：Joel Spolsky
譯　　者：藍子軒
企劃編輯：蔡彤孟
文字編輯：江雅鈴
設計裝幀：張寶莉
發 行 人：廖文良

發 行 所：碁峰資訊股份有限公司
地　　址：台北市南港區三重路 66 號 7 樓之 6
電　　話：(02)2788-2408
傳　　真：(02)8192-4433
網　　站：www.gotop.com.tw
書　　號：ACV046000
版　　次：2023 年 06 月初版
建議售價：NT$580

國家圖書館出版品預行編目資料

約耳趣談軟體 / Joel Spolsky 原著；藍子軒譯. -- 初版. -- 臺北市：
　碁峰資訊, 2023.06
　　面；　公分
　　ISBN 978-626-324-529-7(平裝)
　　1.CST：軟體研發
312.2　　　　　　　　　　　　　　　　　112007746

讀者服務

● 感謝您購買碁峰圖書，如果您
　對本書的內容或表達上有不清
　楚的地方或其他建議，請至碁
　峰網站：「聯絡我們」\「圖書問
　題」留下您所購買之書籍及問
　題。(請註明購買書籍之書號及
　書名，以及問題頁數，以便能
　儘快為您處理)
　http://www.gotop.com.tw

● 售後服務僅限書籍本身內容，
　若是軟、硬體問題，請您直接
　與軟體廠商聯絡。

● 若於購買書籍後發現有破損、
　缺頁、裝訂錯誤之問題，請直
　接將書寄回更換，並註明您的
　姓名、連絡電話及地址，將有
　專人與您連絡補寄商品。